应急管理部普通高等教育安全科学与工程类专业"十四五"规划教材

安全管理学

应急管理部国家安全科学与工程研究院　组织编写

佟瑞鹏　傅贵　主编

化学工业出版社

·北京·

内 容 简 介

　　《安全管理学》是应急管理部普通高等教育安全科学与工程类专业"十四五"规划教材之一。本书提出安全管理学是事故预防的行为控制方法，并从组织层面和个体层面分别阐述了事故各阶段行为原因的控制方法，然后给出了安全管理方案与事故预防策略。全书分为八章，内容包括：绪论、事故统计指标分析、事故致因理论、个人行为控制、安全管理体系、安全管理方法、安全文化建设以及安全管理综合应用。重点阐释了安全管理学的相关术语定义、事故的分类与统计分析方法、事故致因相关理论知识、个人行为控制的概念及方法、安全管理体系与安全管理方法的起源与构建、安全文化建设的内容与方法以及安全管理知识的综合应用等。

　　本书是为了适应当前高等院校安全工程专业的教学和实践需要而编写的，鼓励学生学以致用，挖掘安全管理理论与实践之间更深层次的内在关联。本书除可作为高等院校安全工程及相关专业的教学用书外，还可供各类行业及企业的各级安全管理人员阅读使用。

图书在版编目（CIP）数据

安全管理学/应急管理部国家安全科学与工程研究院组织编写；佟瑞鹏，傅贵主编 . —北京：化学工业出版社，2023.10

应急管理部普通高等教育安全科学与工程类专业"十四五"规划教材

ISBN 978-7-122-44132-4

Ⅰ.①安…　Ⅱ.①应…②佟…③傅…　Ⅲ.①安全管理学-高等学校-教材　Ⅳ.①X915.2

中国国家版本馆 CIP 数据核字（2023）第 168603 号

责任编辑：高　震　杜进祥　　　　文字编辑：陈小滔　王春峰
责任校对：边　涛　　　　　　　　装帧设计：韩　飞

出版发行：化学工业出版社（北京市东城区青年湖南街 13 号　邮政编码 100011）
印　　装：大厂聚鑫印刷有限责任公司
710mm×1000mm　1/16　印张 17¼　字数 306 千字
2024 年 7 月北京第 1 版第 1 次印刷

购书咨询：010-64518888　　　　　售后服务：010-64518899
网　　址：http://www.cip.com.cn
凡购买本书，如有缺损质量问题，本社销售中心负责调换。

定　　价：49.00 元

版权所有　违者必究

序

安全是人类社会永恒的追求。从古至今，无论是在原始社会面对自然的威胁，还是在现代社会应对各种复杂的风险与挑战，保障安全始终是人类生存和发展的首要前提。在当今全球化、信息化、工业化高速发展的背景下，安全问题更是呈现出前所未有的复杂性和多样性。生产过程中的事故隐患、城市建设中的安全风险、自然灾害的频发、网络安全的威胁等，这些都对我们的社会安全构成了严峻的挑战。而安全科学与工程，正是致力于研究和解决这些安全问题的学科领域。

党的二十大报告提出要坚持教育优先发展、科技自立自强、人才引领驱动，加快建设教育强国、科技强国、人才强国，坚持为党育人、为国育才。建设教育强国，龙头是高等教育。高等教育是社会可持续发展的强大动力。培养经济社会发展需要的拔尖创新人才是高等教育的使命和战略任务。建设教育强国，要加强教材建设和管理，牢牢把握正确政治方向和价值导向，用心打造培根铸魂、启智增慧的精品教材。

为贯彻落实习近平总书记关于加强应急管理、安全生产和科技创新的重要决策部署，激发科技创新活力，应急管理部、教育部依照"优势互补、资源共享、服务国家、国际一流"的原则，共建应急管理部国家安全科学与工程研究院（以下简称国家安研院）。这是加强生产安全事故防控和应急救援的客观要求，是优化整合各类科研资源、推进应急管理治理体系和治理能力现代化的迫切需要，是加强安全应急领域领军人才培养和创新团队建设的战略举措。

教材是人才培养的主要"剧本"，是教学内容的支撑和依据。为推动我国安全科学与工程理论和技术的发展，创造更安全的生产、生活环境，高等教育必须进一步深化专业改革、全面提高课程和教材质量、提升人才自主培养能力。为此国家安研院组织编写并出版"应急管理部普通高等教育安全科学与工程类专业'十四五'规划教材"。规划教材是众多专家学者心血与智慧的结晶，是对安全科学与工程领域深入研究和系统总结的成果。在编撰过程中，教材秉持着严谨、科学、实用的原则，力求为读者呈现一个全面、系统、深入的安全科学与工程知识体系。

本套规划教材内容丰富，从安全科学的基本理论、原理到安全工程的技术、方法，再到安全管理的策略、模式，都进行了详细的阐述和讲解。通过对这些知识的学习，读者可以全面了解安全科学与工程的内涵和外延，掌握解决安全问题的基本思路和方法。书中不仅有丰富的理论知识，还穿插了大量的实际案例和应用实例，通过对这些案例的分析和讲解，帮助读者更好地理解和掌握理论知识，并能够将其应用到实际应用中。同时，教材还注重培养读者的创新思维和实践能力，通过设置一些思考问题，引导读者积极思考和探索，提高他们解决实际问题的能力。

本套规划教材不仅是一本知识的宝库，更是一座连接理论与实践的桥梁。它将为广大学生、教师、科研人员以及从事安全工作的专业人士提供重要的参考和指导。我们希望本教材能发挥铸魂育人、关键支撑、固本培元、文化交流等功能和作用，能够培养出更多具有创新精神、实践能力和社会责任感的安全专业人才，为我国的安全科学与工程事业做出更大的贡献。

应急管理部国家安全科学与工程研究院
2024 年 5 月 21 日

前言

安全是人类社会发展永恒的课题。伴随着经济的不断发展，人们的安全意识与安全要求也不断提高，新技术、新理论、新法规、新政策的不断涌现丰富着安全管理学的外延与内涵。安全管理学是关于安全和健康活动管理的科学。根据海因里希的观点，定义"广义安全管理"为"事故预防"。事故的直接原因分为人的不安全动作和物的不安全状态，所以事故预防一定包括安全行为控制手段和安全工程技术手段两个方面。根据管理学上"管理是一种有目的的协调活动"，"狭义安全管理"可以定义为"安全行为控制"。本书根据现代事故致因链之一——事故致因"2-4"模型设计内容主线，基于"通常情况下，事故发生在社会组织之内"的认识，以社会组织为范围阐述事故预防方法，即"事故预防的行为控制方法"。

党的二十大报告提出以新安全格局保障新发展格局。这是顺应世界之变、时代之变、历史之变的必然要求，对实现高质量发展和高水平安全良性互动具有重要意义。面对新的时代背景与社会需求，以服务社会安全管理为导向，融合学科国际前沿成果。本书较系统、深入地介绍了安全管理相关理论知识体系，突出基础定义与研究方法，重视基础、反映前沿。本书综合考虑了安全管理学课程的循序渐进性与基础全面性，较充分地展现了安全管理交叉学科特色。

本书由中国矿业大学（北京）应急管理与安全工程学院佟瑞鹏教授、傅贵教授担任主编并统稿。在本书编写过程中，安宇研究员、张江石教授、许素睿副教授、姜伟副教授、栗婧副教授等给予了很大帮助，并提出了许多建设性意见，在此谨向他们表示最诚挚的谢意。

本书旨在为高等院校安全工程及相关专业师生提供适应性较强的教学用书，同时也可作为工业企业各级安全管理人员的参考用书。

由于编写水平有限，书中不足之处，望各位读者批评指正。您的宝贵建议是安全管理学发展的不竭动力！

编者

2024 年 2 月

目 录

第七章　安全文化建设 ———————————————————— 181

第一章

绪　论

安全管理学是关于安全管理的科学，是企业管理的重要组成部分。安全管理的主要任务是在国家安全生产方针的指导下分析和研究生产过程中存在的各种不安全因素，从技术上、组织上和管理上采取有效措施，解决和消除不安全因素，防止事故的发生。开展安全管理工作需要将理论与实际相结合，从而更好地保障职工的人身安全和健康，保证生产顺利进行。

本章主要介绍安全管理学的相关术语定义，安全管理的分类、性质、作用、发展概况以及主要内容和特点，要求学生掌握安全管理的基本定义以及主要内容，理解安全管理的作用与价值。

第一节　安全的基本理论

一、安全的定义

人们常说"无危则安，无损则全"，即没有"危险"、没有"损失"的状态就是安全状态。但事实上，何为"危"、何为"损"，没有定量的含义，而完全的"无"也是不可能的。说起安全，人们可能指组织、设备、设施、时间段、空间范围等的"状态"是否安全，例如，"某单位安全怎么样"这句话就是在问这个单位的状态是否安全、安全绩效怎么样；同时，安全也可能指一个"业务领域"，即"安全工作"。伴随着安全科学的不断发展，人类对安全的概念也有了更加深刻的认识，我们可以从不同的角度来理解安全的内涵。对于安全的定义，国内外很多专家学者都有不同的理解，本书引用国内外安全科学领域的部分学者以及相关标准规范所给出的几种代表性的定义，如表 1-1所示。

表 1-1　安全的定义

国内外学者 及相关标准规范	安全的定义
刘潜	安全是指人的身心免受外界因素影响的存在状态(或称健康条件)及其保障条件
傅贵	安全是没有事故发生的状态以及没有不可接受的事故发生风险的状态
罗云	安全指人和物在社会生产生活实践中没有或不受或免除了侵害、损坏和威胁的状态
吴超	安全是指一定时空内理性人的身心免受外界危害的状态
莱韦森(Leveson)	安全是没有事故发生,事故是涉及意外和不可接受的损失的事件
洛伦斯(Lowrance)	安全和低风险以及可接受风险有关,风险越低,安全性越高,反之亦然
艾文(Aven)	安全可以被看作是风险的反义词(此风险是指活动后果的不确定性和严重性),可以通过参考可接受的风险来确定安全性

二、安全的实质

安全问题对于人类的重要性是在社会的不断发展中被人们所认识的,它的实质也主要体现在实际发展之中。

首先,安全包含以下两种状态:一是没有事故的状态;二是没有不可接受的事故发生风险的状态。这两点是并列关系,一是"事后",二是"事前"。比如:一年过后,才知道过去的一年企业是否安全,如果没有事故,就是安全的,这是"事后";年初时,问一个企业在该年是否安全,就要用事故发生的可能性和后果,即风险来描述,这是"事前"。当将系统的危险性降低到某种程度时,该系统便是安全的,而这种程度即为人们普遍接受的状态。如骑自行车的人不戴头盔并非没有头部受伤的危险,只是人们普遍接受了该危险发生的可能性;而对于骑摩托车,交通法规明确规定骑乘者必须戴头盔,是因为发生事故的严重性和可能性都难以接受;自行车赛车运动员必须戴头盔,也是国际自行车联合会在经历了一系列的事故及伤害之后所做出的决策。同样是骑车,要求却不一样,体现了安全与危险的相对性。

其次,可在时间与空间两方面对于安全的含义进行限定。不同时期、不同地区、不同国家等对安全状态的认同度有很大的不同,没有时空的限定谈安全将会产生混乱。另外,对个体来说,若身体受到危害,对身体的伤害一般与人的距离较近,而且是较短时间的,身体的伤害痊愈后,还可能留下心理创伤。心理受到危害,对心理的伤害与人的距离可以是很远的,而且可能是长期连续的伤害。两种危害还可能同时交互作用。因此,在考虑安全含义时,需要综合身心情况,使其处于不遭受外界危害的状态。

再者，若根据研究的范围不同，安全可分为安全生产、生产安全、公共安全、职业安全等，它们都是涉及事故及其后果的学科、工作领域或者工作活动，只不过涉及的事故范围和类别不尽相同。"安全生产"是指"在生产过程中保证在物资与人员正常工作秩序下的安全性，预防和治理人身伤害与财产损失情况，保障人、材、机的有序运行"。"公共安全"可以定义为"研究或者涉及社会上一切事故的学科、工作领域或者工作活动"。它广泛涉及社会上发生的一切事故，没有固定的事故类别范围、地理或行政边界。而"职业安全"可以认为是"研究或者涉及工作过程中所发生的人员伤害、健康损害（疾病）的学科、工作领域或者工作活动"。

综上所述，随着人们认识的不断深入，安全的概念已不是传统的职业伤害或疾病，也并非仅仅存在于企业生产过程之中，安全科学关注的领域应涉及人类生产、生活、生存活动中的各个领域。如果仅仅局限于企业生产安全之中，会在某种程度上影响我们对安全问题的理解与认识。

三、安全的要素

安全研究的是复杂的"人-机-环-管"系统，它是一个复杂的动态有机体。安全是系统的整体属性，而不是系统组件的属性，必须在系统层面来研究和控制。

人是系统中重要的组成部分，是安全四要素中的第一大要素。长久以来，无论是经济学、管理学还是行为科学等研究都有一个前提假设，即人具有完全理性的特点，可以全面正确地认知问题；同时具有完备的计算推理能力，不受其他因素干扰，可以合理利用自己的有限资源为自己争取最大的利益，做出利益最大化的决策，在经济学中被称为"理性人"或者"经济人"。但随着西方国家 20 世纪相继发生经济危机，完全理性的假设被指出是有缺陷的。人并非在任何情况下都能全面认识问题并做出正确决策从而实现自身利益最大化。在研究人的行为时，对人的基本假设应建立在有限理性之上，如果将人视为完全理性，相当于在抽象中研究，而非在真实世界中研究。人作为安全科学研究的重要对象之一，其基本假设同样应该建立在有限理性之上。无论在何种作业环境和条件下，无论是管理人员还是作业人员，若人人都能主动执行相应的安全制度和机制，充分认识到与个体和群体相关的设备状态、环境状况，便都能按规程操作，杜绝违章，保障安全。

在机器方面，各项保护设施齐全可靠，所有原材料都符合规定，任何设备都能以良好的状态运转，不带故障、满足使用要求，有利于安全状态的形成。在环境方面，为避免不因时间、空间的变化而发生重大事故，降低现场作业环境的各种风险，通过辨识、评估和控制存在于生产作业中的所有危险源，有利于形成人与其他要素相互补充、相互制约的安全状态。在管理方面，科学有效的安全管理活动亦是安全生产的重要前提。安全管理是人类追求生存、发展和进步的基本途径和手段。它随着人类的产生而产生，也随着人类生活环境的改变、科技工具的发展而改变其任务、内容以及有关的观念和理论。

系统思维最重要的是把握对象的整体涌现性。所谓整体涌现性就是指整体具有某种特性，而一旦把整体还原成其各组分，这些特性便不复存在，仅仅认识各部分的特性然后将其加和起来，并不能认识整体特性。"人-机-环-管"是安全的重要组成要素，安全是基于社会、文化、心理等多方面内容的建构产物，因此对安全的理解也会随着时间、空间、环境的变化而不同。

四、安全的重要性

安全，是人类社会永恒的主题，是一切活动的基础，是不可超越的先决条件。人类的生存、繁衍和发展，社会的进步和文明都是以人类的安全生产、安全生存活动为基础的。伴随着社会的不断发展、科技的不断进步，安全越来越受到人们的重视。安全问题对于人类的重要性主要体现在以下三个方面。

一是造成一定的经济损失。随着物质财富的不断积累，社会经济的快速发展，人类生产活动的方式和形式不断更换，对劳动强度和劳动技能的要求也越来越高，这导致在生产过程中发生安全事故的概率越来越高。事故是安全问题最主要的表现形式，无论是企业、家庭还是整个人类社会，事故所造成的经济损失都是相当巨大的，有些甚至是无法弥补的。许多重大事故更是损失惊人。在事故的调查处理中，不仅需要注重人员的伤亡情况、事故经过、原因分析、责任人处理、人员教育、措施制定等，还必须对事故经济损失进行分析和统计，追究经济损失的承担者。

二是产生不良的社会影响。事故一旦发生，往往造成人员伤亡或设备、装置、建筑物的破坏。一方面给企业带来巨大的经济损失，另一方面会给企业带来许多不良的社会影响。不可否认的是，事故的发生会对社会造成不良影响，特别是重大、特大事故的发生，对家庭，对企业，甚至对国家所造成的负面影响是相当大的。因事故的发生而造成的家庭破裂、企业解体等悲剧数不胜数。事故的发生也曾使一些企业的信誉、经济效益等遭受损伤，有些甚至引起社会的不稳定，使国家在世界上的声誉下降。以日本福岛核电站为例，福岛核泄漏事件是日本历史上最大的核事故，它带来的毁灭性打击是双重的，不仅影响了人们正常的生产生活，而且对人们的精神世界产生了巨大影响。日本民众对政府处置灾害的应急能力、科技发展水平的信任度已经下降；日本民众对重灾区的人们猜疑重重，甚至出现歧视倾向，加重了受灾民众的心理负担。

三是影响时间长。俗话说，"一朝被蛇咬，十年怕井绳"。事故的发生所造成的影响在短期内往往难以消除，以致在人们心头留下长期的抹不去的烙印，使相关人员心理上的阴影难以拂去。重大、特大事故所造成的负面影响更是难以消除。发生安全问题对个体身心层面与社会组织发展层面所产生的影响难以量化，其造成影响的时间跨度与范围不容小觑。

预防、解决、控制安全问题有利于正确处理经济效益和社会效益的关系与矛盾。一般来说经济价值是有形的、短期的，它能够带来 GDP 的增长或人民生活水平的提高；而社会价值是无形的、长期的，虽然看不见、摸不着，但是它承载着社会的发展动力和人们的理想预期，这些精神性的因素能主宰人们的信仰，制约人格的形成，决定社会的发展方向，影响人们的凝聚力和向心力。值得指出的是，安全问题的出现不仅仅对企业、社会造成损失和影响，还意味着企业管理水平不佳，意味着企业工作效率及经济效益没有达到最好水平。任何一个企业，无论大小，都存在一个管理系统，这个系统是由财务、人事、生产、采购、销售、安全等多个子系统构成的。绝大多数事故的发生都是管理者疏忽、失误或管理系统存在缺陷所造成的，而这种疏忽、失误或缺陷的发生或存在则不仅仅会造成事故及损失，也会产生其他问题，进而直接或间接影响到企业的经济效益。从这个角度讲，事故是企业管理不佳的一种表现形式，即通过事故的发生，告知我们企业中还存在着管理上的缺陷。因此，控制事故，搞好安全管理，不仅是通过减少事故损失直接提高企业的经济效益，也是通过提高管理水平间接提高企业的经济效益。而在绝大多数情况下，提高管理水平比减少事故损失的影响和作用更大，可以更深层次地提高企业安全水平。

第二节　管理的基本理论

一、管理的定义

管理是管理者为实现预定目标，运用管理职能所进行的各种活动。管理学各家学派对"管理"的解释也不尽一致。诸如：管理是一种经营活动；管理就是随机应变；管理就是用数学模式与程序来表示计划、组织、控制、决策，求出最后解答等。上述都是就学科的某一侧面而言的。管理，从字面上讲就是管辖、处理的意思。管理是在特定的环境下，对组织的各类资源进行有效的计划、组织、领导和控制，以实现组织目标的活动过程。从管理所具有的普遍意义上讲，凡是存在人群的地方，需要共同工作和生活的领域都存在着管理。在现代社会中，管理已渗透到每个具体的组织之中。

管理的目的是通过一个或更多的人来协调他人的活动，以便顺利完成某项任务或达到某种目标。管理是人类追求生存、发展和进步的基本途径和手段。它随着人类的产生而产生，也随着人类生活环境的改变、科技工具的发展而改变其任务、内容以及有关的观念和理论。从广义上讲，管理包括决策在内的领导者的整个领导、指挥活动和管理者的经营管理活动；从狭义上讲，管理是指按照某种既定方针、原则，对日常事务进行料理和安排。现在我们通常讲的管理，指具有一定的机构，采用现代化科学技术与方法，运用法律、行政和经济等手段和信息工具的科学管理。它有计划和预测、组织和指挥、监督和控制、教育和激励、挖潜和创新等五个方面的功能。管理在当今世界的各个领域中都起到越来越重要的作用。

二、管理的职能

管理职能主要可以分为以下四个方面：计划职能、组织职能、协调职能与控制职能。详细介绍如下：

1. 计划职能

计划是管理的首要职能，为事情发展提前做好规划、安排，有利于合理配置社会资源，使事务发展目标明确、方向正确，包括发展战略、政策、步骤、规范等，可分为长期与短期目标。计划力求科学性、完整性、合法性与有效性，制订计划一定要实事求是，除了一切从实际出发外，还要遵循一定的程序与步骤。计划的关键在于执行，在执行过程中要注意随着各方条件的变化，及时修正与完善计划。

2. 组织职能

组织职能指通过设计合理的组织结构与权责关系，恰当安排与配置组织系统内各种机构与人员的工作，作用是确保计划的高效执行。合理分配人财物资源，力争达到最佳效益；科学安排任务发展进度，将组织总目标、任务，层层分解到位。

3. 协调职能

协调职能指为了达到既定目标，对组织、个人的功能、行为和利益进行连续性调节，目的是保障组织工作的整体性与完整性。协调可以消除不利于组织目标实现的矛盾、冲突等内外因素，减少消耗，建立内外支持、相互促进的局面。协调手段形式多样，可分为法律的、行政的、经济的与思想文件等多种形式。要履行协调职能，首先，要在组织内部确定各项工作适当的比例关系与恰当次序；其次，在运行中不断调整各种关系，减少内部矛盾与障碍；最后，注意加强机构和人员间的沟通，促进彼此间合作和共识。

4. 控制职能

控制职能是对管理过程的调节，是管理组织依据发展计划及规范对系统内活动与行为进行引导、约束、纠偏及限制，通过建立控制系统、实施检查监督、采取措施纠正偏差，最终保障目标实现。控制不是要素的简单投入，而是着眼于政策或目标执行程序的调整，确保各环节管理过程与计划、既定的程序与原则保持一致，最终达到预期效果。要履行好控制职能，需把握好建立控制系统、制定控制标准、实施检查监督和有效纠偏措施四个环节。

三、管理的基本原理

管理是一项非常复杂的事务。层次不同，部门不同，行业不同，管理的内容和重点则存在着一定的差异，但是管理的基本原理，是一切管理中带有共性的东西，是实行科学管理的基本纲要。管理的基本原理就是研究如何正确有效地处理上述要素及其相互关系，以达到管理的基本目标。下面对一些典型的管理原理（科学管理原理、人本原理、系统原理、效益原理）进行介绍。

1. 科学管理原理

管理学家泰勒认为科学管理的根本目的是谋求最高的劳动生产率，最高的工作效率是雇主和雇员达到共同富裕的基础，要达到最高的工作效率的重要手段是用科学化的、标准化的管理方法代替经验管理。科学管理使较高工资和较低的劳动成本统一起来，从而扩大再生产。泰勒科学管理不仅仅是将科学化、标准化引入管理，更重要的是其所倡导的精神革命，这是实施科学管理的核心问题。许多人认为雇主和雇员的根本利益是对立的，而科学管理却恰恰相反，它相信双方的利益是一致的。泰勒科学管理原理对控制成本、提高效率方面的主要内容包括以下八个方面。

第一方面，工作定额原理。泰勒认为管理的中心问题是提高工人的劳动生产率。这需要进行劳动动作研究和工作研究，确定工人"合理的日工作量"，即劳动定额。

第二方面，挑选第一流的工人。为了提高劳动生产率，必须挑选第一流的工人从事工作，为了最大限度地提高生产率，对某一项工作，必须找出最适宜干这项工作的人，同时还要最大限度地挖掘最适合干这项工作的人的潜力。第一流的工人就是指那些最适合又最愿意干某种工作的人。所谓挑选第一流的工人，就是要把合适的人安排到合适的岗位上。只有做到这一点，才能充分发挥工人的潜能，才能促进劳动生产率的提高。

第三方面，标准化原理。泰勒的标准化原理就是采取措施把人的潜力最大限度地挖掘出来。方法就是把工人多年积累的经验和知识与传统的技巧归纳整理并结合起来，然后进行分析比较处理，从中找出具有共性和规律性的东西，然后利用上述原理将其制成标准，这样就形成了标准化的科学方法。这是因为，只有实行标准化，才能使工人使用更有效的工具和采用更有效的工作方法，从而提高劳动生产率。

第四方面，计件工资制。在差别计件工资制提出之前，泰勒认为，现行工资制度存在的共同缺陷就是不能充分调动职工的主动积极性，不能满足效率最高的原则。泰勒在1895年提出了一种具有很大刺激性的报酬制度，即"差别工资制"制度。其目的一是避免工人出现"磨洋工"的现象，二是调动工人的积极性。

第五方面，劳资双方的密切合作。泰勒指出："资方和工人紧密而亲切的合作，是现代科学管理或责任管理的精髓。"他认为劳资双方在思想上要发生的全面革命是：双方不再把注意力放在盈余分配上，不再把盈余分配看作是最重要的事情。他们将注意力转向增加盈余的数量上，使盈余数量增加到不必争论如何分配盈余的程度。他们将会明白，当他们相互之间的对抗停止，转为向一个方面并肩前进时，他们的共同努力所创造出来的盈余数量会大得惊人。如果双方都把注意力放在提高劳动生产率上，劳动生产率提高了，不仅工人可以拿到更多的工资，而且雇主也可以拿到更多的利润，从而可以使双方实现"最大限度的富裕"。

第六方面，建立专门计划层。泰勒主张：由资方按科学规律来办事，要均分资方和工人之间的工作与职责，要把计划职能与执行职能分开，并在企业内设立专门的计划职能机构。计划部门要从事全部的计划工作，并且要对工人发布命令。

第七方面，职能工长制。为了使工长的职能有效地发挥，就需要将工长的职能进行更进一步的细分，使每个工长只承担一种管理的职能。但是，后来的事实证明这种单纯"职能型"的组织结构容易形成多头领导，造成管理混乱。所以，泰勒的这一设想并未真正实行。

第八方面，例外原则。例外原则就是指企业的高级管理人员把一般日常性事务授权给下属管理人员来负责处理，而自己保留对例外的事项，一般也是重要事项的控制权和决策权，这种例外原则至今仍然是各项管理中极为重要的原则之一。

2. 人本原理

管理是为了实现人、物、环境三者之间的协调和匹配，其核心是对人的管理。人本原理要求人们在管理活动中坚持以人为核心，其实质就是充分肯定人在管理活动中的主体地位和作用。所谓以人为本，一是指一切管理活动均是以人为本体展开的。人既是管理的主体（管理者），也是管理的客体（被管理者），每个人都处在一定的管理层次上。离开人，就无所谓管理。因此，人是管理活动的主要对象和重要资源。二是在管理活动中，作为管理对象的诸要素和管理过程的诸环节（组织机构、规章制度等），都是需要人去掌管、推动和实施。因此，应该根据人的思想和行为规律，运用各种激励手段，充分发挥人的积极性和创造性，挖掘人的内在潜力。

为了发挥人本原理的作用，充分调动人的积极性，就必须贯彻实施以下几条原则。

（1）动力原则

推动管理活动的基本力量是人，管理必须有能够激发人的工作能力的动力，对于管理系统，有3种动力：①物质动力，即以适当的物质利益刺激人的行为动机，达到激发人的积极性的目的。②精神动力，即运用理想、信念、鼓励等精神力量刺激人的行为动机，达到激发人的积极性的目的。③信息动力，即通过信息的获取与交流产生奋起直追或领先他人的行为动机，达到激发人的积极性的目的。

（2）能级原则

在管理系统中建立一套合理的能级，即根据单位和个人能量的大小安排其职位和工作，做到才能和职位相称，这样才能发挥不同能级的能量，保证结构的稳定性和管理的有效性。例如，依据每个人不同的组织管理能力、技术管理能力等来安排工作。

（3）激励原则

管理中的激励就是利用某种外部诱因的刺激，调动人的积极性和创造性。以科学的手段，激发人的内在潜力，使其充分发挥积极性、主动性和创造性。人的工作动力来源于内在动力、外部压力和工作吸引力。

（4）行为原则

管理的行为原则是指管理者在管理活动时，必须全面了解和科学分析组织成员的行为，并掌握其特点和发展规律。在此基础上采取合理的政策和措施，以求最大限度地调动大家的积极性，使其产生的行为有助于实现组织的奋斗目标。

3. 系统原理

任何事物都具有系统的特征，这种系统是由各个组成部分以一定的结构而形成的动态的、关系复杂的有机整体。它通过与周围的自然、社会环境不断地进行物质、能量和信息的交换而生存和发展。要实现科学管理，就必须对管理系统进行细致科学的分析，合理处理各部分的关系，以实现系统整体的优化，这就是现代管理的系统原理。为充分发挥系统原理的作用，还必须运用好以下基本原则（也有称之为二级基本原理）。

（1）整分合原则

现代高效率的管理必须在整体规划下明确分工，在分工基础上进行有效的综合，这就是整分合原理。整体规划就是在对系统进行深入、全面分析的基础上，把握系统的全貌及其运动规律，确定整体目标，制订规划与计划及各种具体规范。明确分工就是确定系统的构成，明确各个局部的功能，对整体目标分解，确定各个局部的目标以及相应的责、权、利，使各局部都明确自己在整体中的地位和作用，从而为实现最佳的整体效应发挥最大作用。有效综合就是对各个局部必须进行强有力的组织管理。在各纵向分工之间建立起紧密的横向联系，使各个局部协调配合，综合平衡地发展，从而保证最佳整体效应的圆满实现。

整体把握，科学分解，组织综合，这就是整分合原则的主要含义。在企业安全管理系统中，整，就是企业领导在制定整体目标，进行宏观决策时，必须把安全纳入，作为一项重要内容加以考虑；分，就是安全管理必须做到明确分工，层层落实，建立健全安全组织体系和安全生产责任制度；合，就是要强化安全管理部门的职能，保证强有力的协调控制，实现有效综合。

（2）反馈原则

成功的高效管理，离不开灵敏、准确、有力、迅速的反馈，这就是反馈原则。反馈是控制论和系统论的基本概念之一，指将系统的输出返回到输入端并以某种方式改变输入，进而影响系统功能的过程。反馈大量存在于各种系统之中，也是管理中的一种普遍现象，是管理系统达到预期目标的主要条件。由于负反馈能抵消外界因素的干扰，维持系统的稳定性，因此，为了使系统做合乎目的的运动，一般均采用负反馈。现代企业管理是一项复杂的系统工程，其内部条件和外部环境都在不断变化。所以，管理系统要实现目标，必须根据反馈及时了解这些变化，从而调整系统的状态，保证目标的实现。

（3）封闭原则

任何一个系统的管理手段、管理过程等必须构成一个连续封闭的回路，才能形成有效的管理运动，这就是封闭原则。封闭，就是把管理手段、管理过程等加以分割，使各部分、各环节相对独立，各行其是，充分发挥自己的功能；然而又互相衔接、互相制约并且首尾相连，形成一条封闭的管理链。对于企业管理，首先，其管理系统的组织结构体系必须是封闭的。任何一个管理系统，仅具备决策指挥中心和执行机构是不足以实施有效的管理的，必须设置监督机构和反馈机构，监督机构对执行机构进行监督，反馈机构接收执行效果的信息，并对信息进行处理，再返送回决策指挥中心。决策指挥中心据此发出新的指令，这样就形成了一个连续封闭的回路。其次，管理法规的建立和实施也必须是封闭的。不仅要建立尽可能全面的执行法，还应建立相应的监督法，还必须有反馈法，这样才能发挥法的威力。

当然，管理封闭是相对的，封闭系统不是孤立系统。从空间上看，它要受到系统管理的作用，与环境之间存在着输入输出关系，有着物质、能量、资金、人员、信息等的交换，只能与它们协调平衡地发展；从时间上讲，事物是不断发展的，依靠预测做出的决策不可能完全符合未来的发展。因此，必须根据事物发展的客观需要，不断以新的封闭代替旧的封闭，求得动态的发展，在变化中不断前进。

（4）动态相关性原则

构成系统的各个要素是运动和发展的，而且是相互关联的，它们之间相互联系又相互制约，这就是动态相关性原则。该原则是指任何企业管理系统的正常运转，不仅要受到系统本身条件的限制和制约，还要受到其他有关系统的影响和制约，并随着时间、地点以及人们的不同努力程度而发生变化。企业管理系统内部各部分的动态相关性是管理系统向前发展的根本原因。所以，要提高管理的效果，必须掌握各管理对象要素之间的动态相关特征，充分利用相关因素的作用。

4. 效益原理

效益原理是指组织的各项管理活动都要以实现有效性、追求高效益作为目标的一项管理原理。效益原理体现的原则如下。

（1）价值原则

价值原则是效益的核心。任何一项管理活动的目标效益都应体现出其价值追求，即组织通过管理者科学的管理活动，体现对个人、对组织、对社会有价值的追求，最大限度地实现经济效益和社会效益。

（2）投入产出原则

投入产出原则是一项管理活动计算成本投入与收益需遵循的原则，即一个组织进行的管理活动通过尽可能小的投入获取尽可能大的产出来实现效益的最大化。

（3）边际分析原则

边际分析原则就是在管理活动中要注意把追加的支出和追加的收入相比较，衡量实际效益的大小，以做出科学决策。

第三节　安全管理的概述

一、安全管理的定义

安全管理是指管理者对安全生产进行的计划、组织、指挥、协调和控制的一系列活动，是企业管理的一个重要部分。目的是保护职工在生产过程中的安全与健康，保护财产不受损失。海因里希（Heinrich）、皮特森（Petersen）等在 1980 年版的《产业事故预防》（*Industrial Accident Prevention*）一书中指出，事故预防、损失预防、损失控制、全面损失控制、安全工程、安全管理等词汇的含义相似甚至相同，但是"安全管理"一词使用最为普遍。据此，可以理解为，安全管理就是事故预防之含义。由于事故的直接原因有"物的不安全状态"和"人的不安全动作（动作是行为的一部分，基本来说就是个人一次性的或者瞬时性的行为）"两个方面，所以预防事故必须采用工程技术手段和行为控制手段分别解决这两个直接原因。

控制事故可以说是安全管理工作的核心，而控制事故最好的方式就是实施事故预防，即通过管理和技术手段的结合，消除事故隐患，控制不安全行为，保障劳动者的安全，这也是"预防为主"的本质所在。

但根据事故的特性可知，由于受技术水平、经济条件等各方面的限制，有些事故是不可能不发生的。因此，控制事故的第二种手段就是应急措施，即通过抢救、疏散、抑制等手段，在事故发生后控制事故的蔓延，把事故的损失减少到最小。

既然要有事故发生，必然要有经济损失。对于一个企业来说，一个重大事故在经济上的打击是相当沉重的，有时甚至是致命的。因而在实施事故预防和应急措施的基础上，通过购买财产、工伤、责任等保险，以保险补偿的方式，保证企业的经济平衡和发生事故后恢复生产的基本能力，也是控制事故的手段之一。

所以，也可以说，安全管理就是利用管理的活动，将事故预防、应急措施与保险补偿三种手段有机地结合在一起，以达到保障安全的目的。

二、安全管理的分类

安全管理可以从广义、狭义，宏观与微观方面进行分类，分别介绍如下。

安全管理的广义定义，是指处理或解决安全问题的方法和步骤，即事故预防和损失控制。广义的安全管理泛指一切保护劳动者安全健康、防止国家财产受到损失的管理活动。从这个意义讲，安全管理不但要防止劳动中的意外伤亡，也要对危害劳动者健康的一切因素进行斗争（如尘毒、噪声、辐射等物理化学危害，以及对女工的特殊保护等）。狭义的安全管理指在生产过程或与生产有直接关系的活动中防止意外伤害和财产损失的管理活动。事故预防所用的"行为控制"手段，其实就是狭义的"安全管理"。当然，行为控制的层面和内容是很多的。

从宏观角度来看所有为了安全得以实现的活动、手段、措施等都可以被纳入安全管理范围之内，其中所涉及的有政治、军事、经济、法律等一系列有效举措。从宏观安全管理的视域看，我国提出的总体国家安全观（见图1-1），既是对中国整体思维、王道立场、民本思想与"天下主义"文化精粹的传承与弘扬，也是对人类系统思维、人道立场、人本思想与"全球主义"文明精粹的习得与推进。从微观角度看安全管理，指经济和生产管理部门以及企事业单位所进行的具体的安全管理活动。安全管理通过组织决策、计划实施、控制管理等系列手段，开展使安全的初衷得以实现的一系列活动。其中控制管理是安全管理中的核心，控制管理的重心在于对事故的控制，控制事故的最有效路径是进行事故的事前预防，简单来说就是通过系列的控制手段，加以技术性辅助，把事故的隐患逐一消除，对不安全的行为进行控制，保障人们的安全，这也是"预防为主"的本质所在。

三、安全管理的作用

工程项目一旦发生安全事故，与之有关的企业必然会承受重大损失，对企业的持续发展也会产生不良影响。在我国，国家对企业能否安全地进行生产工作高度重视。目前，政府大力支持安全管理建设条件的改善，持续关注行业的发展，由此我国安全管理整体建设项目水平才能迅速提高，才能持续改善安全措施，构建良好的企业管理模式，保障工作人员的安全，维持社会稳定性。而只有做好安全管理工作，社会的稳定发展才有了保障。

安全管理是推动项目发展的重中之重。在项目推进事宜中，能够极大地提升其进度与完成程度，例如施工现场需要张贴安全警示标语和施工规范，必要

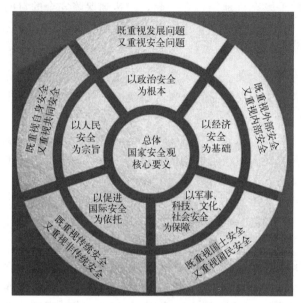

图 1-1 总体国家安全观

（图片来源：第七个全民国家安全教育日丨"国安宣工作室"官宣海报）

时安全员检查现场佩戴情况以及加强安全知识培训，管理人员要在实际施工中监督现场，总结现场的经验，不断优化管理制度，在原有的基础上完善工程建设管理制度，对安全管理进行高效落实。在项目管理中，安全管理是促进企业发展，改善企业管理系统的重要手段。同时，有助于提高内部工作质量和内部运营效率。在施工过程中，完善管理模式可以减少工程成本开支，提高经济效益，并且对企业的管理运转模式进行优化，建立更高效的运作模式。但是安全管理不是独立管理，而是有效的科学安全管理。

安全管理是企业管理的一个组成部分，与生产管理二者密切联系，互相影响，互相促进。为了防止伤亡事故和职业危害，必须从人、物、环境以及它们的合理匹配这几方面采取对策，包括提高人员的素质，作业环境的整治和改善，设备与设施的检查、维修、改造和更新，劳动组织的科学化，以及作业方法的改善等。为了落实这些方面的对策势必对生产管理、技术管理、设备管理、人事管理，进而对企业各方面工作提出越来越高的要求，从而推动企业管理的改善和全面工作的进步。企业管理的改善和全面工作的进步反过来又为改进安全管理创造了条件，促使安全管理水平不断得到提高。

安全管理的改善，可以促进劳动生产率的提高，从而带来企业经济效益的增长。反之，如果事故频繁，不但会影响职工的安全与健康，挫伤职工的生产积极性，导致生产效率的降低，而且会造成设备财产的损坏，无谓地消耗许多人、财、物力，带来经济上的巨大损失。事故严重时，厂房设备毁于一旦，生产都不能进行，哪里还谈得上经济效益。实践表明，一个企业的安全生产状况可以反映出它的企业管理水平。企业管理得好，安全工作也必然受到重视，安全管理也比较好。反之，安全管理混乱，事故、伤亡不断，职工则无法安心工作，领导者也经常要分散精力去处理事故。在这种情况下，怎么能建立正常、稳定的工作秩序，改善企业管理又从何谈起。

安全管理水平的提高可以调动人的安全积极性，进一步遏制事故的发生。解决问题、防止伤亡事故和职业危害，最根本的措施是提高技术装备本质的安全水平。也就是说从物质条件上根本消除、控制危险和有害因素。然而，技术装备本质的安全水平有赖于国家经济和科学技术的高度发展，不是在短期内就能够办到的。当前，我国部分企业还无力更新一些陈旧的设备和设施，它们存在着较多的事故隐患。即便是新添置的设备，包括一些最先进的设备，也未必都能达到实现本质安全的水平。因此，在这种情况下，为了实现安全生产，就只能从改善安全管理、调动人的安全积极性上解决问题。从长远看，随着经济的发展，生产规模不断扩大，技术不断更新，新设备、新材料、新工艺不断被采用，也会不断出现新的危险和危害。因此，本质安全永远是相对的。从这个意义上说，有效的安全管理措施和手段所发挥的作用，在任何时候都是不可低估的。物质力量和人的作用相辅相成，在物质力量薄弱的情况下，尤其要强调发挥人的作用，而人的作用的发挥则依靠有效的管理活动。

四、安全管理的性质

安全管理是企业生产管理的重要组成部分，是一门综合性的系统科学。安全管理是对生产中的人、物、环境因素状态的管理，有效的控制人的不安全行为和物的不安全状态，消除或避免事故，达到保护劳动者的安全与健康的目的。同时，安全管理存在着以下性质。

1. 长期性

安全生产问题产生于生产活动过程，并贯穿生产活动的始终。因此，哪里有生产，哪里就存在安全管理。企业需要通过开展安全管理工作，牵住安全生产的"牛鼻子"，长期贯彻落实安全管理标准与要求，是安全生产工作顺利进行的重要保障。

2. 科学性

安全问题的出现必然存在一定的原因与规律。在安全管理过程中，需要人们科学探索、认识事故发生的原因，以便更好地开展安全生产工作，预防事故的发生。例如，瓦斯爆炸存在三要素：瓦斯浓度、一定能量的点火源与氧气含量。在预防瓦斯爆炸事故发生的过程中，可以从控制瓦斯浓度、引火温度与氧气含量三个方面入手开展安全管理工作。这是尊重客观规律，将科学与管理结合从而达到更好的管理效果的体现。只有尊重科学，学习和掌握有关安全生产的科学知识，逐步掌握它的规律性，抓好安全管理，才能取得安全生产的主动权。

3. 系统性

安全管理的系统性渗透融合于安全管理之中。首先，安全管理具有一定的系统层次。在纵向层次方面，安全管理可以划分为决策层安全管理、执行层以及操作层安全管理。安全系统管理的纵向层次和横向功能之间的联系是非常清晰的，如决策层主要针对安全管理标准与纲要等进行决议，在安全管理方面具有引领作用，而执行层与操作层对安全管理工作的落实是其主要任务等。另外，在对安全问题预防、应对方面的完整的安全管理工作也是其系统性的体现，安全管理在一定程度上保证安全生产，防止事故的发生。一旦发生事故就会造成劳动者的身心和社会财富的伤害和损失，其中绝大部分的损失和破坏是不可逆的。因此，安全管理的重点就是做好预防事故的工作，立足于事故的防范，预防在先，早抓防止和避免事故的措施，以减少或控制事故的发生。一旦事故发生，安全管理工作的有序开展将在最大限度上减少事故损失。而且安全管理工作必须遵循与安全生产有关的规章制度和规程、标准、规范，按安全生产的规律办事，使安全管理形成带有专业内容和自身特点的完整的科学技术和知识体系。

4. 群众性

安全生产是一项与广大职工的行为和切身利益紧密相连的工作，靠少数人是不行的，必须依靠广大群众，增强其安全意识，不断提高其安全知识水平和技能，自觉遵守规章制度，全员参与安全管理，以形成自我保护的坚实的基础。

第四节　安全管理的发展概况

一、安全管理的历史沿革

伴随着社会的发展与进步，人类的安全需求逐渐提高，安全管理在这个过程中不断发展演进。18 世纪中叶，蒸汽机的发明引发了工业革命，大规模的机械化生产开始出现，工人们在极其恶劣的作业环境中从事超过 10 小时的劳动，工人的安全和健康时刻受到机器的威胁，伤亡事故和职业病不断出现。为了确保生产过程中工人的安全与健康，人们采用了很多种手段改善作业环境，一些学者也开始研究劳动安全卫生问题。安全生产管理的内容和范畴有了很大发展。19 世纪初，英、法、比利时等国相继颁布了安全法令，如英国 1802 年通过的纺织厂和其他工厂学徒健康风险保护法，1820 年比利时制定的矿场检查法案及公众危害防止法案等。另一方面，由于事故造成的巨大经济损失以及在事故诉讼中所支付的巨额费用，使资本家出自自身利益，也要考虑和关注安全问题，这些都在一定程度上促进了安全技术和安全管理的发展。

20 世纪初，现代工业兴起并快速发展，重大生产事故和环境污染相继发生，造成了大量的人员伤亡和巨大的财产损失，给社会带来了极大危害，使人们不得不在一些企业设置专职安全人员从事安全管理工作，一些企业主不得不花费一定的资金和时间对工人进行安全教育。到了 20 世纪 30 年代，很多国家设立了安全生产管理的政府机构，发布了劳动安全卫生的法律法规，逐步建立了较完善的安全教育、管理、技术体系，初具现代安全生产管理雏形。

进入 20 世纪 50 年代，经济的快速增长，使人们的生活水平迅速提高，创造就业机会、改进工作条件、公平分配等问题，引起了越来越多经济学家、管理学家、安全工程专家和政治家的注意。工人强烈要求不仅要有工作机会，还要有安全与健康的工作环境。一些工业化国家，进一步加强了安全生产法律法规体系建设，在安全生产方面投入大量的资金进行科学研究，产生了一些安全生产管理原理、事故致因理论和事故预防原理等风险管理理论，以系统安全理论为核心的现代安全管理方法、模式、思想、理论基本形成。

20 世纪 70 年代，美、英等发达国家，相继建立了职业安全健康法规，设立了相应的执法机构和研究机构，加大了安全卫生教育的力度，包括在高等院校设立安全类专业、开设安全类课程等，并通过各类组织对各类人员采用了形式多样的培训方式，重视安全技术开发工作，提出了一系列的有关安全分析、危险评价和风险管理的理论和方法，使得安全管理水平有了较大的提高，也促进了这些国家的安全工作的飞速发展，取得了较好的效果。

20 世纪 90 年代以来，国际上又进一步提出了"可持续发展"的口号，人们也充分认识到安全问题与可持续发展间的辩证关系，进而又提出了职业安全健康管理体系（OHSMS）的基本概念和实施方法，使安全管理工作走向了标准化和现代化。到 20 世纪末，随着现代制造业和航空航天技术的飞速发展，人们对职业安全卫生问题的认识也发生了很大变化，安全生产成本、环境成本等成为产品成本的重要组成部分，职业安全卫生问题成为非官方贸易壁垒的利器。在这种背景下，"持续改进""以人为本"的健康安全管理理念逐渐被企业管理者所接受，以职业健康安全管理体系为代表的企业安全生产风险管理思想开始形成，现代安全生产管理的内容更加丰富，现代安全生产管理理论、方法、模式及相应的标准、规范更加成熟。

进入 21 世纪，我国有些学者提出了系统化的企业安全生产风险管理理论雏形，认为企业安全生产管理是风险管理，管理的内容包括危险源辨识、风险评价、危险预警与监测管理、事故预防与风险控制管理及应急管理等。该理论将现代风险管理完全融入安全生产管理之中。

从安全管理的发展过程可以看出，安全管理的发展是随着工业生产的发展和人们的安全需求的逐步提高而进行的。初期阶段的安全管理，可以说是纯粹的事后管理，即完全被动地面对事故，无奈地承受事故造成的损失。在积累了一定的经验和教训之后，管理者采用了条例管理的方式，即事故后总结经验教训，制定出一系列的规章制度来约束人的行为，或采取一定的安全技术措施控制系统或设备的状态，避免事故的再发生，这时已经有了事故预防的概念。而职业安全健康管理体系的诞生则成为现代化安全管理的重要标志。

二、安全管理的现状

安全管理是管理者为了控制人的不安全行为和物的不安全状态，以扎实的知识、认真的态度和较强的能力为基础而进行的一系列综合性活动。安全管理是为实现安全生产而科学组织和使用人力、物力和财力等各种资源的过程，它利用计划、组织、指挥、协调和控制等管理机能，控制来自环境的、机械设备的不安全因素及人的不安全行为，避免发生人身伤亡和设备事故，保证人的生命安全和健康，保证社会生产顺利进行，促进企业改善管理、提高效益，保障事业顺利发展。安全管理是企业管理的一个重要组成部分，是保障员工健康和企业安全的重要手段，是保证企业获得经济效益和健康持续发展的基本条件，因此，安全管理对于企业的生存和发展具有十分重要的意义。

1. 安全基础设施建设不断强化

一切生产经营活动都是围绕和依靠基础设施开展的，只有基础设施做到了本质安全化，安全管理才有立足点，安全投入才能见实效。因此，安全管理重心需前移，从建设项目的调研、论证、立项、规划选址，再到基础设施的选择、布局,基础设施的安全状态都应提前考虑,提高本质安全水平。严格落实建设项目安全生产"三同时"制度,确保投入运行的是一个规划合理、条件充分、防护齐全的本质安全化的项目,坚决杜绝边运行边整改,先运行后整改的现象发生。

2. 安全管理投入力度不断加大

企业需要进行全面的风险辨识,找准风险点、危险源,将有限的资金投入到风险较大的薄弱环节,弥补安全管理中的短板,先消除木桶效应,再稳步提高整体的防范措施,同时要认识到安全投入不仅仅是设备设施方面的投入,还包括人员的配备、员工的激励、人员技能素质的提高、领导的重视、部门之间的配合等各方面的人力、物力和财力的投入。另外要科学合理地安排投入结构,完善安全投入的相关制度,加强安全投入监管,才能有效保证安全投入,做到均衡投入,才能做到真正消除风险,保障安全生产。

3. 安全管理技术人才队伍不断壮大

建立一支懂安全、爱安全的专业技术人才队伍,需要从企业高层到基层安全管理人员具备相应的安全管理知识、安全技术理论和安全技能水平,同时要建立良好的用人机制,营造一个有利于安全技术人才发展的环境,健全竞争机制,完善考核制度,真正做到"能者上、庸者下",使安全人员有目标、有奔头,切实能感受到努力见成效,付出见回报。形成一个人尽其才、才尽其用、人才辈出的用人环境,这才有利于安全技术人才队伍的不断壮大,最终形成一个安全工作人人爱干、人人想干的良好局面,从而实现安全生产工作的持续稳定运转。

4. 安全管理体系不断健全

开展安全管理体系建设内容深入分析、不断完善安全保障工作要求,可以进一步明确各级内容安全质量监督机构职能职责,确保内容安全、质量和应急等专业人员配备充足,岗位明确,职责清晰,保障安全管理体系建设内容安全有序推进。采取措施遏制重特大事故、实现治本的同时,要在安全规划、行业管理、安全投入、科技进步、宏观调控、教育培训、安全立法、激励约束考核、企业主体责任、事故责任追究、社会监督参与、监管和应急体制等方面,采取有利于安全生产的对策措施,建立健全安全管理体系,综合运用法律、经济、科技和必要的行政手段,抓紧解决影响制约安全生产的各种历史性、深层次问题,建立长效机制。

第五节　安全管理学主要内容和特点

一、安全管理学的主要内容

安全管理学的主要内容包括事故管理、事故致因理论基础、个人行为控制、安全管理体系、安全管理方法、安全文化建设等方面，下文将针对这些内容开展相关介绍。

1. 事故管理

作为安全科学研究对象的事故，其定义为：人们生产生活过程中突然发生的、违反人们意志的、迫使活动暂时或永久停止，可能造成人员伤害、财产损失或环境污染的意外事件。为了避免事故的发生，提高安全管理水平，事故管理是安全管理学的重要组成部分。

事故管理由以下部分组成。

（1）事故统计与分析

事故统计是统计学在事故问题中的应用，即关于事故数据资料的收集、整理、分析和推断的科学方法。常见的事故统计的方法有综合分析法、主次图分析法等。综合分析法是以大量同类型事故为对象所做的总结分析，将汇总整理的资料及有关数据形成书面材料或填入统计表或绘制统计图，使大量资料系统化、条理化、科学化，从中找出事故发生的规律性。主次图分析法是找出事故主要影响因素的一种简单而有效的图表方法，是根据"关键的少数和次要的多数"的原理而制作的。也就是将影响事故发生的众多影响因素按其影响程度的大小用直方图形进行排列，从而找出主要因素。

了解常规的事故统计方法与常见的事故统计指标有利于更好地掌握伤亡事故发生、发展的规律和趋势，探求分析伤亡事故发生的原因和有关的影响因素，从而为有效地采取预防措施提供依据，为宏观事故预测及安全决策提供依据。

（2）事故调查与处理

事故调查的程序一般为：事故调查准备工作→事故调查取证→事故分析→形成事故调查报告→材料归档及事故登记。事故调查处理的目的是总结事故发生的教训和规律，提出有针对性的措施，防止类似事故的再度发生，以警示后人。事故调查常用的技术方法包括故障树分析法、故障类型和影响分析法、变更分析法。

（3）事故预防与控制

事故预防是指通过采用技术和管理的手段使事故不发生。事故控制是通过采用技术和管理手段，使事故发生不造成严重后果，使损失尽可能地减小。例如：火灾的防控体制，通过规章制度和采用不可燃或不易燃材料可以避免火灾的发生，而火灾报警、喷淋装置，应急疏散措施和计划等则是在火灾发生后控制火灾和损失的手段。

2. 事故致因理论基础

事故致因理论是阐明事故为什么会发生、怎样发生，以及如何防止事故发生的理论。代表性的事故致因理论有海因里希因果理论、心理动力理论、瑟利模型、撒利模型、能量转移论、变化-失误理论和轨迹交叉论等。根据事故理论的研究，事故具有3种基本性质。

（1）因果性

工业事故的因果性指事故是由相互联系的多种因素共同作用的结果，引起事故的原因是多方面的，在伤亡事故调查分析过程中，应弄清事故发生的因果关系，找到事故发生的主要原因，才能对症下药。

（2）随机性与偶然性

事故的随机性指事故发生的时间、地点、事故后果的严重性是偶然的，这说明事故的预防具有一定的难度；但是，事故这种随机性在一定范畴内也遵循统计规律。从事故的统计资料中可以找到事故发生的规律性。因而，事故统计分析对制定正确的预防措施有重大的意义。

（3）潜在性与必然性

表面上，事故是一种突发事件，但在事故发生之前有一段潜伏期。在事故发生前，人、机、环境系统所处的状态是不稳定的，也就是说系统存在着事故隐患，具有危险性，如果这时有一触发因素出现，就会导致事故的发生。在工业生产活动中，企业较长时间内未发生事故，如果麻痹大意，就是忽视了事故的潜在性，这是工业生产中的思想隐患，是应予以克服的。

上述事故特性说明了一个根本的道理：现代工业生产系统是人造系统，这种客观实际给预防事故提供了基本的前提。所以说，任何事故从理论和客观上讲，都是可预防的。因此，人类应该通过各种合理的对策和努力，从根本上消除事故发生的隐患，把工业事故的发生降低到最小限度。

3. 个人行为控制

人的不安全行为是事故发生的主要原因之一，为了解决"人因"问题，发挥人在劳动过程中安全生产和预防事故的作用，需要研究个人行为控制。因此加强对个人行为的管理和控制是安全管理的重要组成部分，是不安全行为管理措施制定与实施的关键。

通过人类长期的安全生产活动实践，以及安全科学与事故理论的研究和发展，人们已清楚地认识到，要有效地预防生产与生活中的事故，保障人类的安全生产和安全生活，人类有三大安全对策：一是安全工程技术对策，这是技术系统本质安全化的重要手段；二是安全教育对策，这是人因安全素质的重要保障措施；三是安全管理对策，这一对策既涉及物的因素，即对生产过程设备、设施、工具和生产环境的标准化、规范化管理，也涉及人的因素，即对作业人员行为的科学管理等。因此，安全管理科学是安全科学技术体系中重要的分支学科，是人类预防事故的"三大对策"的重要方面，而个人行为控制是安全科学管理的重要组成部分。

4. 安全管理体系

预防事故是安全管理工作的核心，而预防事故的重要方式是通过构建有效的管理体系来控制危险源、消除事故隐患，减少人员伤亡和财产损失，使整个企业达到最佳的安全水平，为劳动者创造一个安全舒适的工作环境，从而保证企业生产顺利进行和社会稳定。

安全管理体系的建立给予了安全管理工作结构支撑。在安全管理和安全管理体系的构建方面，有学者认为安全管理的主体、客体、管理目标与管理信息这4个要素是顺利开展安全工作的关键。其中安全管理的主体是安全管理活动中具有决定性影响的要素；安全管理的客体能对安全管理的主体发出的信息做出反应，并有其自身的发展规律；安全管理目标是安全工作的努力方向；安全管理信息是安全管理环节间巧通联络、协调行动的桥梁和纽带。这一论述提出了安全管理体系的一些构成要素。安全管理体系的作用在于从组织上、制度上保证企业的安全生产顺利进行。通过建立安全管理体系，可以把全体职工组织起来，明确各部门、各环节的安全管理职能，使安全工作制度化、经常化，有效地保证施工生产安全地进行；可以把企业各环节的安全管理工作联系起来，使企业安全施工有坚实基础；可以把企业内的安全信息相互沟通起来，使企业安全管理活动上下衔接、左右协调，综合处理，迅速发现事故隐患，并使其及时得到处理。所以建立和健全安全管理体系，是实行全员安全管理的重要标志。

5. 安全管理方法

实现现代企业的安全科学管理，需要研究安全管理科学，研究安全管理的理论、原理、原则、模式、方法、手段、技术等。安全管理学是安全科学技术体系中重要和实用的二级学科，它包括安全信息系统、劳动保护管理、风险分析、事故管理、工业灾害控制等分支学科。安全管理工程是企业安全生产的最基本的安全手段，其理论和方法得到了职业安全卫生和减灾防灾领域以及其他有关专业的普遍重视。

安全管理科学首先涉及的是常规安全管理，有时也称为传统安全管理，如安全行政管理、安全监督检查、安全设备设施管理、劳动环境及卫生条件管理、事故管理等，如安全生产方针、安全生产工作体制、安全生产五大原则、全面安全管理、安全检制、"四查"工程、安全检查表技术、"0123"管理法、"01467"全管理法等综合管理方法，也包括"5"活动、"五不动火"管理、审批检查的"五信五不信"、"四查五整顿"、巡检挂牌制、防电气误操作"五步操作管理法"、人流物流定置管理、"三点"控制、"八查八提高"活动、安全班组活动、安全班组建设等生产现场微观安全管理技术。随着现代企业制度的建立和安全科学技术的发展，现代企业更需要发展科学、合理、有效的现代安全管理方法和技术。现代安全管理是现代社会和现代企业实现现代安全生产和安全生活的必由之路。一个具有现代技术的生产企业必然需要与之相适应的现代安全管理科学。目前，现代安全管理是安全管理工程中最活跃、最前沿的研究和发展领域。

现代安全管理工程的理论和方法有：安全哲学原理，安全系统论原理，安全控制论原理，安全信息论原理，安全经济学原理，安全协调学原理，安全思维模式的原理，事故预测与预防原理，事故突变原理，事故致因理论，安全法制管理，安全目标管理法，无隐患管理法，安全行为抽样技术，安全经济技术与方法，安全评价，安全行为科学，安全管理的微机应用，安全决策，事故判定技术，本质安全技术，危险分析方法，风险分析方法，系统安全分析方法，系统危险分析，故障树分析，PDCA循环法，危险控制技术，安全文化建设等。

6. 安全文化建设

随着社会的发展，在大安全观中根据安全原理，事故相关的"人、机、环、管"四要素中，"人因"是最为重要的。因此，建设安全文化对于保障安全生产有着重要和现实的意义。从安全文化的角度，人的安全素质包括人的安全知识、技能和意识，甚至包括人的安全观念、态度、品德、伦理、情感等更为基本的人文素质层面。安全文化建设要提高人的基本素质，需要从人的深层的、基本的安全素质入手。这就要求进行全民的安全文化建设，建立大安全观的思想。安全文化建设包含建设安全科学、发展安全教育、强化安全宣传、提高科学管理、建设安全法制等精神文化领域的内容，同时也涉及优化安全工程技术、提高本质安全化等物质文化方面的内容。因此，安全文化建设对人类的安全手段和对策具有系统性意义。

二、安全管理学的特点

现代安全管理的先进性在于：要变传统的纵向单因素安全管理为现代的横向综合安全管理；变传统的事故管理为现代的事件分析与隐患管理（变事后型为预防型）；变传统的被动的安全管理对象为现代的安全管理动力；变传统的静态安全管理为现代的安全动态管理；变过去企业只顾生产经济效益的安全辅助管理为现代的效益、环境、安全与卫生的综合效果的管理；变传统的被动、辅助、滞后的安全管理程式为现代主动、本质、超前的安全管理程式；变传统的外迫型安全指标管理为内激型的安全目标管理（变次要因素为核心事业）。

安全管理学的特点表现在以下两个方面。

1. 综合性、系统性和交叉性

劳动生产错综复杂，不同行业有不同的生产特点。同一行业，由于生产工艺、产品设备和材料不同，所带来的不安全、不卫生因素也不相同。长期以来人们不断对各种现象进行研究，正确认识人类社会发展、劳动生产的客观规律，逐渐形成了安全科学。

安全科学是一门综合性学科，它与单纯的自然社会学科不同。它不仅在本学科内每个层次之间存在着相互依存关系，而且又与其他有关的自然、社会科学存在着密切关系。例如，安全管理科学以社会科学中的政治经济学、哲学、社会学为基础理论，又与社会科学和自然科学的应用理论相互渗透、相互交叉（如事故预测与系统工程学、安全教育与教育学、心理学、行为科学等）。同样在工程技术方面，如防尘工程，它既要以安全科学的基础理论为依据，同时也要以自然科学的流体力学、气溶胶力学为基础理论，而某些内容又与通风工程学相渗透、交叉。这样就形成了复杂的、综合的安全科学，决定了安全的系统性。

2. 实用性、提前性和决策性

"安全第一、预防为主、综合治理"既是我们安全生产的方针，又是安全管理的原则。安全第一与预防为主是相辅相成的，当生产与安全发生矛盾时，要首先保证安全，要采取各种措施保障劳动者的安全和健康，将事故和危害的事后处理转变为事故和危害的事前控制。事故预防是安全管理的出发点，也是安全管理的归宿点。

第六节 安全管理、风险管理与应急管理的关联

一、三者的管理内涵

以大安全理念为背景，梳理安全管理、风险管理以及应急管理的内涵如下：

1. 安全管理

根据生产实际，不同学者大体上从 3 个角度出发探讨了安全管理的内涵。从事故角度出发，海因里希等提出安全管理理念，探究了不安全行为产生原因、安全与生产的关系等问题。傅贵认为广义的安全管理即为事故预防，狭义的安全管理为安全行为控制。在传统管理角度下，米奇森（Mitchison）等认为安全管理是决定和实施安全政策的全部管理功能。在系统角度下，罗纳德（Ronald）认为现代安全管理程序包括全员管理和全过程管理。总的来说，安全管理是为实现和达到安全这一状态，实行组织、决策、控制等一系列活动。其本质是避免事故的发生，起到事故预防作用。

安全管理研究重点集中于建筑、煤矿、化工行业及政府行为等，关注热点包括事故防范、风险评估、安全文化、安全管理体系、人员安全行为等方面。可以看出，国家宏观层面和行业微观层面成为安全管理研究的双重驱动源，涉及安全管理的理论、政策、组织、体制、策略、措施、实践等一系列问题。宏观层面是针对国家层面而言的，在政治、法律、体系等有关政策指导方面的安全管理活动，这一层面的安全管理具有指导作用；微观层面针对企业层面而言，在体系、人员、设备等有关安全生产方面的安全管理活动，这一层面的安全管理具有执行和贯彻的意义。

2. 风险管理

风险管理作为一门新兴学科，主要研究对象是风险发生规律与风险控制技术，研究范围涉及金融业、医疗卫生业、建筑工程及采矿工程等多个行业。由于风险一词应用的广泛性，组成了风险管理的多种涵义。目前尚无统一定论，如有学者将其界定为：一个组织对风险的指导和控制的一系列协调活动；亦有学者将其界定为：指导与控制某一组织与风险相关问题的协调活动。将风险管理与安全管理内涵相融汇，在安全生产领域中开展应用，一方面，可以有效减少由风险管控不当所造成的突发事件，从而降低事故发生率、减少行业乃至国

25

家层面因事故造成的经济财产损失以及人员伤亡；另一方面，有效的风险管理可以将风险所带来的挑战转变为安全生产的机遇。风险管理水平的提高有利于提高安全领域中的风险应对能力，从而在风险来临时提高组织的处理管控水平。

3. 应急管理

"应"是应付、对待之意。"急"，有紧急、危急之意。突发事件、危机、紧急事态等概念象征着这样的"急"。可以说，突发事件就是"急"，"急"是应急管理的缘起。因此，应急管理可理解为政府和其他管理主体对突发事件的预防与应急准备、监测与预警、应急处置与救援、事后恢复与重建中的各种应对活动的管理。伴随着我国应急管理建设工作不断进行，我国应急管理水平不断提高。应急管理在保障人民生命与财产安全方面发挥了重要作用。面对新形势、新风险、新挑战，我国积极推进应急管理体系和能力现代化，制定了一系列国家应急管理政策，提高我国应急管理水平既是一项紧迫挑战，又是一项长期任务。伴随着我党对大安全大应急框架的深入重视，安全管理与应急管理的理论与实践方法是进一步完善国家安全、民族复兴和人民福祉的有力抓手。

二、三者的关系探讨

在大安全理念下，从研究领域、理论范式、责任及参与的主体、管理阶段4 方面综合考虑，阐述安全管理、风险管理以及应急管理的内在关联。

1. 研究领域定位与交集

安全管理工作的聚焦点在于事故，其核心在于事故的控制。安全管理在技术与管理的双轮驱动下，事故预防、事故管控以及保险补偿共同作用，从而为减少或消除事故的发生提供支撑，实现保障安全的目标。风险管理以风险为研究对象，开展指挥、控制等一系列协调活动，从而在根本上遏制风险演变为突发事件的可能，预防突发事件的产生。应急管理作为公共安全管理的重要组成部分之一，以突发事件为研究重心，开展目标一致，追求集体效能的管理工作。通过有序开展大规模的集体行动，科学应对突发事件，促使社会系统由无序向有序演化。

总的来说，安全管理以事故为中心，开展一系列的管理研究活动，而风险管理以风险为中心，研究风险发生发展规律与管理控制机制。应急管理则针对突发事件开展理论与实践机制研究。其中，风险管理领域以风险为中心开展科学有效的协调活动，主要针对风险事件实施具体的管理工作，而突发事件是风险的实际存在形式，突发事件管控不当则会导致事故的发生。因此，就研究领域而言，风险管理包含应急管理以及安全管理，应急管理与安全管理亦存在交集。换句话说，风险是突发事件的潜在形式。应急管理可理解为风险管理的保险箱，风险管理的有序开展可以保障应急管理工作实施水平，应急管理工作的效率高低与风险管理工作密不可分。风险管理与应急管理是保障安全管理效能的双重屏障，将事故的发生与造成的后果控制在人们可接受的范围之内，从而达到安全管理的目标。

2. 理论范式的区别与联系

在安全管理过程中，事故致因理论是开展管理工作的主要理论依据。事故致因理论，即阐述事故发生机制的理论。借助事故致因理论可从根本上阐释事故的前因后果，表明事故的发生机制。事故致因理论的相关研究始于 20 世纪，至今已形成了多种较为成熟的事故致因理论与模型，其中较为典型的，如多米诺骨牌理论、轨迹交叉理论、瑞士奶酪模型以及能量意外释放理论等在安全管理实际过程中都得到了广泛的应用。

风险管理理论主要经历了 3 个形成和发展阶段，包括传统风险管理阶段、现代风险管理阶段以及全面风险管理阶段。风险管理的理论代表有全面风险管理理论、内部控制理论以及整体风险管理理论、风险感知理论、风险放大理论等。通过理论研究，对风险因素的认知上升到理性层面，从而进一步探寻风险产生的规律与特征。只有掌握了风险管理的理论与实际应对方法，才能采取针对性的措施降低风险带来的不利影响，才有可能采取最低的管理成本取得最佳的风险管理效能。中国应急管理强调全过程均衡，相关理论涉及预防、准备、响应以及恢复 4 个阶段，如危机沟通理论、公共安全三角形理论、事件链理论以及全源情报理论等。通过分析强调突发事件发生机制与管理方法，研究适当的措施应对突发事件的发生。

社会科学领域往往是范式共存的。在安全管理、风险管理以及应急管理理论研究过程中，其相关理论出发的视角不同，但都是立于实际之上，结合管理科学理论及依据开拓研究。如在风险管理过程中可以借鉴安全管理的理论范式与研究手段，如运用事故致因理论来研究管控风险，利用层次分析法、危险与可操作性分析法来分析评估风险；在应急管理过程中可以利用风险管理的理论基础开展应急准备与预防工作等。目前来说，三者基本理论、研究方法等方面的相互借鉴行为尚不充分。尝试构建安全科学相互交叉、内容系统的理论结构体系，需要综合考虑三者的管理依据，充分发挥三者的管理优势。理论研究上三者应互相启迪，长期共存，并行发展。

3. 责任及参与的主体

安全管理、风险管理与应急管理的主体责任可分为组织与个体 2 个层面。组织层面分为：政府责任、企业责任与社会相关组织的责任。政府责任、企业责任和社会相关组织责任可看作一个有机整体，是推动落实大安全工作的主要力量。在大安全体系中，政府作为公共权力部门，对企业安全能力、水平的提升具有重要影响，在企业安全工作方面具有引领以及推动其多主体协同的责任。企业作为安全生产的落实主体，需要构建集党委政府的领导责任、部门监管责任以及企业主体责任为一体的责任体系。社会组织作为非政府组织或第三部门，承担着政府提供公共服务的有关职能，在公共安全领域社会组织需与政府良性互动。在实际安全、风险、应急管理工作中，个体作为责任主体终端也有着不可替代的作用，个体行为在管理工作中与管理结果息息相关。

安全管理、风险管理以及应急管理的责任主体相同，在责任落实方面亦强调责任主体共同参与，协同发挥其责任职能。可是，因责任落实方面涉及的角色较多，往往会出现责任主体模糊现象。责任边界不清晰会降低制度、体系或者规章的执行落实效果，从而降低管理效率。因此，明晰个体或组织工作责任边界，是保障管理工作有序开展的前提，值得继续研究探讨。

4. 管理阶段划分与对比

按照不同的划分方法，安全管理阶段有不同的划分结果。若按安全管理流程划分，安全管理包括事故预防、事故管控和保险补偿 3 个主要阶段，涉及事故前、中、后 3 个过程；按安全管理开展效果划分，安全管理可分为安全管理无意识阶段、安全管理形式主义阶段以及主动安全管理阶段；按照落实效果可以划分为自然本能反应阶段、依赖严格监督阶段、独立自主管理阶段以及互助团队管理阶段；按照管理对象划分，安全管理可分为技术管理阶段、人为因素管理阶段以及组织系统管理阶段；按照安全管理的工作进展，安全管理也可分为安全管理理念阶段、安全管理体系阶段、安全管理行为阶段与安全管理状态4 部分。其中理念是安全管理的核心，体系是安全管理的框架，行为是安全管理的实践，三者共同构成安全管理的有机整体，影响安全管理状态。4 个研究维度相辅相成，体现了安全管理阶段的综合性和循环性。

对于风险管理，其阶段主要包括对范围、背景和标准的定义，风险评估（风险识别、风险分析、风险评价），风险应对，风险记录与报告，沟通与咨询以及监控与评价；亦有学者规定了风险管理过程包括明确环境信息、风险评估（风险识别、风险分析、风险评价）与风险应对以及监督和检查；或认为风险管理流程可归纳为 5 个步骤：风险识别、风险估计、风险评价、风险决策与风险监控。总的来说，风险管理涉及风险潜伏、风险发生与风险过后 3 个过程。风险管理的侧重点在于风险的识别与预防，着重从防患于未然的角度出发，开展风险管理工作。

一般来说，应急管理阶段包括针对突发事件开展预防、准备、响应与恢复这 4 个方面的全过程管理，涉及突发事件事前的预先防范、事中的应对行动以及事后的善后处理；美国国土安全部在"9·11"事件之后，将应急管理划分为准备、预防、保护、响应、恢复 5 个阶段；也有相关学者认为应急管理阶段包括准备、预防、减缓、响应、恢复、学习 6 部分。应急管理虽涉及事件发生前、中、后 3 个过程，但其关注的特殊点在于事件发生后的应急处置。通过前期的应急准备，如应急预案的编制与修订、应急法制体系的建设等，使得在突发事件发生时能够快速采取行动，以期在紧迫的时间内达到最优的应急管理效果。与应急管理相比，安全管理与风险管理更倾向于一种常态管理，应急管理为非常态管理。三者都涉及研究对象发生前、中、后 3 过程并有明确的流程划分。

复习思考题

1. 安全的定义该如何理解？
2. 安全管理的含义该如何理解？
3. 研究安全管理有何意义与价值？
4. 安全管理学的主要内容分为哪些？
5. 安全管理与管理有何区别与联系？

第二章

事故统计指标分析

事故造成人员的伤亡或设备、装置、建筑物的破坏，给国家、企业和个人造成了很大的经济损失，也给社会带来了不安定因素。明确事故种类、采用适当的统计方法与统计指标进行事故统计分析，有利于更加准确明晰地了解与描述事故真实情况。与此同时，进行安全管理绩效分析也是十分重要的，以期掌握生产安全事故的真实情况与事故经济损失。

本章主要介绍事故的分类与统计分析方法，对安全管理绩效分析展开相关内容介绍，要求学生知晓基本的事故分类依据及统计分析方法，明确事故统计指标以便开展安全管理绩效分析。

第一节 事故的分类

按照不同的分类标准，对事故可以进行不同的划分。下面介绍四种事故分类方法：按致害原因分类、按伤害程度分类、按事故严重程度分类以及按事故经济损失程度分类。

1. 按致害原因分类

《企业职工伤亡事故分类》（GB 6441—1986）按致害原因将事故分为 20 类，详见表 2-1。

表 2-1 按致害原因分类

序号	类别	备注
1	物体打击	指落物、滚石、锤击、碎裂、崩块、砸伤,不包括爆炸引起的物体打击
2	车辆伤害	包括挤、压、撞、颠簸等

序号	类别	备注
3	机械伤害	包括绞、碾、割、戳等
4	起重伤害	各种起重作业引起的伤害
5	触电	电流流过人体或人与带电体间发生放电引起的伤害,包括雷击
6	淹溺	各种作业中落及水及非矿山透水引起的溺水伤害
7	灼烫	火焰烧伤、高温物体烫伤、化学物质烧伤、射线引起的皮肤损伤等
8	火灾	造成人员伤亡的企业火灾事故
9	高处坠落	包括由高处落地和由平地落入地坑
10	坍塌	建筑物、构筑物、堆置物倒塌及土石塌方引起的事故,不适用于矿山冒顶、片帮及爆炸、爆破引起的坍塌事故
11	冒顶、片帮	指矿山开采、掘进及其他坑道作业发生的顶板冒落、侧壁垮塌
12	透水	适用于矿山开采及其他坑道作业时因涌水造成的伤害
13	爆破	由爆破作业引起,包括因爆破引起的中毒
14	火药爆炸	生产、运输和储藏过程中的意外爆炸
15	瓦斯爆炸	包括瓦斯、煤尘与空气混合形成的混合物的爆炸
16	锅炉爆炸	适用于工作压力在 0.07MPa 以上、以水为介质的蒸汽锅炉的爆炸
17	压力容器爆炸	包括物理爆炸和化学爆炸
18	其他爆炸	可燃性气体、蒸汽、粉尘等与空气混合形成的爆炸性混合物的爆炸,炉膛、钢水包、亚麻粉尘的爆炸等
19	中毒和窒息	职业性毒物进入人体引起的急性中毒、缺氧窒息性伤害
20	其他	上述范围之外的伤害事故,如冻伤、扭伤、摔伤、野兽咬伤等

2. 按伤害程度分类

在伤亡事故统计的《企业职工伤亡事故分类》(GB 6441—1986) 中,受伤害者的伤害被分成以下 3 类。

(1) 轻伤。损失工作日低于 105 日的暂时性全部丧失劳动能力伤害。

(2) 重伤。损失工作日等于或大于 105 日的失能伤害。依据《企业职工伤亡事故分类》(GB 6441—1986) 和《事故伤害损失工作日标准》(GB/T 15499—1995),具体是指损失工作日等于和超过 105 日的全部丧失劳动能力伤害。在事故发生后 30 天内转为重伤的 (因医疗事故而转为重伤的除外,但必须得到医疗事故鉴定部门的确认。道路交通、火灾事故自发生之日起 7 日),均按重伤事故报告统计。如果来不及在当月统计,应在下月补报。超过 30 天的 (道路交通、火灾事故自发生之日起 7 日),不再补报和统计。

(3) 死亡。发生事故后当即死亡,包括急性中毒死亡,或受伤后在 30 天及以内死亡的事故。死亡损失工作日为 6000 天。在 30 天及以内死亡的（因医疗事故死亡的除外，但必须得到医疗事故鉴定部门的确认。道路交通、火灾事故自发生之日起 7 日内），均按死亡事故报告统计。如果来不及在当月统计的，应在下月补报。超过 30 天死亡的（道路交通、火灾事故自发生之日起 7 日），不再进行补报和统计。失踪 30 天后（道路交通、火灾事故自发生之日起 7 日），按死亡进行统计。

3. 按事故严重程度分类

2007 年 6 月 1 日起开始实施的《生产安全事故报告和调查处理条例》中，根据生产安全事故（以下简称事故）造成的人员伤亡或者直接经济损失，事故一般分为以下等级：

1）特别重大事故。造成 30 人以上死亡，或者 100 人以上重伤（包括急性工业中毒，下同），或者 1 亿元以上直接经济损失的事故。

2）重大事故。造成 10 人以上 30 人以下死亡，或者 50 人以上 100 人以下重伤，或者 5000 万元以上 1 亿元以下直接经济损失的事故。

3）较大事故。造成 3 人以上 10 人以下死亡，或者 10 人以上 50 人以下重伤，或者 1000 万元以上 5000 万元以下直接经济损失的事故。

4）一般事故。造成 3 人以下死亡，或者 10 人以下重伤，或者 1000 万元以下直接经济损失的事故。

4. 按事故经济损失程度分类

根据《企业职工伤亡事故经济损失统计标准》（GB 6721—1986）的规定，将事故分为以下 4 类：

1）一般损失事故。经济损失小于 1 万元的事故。

2）较大损失事故。经济损失大于等于 1 万元，但小于 10 万元的事故。

3）重大损失事故。经济损失大于等于 10 万元，但小于 100 万元的事故。

4）特大损失事故。经济损失大于等于 100 万元的事故。

第二节　事故的统计分析

事故统计分析是伤亡事故综合分析的主要内容。它是以大量的伤亡事故资料为基础，应用数理统计的原理和方法，从宏观上探索伤亡事故发生原因及规律的过程。了解常规的事故统计方法与常见的事故统计指标有利于更好地掌握伤亡事故发生、发展的规律和趋势，探求伤亡事故发生的原因和有关的影响因素，从而为有效地采取预防事故措施提供依据，为宏观事故预测及安全决策提供依据。

一、事故统计方法

采用适当的事故统计方法有利于更好地描述事故情况。下文将介绍综合分析法、分组分析法、算术平均法、相对指标比较法与统计图表法这五种较为常见的事故统计方法。

1. 综合分析法

将大量的事故资料进行总结分类，将汇总整理的资料及有关数值，形成书面分析材料或填入统计表或绘制统计图，使大量的零星资料系统化、条理化、科学化。从各种变化的影响中找出事故发生的规律性。

2. 分组分析法

按伤亡事故的有关特征进行分类汇总。研究事故发生的有关情况。如按事故发生的经济类型、事故发生单位所在行业、事故发生原因、事故类别、事故发生所在地区、事故发生时间、伤害部位等进行分组汇总统计伤亡事故数据。

3. 算术平均法

例如，2020 年 1～12 月全国工矿企业死亡人数分别是 488 人、752 人、1123 人、1259 人、1321 人、1021 人、1404 人、1176 人、1024 人、952 人、989 人、1046 人。

故：平均每月死亡人数＝全年死亡人数$/N$＝12555/12≈1046（人）。

4. 相对指标比较法

如各省之间、各企业之间由于企业规模、职工人数等不同，很难比较，但采用相对指标，如千人死亡率、百万吨死亡率等指标则可以互相比较，并在一定程度上说明安全生产的情况。

5. 统计图表法

事故常用的统计图有柱状图、伤亡事故发生趋势图以及伤亡事故管理图。

（1）柱状图

柱状图以柱状图形来表示各统计指标的数值大小，柱状图能够直观地反映不同伤亡事故指标的大小。由于它绘制容易、清晰醒目，所以应用十分广泛。

（2）伤亡事故发生趋势图

伤亡事故发生趋势图是一种折线图。它用不间断的折线来表示各统计指标的数值大小和变化，最适合用于表现事故发生与时间的关系，可以直观地展示伤亡事故的发生趋势。

伤亡事故发生趋势图用于图示事故发生趋势分析。事故发生趋势分析是按时间顺序对事故发生情况进行的统计分析。它按照时间顺序对比不同时期的伤亡事故统计指标，展示伤亡事故发生趋势和评价某一个时期内企业的安全状况。

（3）伤亡事故管理图

伤亡事故管理图也称伤亡事故控制图。为了预防伤亡事故发生，降低伤亡事故发生频率，企业、部门广泛开展安全目标管理。伤亡事故管理图是实施安全目标管理中，为及时掌握事故发生情况而经常使用的一种统计图表。在实施安全目标管理时，把作为年度安全目标的伤亡事故指标逐月分解，确定月份管理目标。一般地，一个单位的职工人数在短时间内是稳定的，故往往以伤亡事故次数作为安全管理的目标值。

把质量管理图中的不良率控制图方法引入伤亡事故发生情况的测定中，可以及时察觉伤亡事故发生的异常情况，有助于及时消除不安定因素，起到预防事故重复发生的作用。

伤亡事故管理图有伤亡人次管理图和伤亡率管理图两种。

前者：以时间为横坐标，伤亡人次为纵坐标。

后者：以时间为横坐标，伤亡率为纵坐标。

二、事故统计指标

事故统计指标是一项基础性的工作，它是安全生产系统采集事故信息的依据，对一系列安全生活工作的合理进行起着决定性作用。目前，世界各国采用的职业伤亡事故指标不统一，不同的国家采用不同的统计指标来考评事故伤害程度的严重性。下面对常用的几种统计指标进行介绍。

1. 绝对指标与相对指标

事故统计指标常分为绝对指标和相对指标，绝对指标又称"统计绝对数""数量指标"或"总量指标"，是反映一定时间、地点条件下社会现象的总体规模和总水平。相对指标是质量指标的一种表现形式。它是通过两个有联系的统计指标对比而得到的，其具体数值表现为相对数，一般表现为无名数，也有用有名数表示的。

在安全生产领域中的绝对指标涉及五大方面的内容：事故起数（隐患、征候），死亡人数，重、轻伤人数，损失工日（时）数，经济损失量等。其中，损失工日（时）数，是指被伤者丧失从事某项工作的工作时间。经济损失量是指劳动生产中发生事故所引起的包括直接经济损失和间接经济损失在内的一切经济损失。

而相对指标包括：

1）相对人员：千人伤亡率、十万人死亡率、人均损失工日、人均损失等。

2）相对劳动量：百万工日伤害频率、人均损失工日等。

3）相对生产产值：亿元 GDP 死亡率。

4）相对生产产量：煤矿行业为百万吨事故率等；交通综合方面为客公里死亡率、吨公里死亡率等；道路方面为万车死亡率等；民航方面为百万次事故率、万时死亡率（征候）等；铁路方面为百万车次事故率、万时事故率等。

2. 事故频率指标与事故严重率指标

事故频率指标确定的是在一定工作人数、一定工作时间、一定生产作业条件下，发生事故的频率，作为表征生产作业安全状况的指标。按照《企业职工伤亡事故分类》（GB/T 6441—1986）规定，我国按照千人死亡率、千人重伤率、伤害频率计算事故频率。

1）千人死亡率。某时期内平均每千名职工中因工伤事故造成死亡的人数。

$$千人死亡率 = \frac{死亡人数}{平均职工数} \times 10^3$$

2）千人重伤率。某时期内平均每千名职工中因工伤事故造成重伤的人数。

$$千人重伤率 = \frac{重伤人数}{平均职工数} \times 10^3$$

3）伤害频率。某时期内平均每百万工时由于工伤事故造成的伤害人数。

$$伤害频率 = \frac{伤害人数}{实际总工时数} \times 10^6$$

《企业职工伤亡事故分类》（GB 6441—1986）规定，按伤害严重率、伤害平均严重率和按产品产量计算的死亡率等指标计算事故严重率。

4）伤害严重率。某时期内平均每百万工时由于事故造成的损失工作日数。

$$伤害严重率 = \frac{总损失工作日数}{实际总工时数} \times 10^6$$

国家标准中规定了工伤事故损失工作日算法，其中规定永久性全失能伤害或死亡的损失工作日为 6000 个工作日。

5）伤害平均严重率。受伤害的每人次平均损失工作日数。

$$伤害平均严重率=\frac{总损失工作日数}{伤害人数}$$

6）按产品产量计算的死亡率。这种统计指标适用于以吨、立方米等为产量计算单位的企业、部门。例如：

$$百万吨死亡率=\frac{死亡人数}{实际产量}\times10^{6}$$

第三节　安全管理绩效分析

事故一旦发生，往往造成人员伤亡或设备、装置、构筑物等的破坏。这一方面给企业带来许多不良的社会影响，另一方面也给企业带来巨大的经济损失。在伤亡事故的调查处理中，仅仅注重人员的伤亡情况、事故经过、原因分析、责任人处理、人员教育、措施制定等是完全不够的，还必须采用一定的方法对安全管理绩效进行分析。

一、生产安全事故统计内容

生产安全事故的统计是根据国家统计局每两年批准一次的《生产安全事故统计报表制度》统计在中华人民共和国领域内发生的生产安全事故。为充分理解这个统计范围，有必要详细讨论生产安全事故的定义。

《生产安全事故统计报表制度》中定义的生产安全事故是，"生产经营单位（包括企业法人、自然人、不具有企业法人资格的生产经营单位、个人合伙组织、个体工商户以及非法违法从事生产经营活动的生产经营主体）在生产经营活动中发生的造成人身伤亡或者直接经济损失的事故，属于生产安全事故"。定义中使用的"生产经营单位"一词，据卞耀武主编的《中华人民共和国安全生产法释义》，在《安全生产法》中是指在社会组织生产经营活动中作为一个基本单位出现的实体，含企业也含事业等单位；定义中使用的"生产经营活动"则是一个广义的概念，它是指企业、事业等单位的业务活动。这些官方表达都相当烦琐，也不够清楚，其实把"生产经营单位"理解为"社会组织"，把"生产经营活动"理解为社会组织的"业务活动"，则"生产安全事故"就是"社会组织业务活动中发生的事故"。当然，社会组织的哪些活动、什么时间段的活动算是其业务活动应该给予明确规定，在这一方面，现行的《生产安全事故统计报表制度》还有待进一步完善。

生产安全事故分为十个大类进行管理和统计（表2-2）。第1类事故（工矿商贸事故）由各地安全生产监督管理部门负责统计和逐级向其上级部门报送，最终报送至国家安全生产监督管理部门，其余9类专项事故则由各地专项事故主管部门负责统计和逐级向其上级部门报送，最终报送至国家级专项事故主管部门，各级专项事故主管部门在向其上级部门报送数据时也要抄送给当地同级的安全生产管理部门，当地、同级安全生产监督管理部门用当地10类事故数据综合得到本地生产安全事故统计数据。统计、报送的方法是根据国家统计局批准的《生产安全事故统计报表制度》。

当社会组织发生表2-2所列的后9类事故之一时，组织应该按照事故的性质把事故情况和数据报给当地的专项事故主管部门（即部门搜集数据过程），如果组织所发生的事故属于业务活动中事故（未严格、明确规定，所以容易与表2-2中的后9类事故中的某一类混淆），则应该作为工矿商贸事故把事故情况和数据报告给当地的安全生产监督管理部门。当地部门按照要求汇总、上报、抄送相关材料，当地的安全生产监督管理部门负责将其综合汇总，得到当地的生产安全事故数据，并逐级上报其上级部门。

表 2-2　生产安全事故的分类、管理与统计

序号	生产安全事故分类	管理、统计部门	与工矿商贸事故的关系
1	工矿商贸事故	各级安全生产监督管理部门、煤矿安全监察机构	—
2	火灾事故	公安消防部门	其中的生产经营性火灾事故合并入工矿商贸事故,但其他火灾仍可能与工矿商贸事故有交叉。不含草原、森林事故
3	道路交通事故	公安交通管理部门	生产经营性道路交通事故合并入工矿商贸事故,但其他道路交通事故仍可能与工矿商贸事故有交叉
4	水上交通事故	交通海事管理部门	与工矿商贸事故有交叉
5	铁路交通事故	铁路部门	铁路企业的生产经营性事故合并入工矿商贸事故,但其他铁路事故与工矿商贸事故仍然可能有交叉
6	民航飞行事故	民航部门	与工矿商贸事故有交叉
7	房屋建筑及市政工程事故	住房城乡建设部门	全部合并入工矿商贸事故
8	农业机械事故	农机监理部门	与工矿商贸事故有交叉
9	渔业船舶事故	渔业部门	与工矿商贸事故有交叉
10	特种设备事故	质检部门	全部合并入工矿商贸事故

根据《生产安全事故统计报表制度》，工矿商贸事故分为煤矿、金属非金

属矿、建筑施工、化工和危险化学品、烟花爆竹、工矿商贸其他六个行业，其中工矿商贸其他又含轻工、机械、贸易、有色、建材、冶金、纺织和烟草八个行业。根据现行《生产安全事故统计报表制度》，生产安全事故统计只统计社会组织在中华人民共和国领域内的业务活动中发生的造成人身伤亡或者直接经济损失的事故，其子类是表 2-2 中的十类。统计内容主要包括事故发生单位（组织）的基本情况、事故造成的死亡人数、受伤人数、急性工业中毒人数、单位经济类型、事故类别、事故原因、直接经济损失。在汇总表中只汇总事故起数、事故造成的死亡人数、重伤人数、急性工业中毒人数、直接经济损失五项，根据国务院 493 号令，汇总出特别重大、重大、较大、一般四个级别的生产安全事故中的死亡人数、重伤人数、急性工业中毒人数和直接经济损失数。

二、事故经济损失统计方法

事故经济损失包括一切经济价值的减少、费用支出的增加、经济收入的减少。财物和资源的毁灭是经济损失，因其本身具有经济价值且会影响系统的投入产出；环境的破坏含有经济损失，因为恢复环境需要费用支出，不恢复有时会造成收入减少；人员伤亡不可避免地会造成经济损失，不仅人员伤亡救治、抚恤要发生费用支出，而且人能创造价值，其成长、培养也具有成本。传统的事故损失（包括经济损失和非经济损失）除带来社会和政治不安定、家庭痛苦等以外，不管是可以直接用货币来衡量的损失，还是通过一定的技术转化为货币衡量的损失，均属经济损失的范畴。在事故的调查处理与管理绩效分析中，需要对事故经济损失进行分析和统计。

1. 伤亡事故直接经济损失与间接经济损失

一起伤亡事故发生后，给企业带来多方面的经济损失。一般地，伤亡事故的经济损失包括直接经济损失和间接经济损失两部分。其中，直接经济损失很容易直接统计出来，而间接经济损失比较隐蔽，不容易直接从财务账面上查到。国内外对伤亡事故的直接经济损失和间接经济损失做了不同规定。

（1）国外对伤亡事故直接经济损失和间接经济损失的划分

在国外，特别在西方国家，事故的赔偿主要由保险公司承担。于是，把由保险公司支付的费用定义为直接经济损失，而把其他由企业承担的经济损失定义为间接经济损失。

（2）国内直接经济损失和间接经济损失的划分

《企业职工伤亡事故经济损失统计标准》（GB 6721—1986）是我国生产安全事故经济损失统计的纲领性文件。该标准把因事故造成人身伤亡及善后处理所支出的费用，以及被毁坏的财产的价值规定为直接经济损失，把因事故导致的产值减少、资源的破坏和受事故影响而造成的其他损失规定为间接经济损失。

伤亡事故直接经济损失包括以下内容：

① 人身伤亡后支出费用，其中包括：医疗费用（含护理费用）、丧葬及抚恤费用、补助及救济费用、歇工工资等。

② 善后处理费用，其中包括：处理事故的事务性费用、现场抢救费用、清理现场费用、事故罚款及赔偿费用等。

③ 财产损失价值，其中包括：固定资产损失价值、流动资产损失价值。

伤亡事故间接经济损失包括：

① 停产、减产损失价值。其中包括：因停工而减少的企业盈利、因未按工期完成任务而造成的赔偿费用等。

② 工作损失价值。其中包括：其他人员由于好奇、同情、救助受伤害者等引起的工作损失。负伤者返回岗位后，由于工作能力降低而造成的工作损失，以及照付原工资的损失等。

③ 资源损失价值。其中包括：对劳动关系的影响；顾客的抱怨、不满意；商业形象、企业信誉的损失等。

④ 处理环境污染的费用。

⑤ 补充新职工的培训费用。

⑥ 其他费用。

《企业职工伤亡事故经济损失统计标准》（GB 6721—1986）对于实现我国伤亡事故经济损失统计工作的科学化和标准化起到了十分重要的作用。

2. 伤亡事故经济损失统计方法

伤亡事故经济损失 E 可由直接经济损失与间接经济损失之和求出：

$$E = E_d + E_i$$

式中　E_d——直接经济损失，万元；

　　　E_i——间接经济损失，万元。

由于间接经济损失的许多项目很难得到准确的统计结果，所以人们必须探索一种实际可行的伤亡事故经济损失计算方法。这里介绍我国现行标准规定的计算方法。

（1）工作损失价值计算

$$V_w = D_L M / (SD)$$

式中　V_w——工作损失价值，万元；

D_L——一起事故的总损失工作日数，死亡一名职工按 6000 个工作日计算，受伤职工视伤害情况，按《企业职工伤亡事故分类》（GB 6441—1986）的附录 B 确定，日；

M——企业上年税利（税金加利润），万元；

S——企业上年平均职工人数，人；

D——企业上年法定工作日数，日。

（2）医疗费用

它是指用于治疗受伤害职工所需费用。事故结案前的医疗费用按实际费用计算即可。对于事故结案后仍需治疗的受伤害职工的医疗费用，其总的医疗费按下式计算，即：

$$M = M_b + \frac{M_b}{P} \cdot D_c$$

式中　M——被伤害职工的医疗费，万元；

M_b——事故结案日前的医疗费，万元；

P——事故发生之日至结案之日的天数，日；

D_c——延续医疗天数，指事故结案后还须继续医治的时间，由企业劳资、安全、工会等按医生诊断意见确定，日。

上述公式是测算一名被伤害职工的医疗费，一次事故中多名被伤害职工的医疗费应累计计算。

（3）歇工工资

歇工工资按下式计算，即：

$$L = L_a(D_a + D_k)$$

式中　L——被伤害职工的歇工工资，元；

L_a——被伤害职工日工资，元；

D_a——事故结案日前的歇工日，日；

D_k——延续歇工日，指事故结案后被伤害职工还须继续歇工的时间，由企业劳资、安全、工会等部门与有关单位酌情商定，日。

上述公式是测算一名被伤害职工的歇工工资，一次事故中多名被伤害职工工资应累计计算。

（4）处理事故的事务性费用

它包括交通及差旅费、亲属接待费、事故调查处理费、器材费、工亡者尸体处理费等。按实际之费用统计。

（5）现场抢救费用

现场抢救费用包括清理事故现场尘、毒、放射性物质及消除其他危险和有害因素所需费用，整理、整顿现场所需费用等。

（6）事故罚款和赔偿费用

事故罚款是指依据法律、法规，上级行政及行业管理部门对事故单位的罚款，而不是对事故责任人的罚款。赔偿费用包括事故单位因不能按期履行产品生产合同而导致的对用户的经济赔偿费用和因公共设施的损坏而需赔偿的费用。它不包括对个人的赔偿和因环境污染造成的赔偿。

（7）固定资产损失价值

报废的固定资产，以固定资产净值减去残值计算；损坏的固定资产，以修复费用计算。

（8）流动资产损失价值

原材料、燃料、辅助材料等均按账面值减去残值计算；成品、半成品、在制品等均以企业成本减去残值计算。

（9）资源损失价值

它主要是指由于发生工伤事故而造成的物质资源损失价值。例如，煤矿井下发生火灾事故，造成一部分煤炭资源被烧掉，另一部分煤炭资源被永久性冻结。物质资源损失涉及的因素较多，且较复杂，其损失价值有时很难计算，所以常常采用估算法来确定。

（10）处理环境污染的费用

它主要包括排污费、治理费、保护费和赔损费等。

（11）补充新职工的培训费用

补充技术工人，每人的培训费用按 2000 元计算；技术人员的培训费用按每人 10000 元计算。在新的培训费用标准出台之前，当前仍执行这一标准。

（12）补助费、抚恤费

对分期支付的抚恤、补助等费用，按审定支出的费用，从开始支付日期累积到停发日期；被伤害职工供养未成年直系亲属的抚恤费累计统计到 16 周岁，普通中学在校生累计统计到 18 周岁。

复习思考题

1. 常见的事故分类方法有哪些？依据是什么？

2. 介绍事故的统计分析方法与统计指标。

3. 安全管理绩效分析时，生产安全事故统计内容有哪些？可否使用事故经济损失统计方法开展实际分析？

4. 如何看待事前指标、事后指标与安全管理绩效的关系。

5. 请应用安全管理绩效分析方法开展某事故案例分析。

第三章

事故致因理论

事故致因理论是人们对事故机理所做的逻辑抽象或数学抽象，是描述事故成因、经过和后果的理论，是研究人、物、环境、管理及事故处理这些基本因素如何作用而形成事故的隐患，造成损失的。即事故致因理论是从本质上阐明工伤事故的因果关系，说明事故的发生发展过程和后果理论。对于事故致因理论进行研究和探索，可将事故发生全过程中的各种因素上升到理性来认识，找出事故产生的规律和特点，采取有针对性的方法和措施防止事故的发生。

本章对事故致因理论的发展历程及典型的事故致因模型开展介绍，针对不同的事故致因模型开展对比研究。要求学生了解常见的事故致因模型分析方法并区分其异同点。

第一节　事故致因模型概述

安全科学的目标是防止事故发生。然而，通过减少事故来提高系统安全性仍然是安全科学家面临的挑战。事故致因模型阐明了事故的原因、过程和后果，以提供对事故发生和发展的清晰分析。使用事故致因模型来分析事故，可以清楚地识别出事故的各种原因以及生产过程中的缺点，这在履行事后责任和预防未来事故中起着重要作用。

在 20 世纪 50 年代以前，工业生产方式是利用机械的自动化迫使工人适应机器，一切以机器为中心，工人是机器的附属和奴隶。在这种情况下，人们往往将生产中的事故原因推到操作者的头上。1919 年，英国的格林伍德（Greenwood）和伍兹（Woods）经统计分析发现工人中的某些人较其他人更容易发生事故。后经 1939 年法默（Farmer）等人研究，逐渐演化成事故频发倾向理论。1936 年，美国人海因里希（Heinrich）在《工业事故预防》一书中提出了事故因果连锁理论，认为伤害事故的发生是一连串的事件按一定因果关系依次发生的结果，并用多米诺骨牌来形象地说明了这种因果关系。连锁理论是许多链式事故模型的基础，如因果分析和故障树分析等。在此基础上，许多连锁事故模型也被纷纷提出。博德事故因果连锁理论认为管理失误是安全事故发生的根本原因。亚当斯事故因果连锁理论与之相似，对由于企业管理者和安全技术人员的管理失误进行了更深入的研究。"4M"理论由日本研究者西岛茂一提出，"4M"即 man（人的致因）、machine（设备致因）、media（作业致因）、management（管理致因），是对上述因果连锁理论更深入的分析和归纳。

第二次世界大战时期，随着许多新式、复杂武器装备的使用，许多研究人员逐渐认识到生产条件和技术设备的潜在危险在事故中的作用，因而不再把事故简单地归因于作为操作者的"人"。1949 年戈登（Gordon）借鉴流行病学理论和方法，认为人员、设施和环境对事故的发生有一定影响，并探索几种致因之间的相互作用，提出事故致因流行病学理论。瑞森（Reason）提出瑞士奶酪模型，是一种新的流行病学理论，力图解释复杂系统的事故因果关系。基于此在实际应用中又发展了如人因分析和分类系统、事故致因分析方法等实用工具，在各个领域得到广泛应用。但其沿用了链式模型的线性思维，无法描述复杂社会技术系统中系统部件之间的动态和非线性交互作用。

20 世纪 60 年代以后，科学技术迅猛发展，技术系统、生产设备、产品工艺越来越复杂，以往的理论很难再解释复杂系统的事故原因。1961 年由吉普森（Gibson）和哈登（Haddon）等提出能量意外释放理论，认为生产过程中的能量如果失去控制而释放，就容易发生事故，而能量意外释放根本原因就是人的不安全行为或物的不安全状态。1969 年瑟利（Surrry）提出了瑟利事故模型，以人对信息的处理过程为基础描述事故发生的因果关系。1972 年，本纳（Benner）提出了"P"理论，将事故看作是由事件链中的扰动开始，以伤害或损害为结束的过程，并在此基础上出现了变化-失误模型、作用-变化与作用连锁模型等。20 世纪 80 年代初，日本劳动省与我国学者隋鹏程几乎同时提出了轨迹交叉理论，该理论认为事故的发生不外乎是人的不安全行为和物的不安全状态两大因素综合作用的结果，即人、物两大系列时空运动轨迹的交叉点就是事故发生的所在，这使得对事故致因的研究又有了进一步的发展。

目前较流行的事故模型是基于系统理论建立的，这类事故致因模型将事故过程描述为一个复杂的、互相关联的事件网络，而不仅仅是简单的因果链。1997 年，拉斯姆森（Rasmussen）提出社会技术系统层次模型，该模型提出一个层级结构完整的分析框架；1998 年，霍尔纳格（Hollnagel）基于认知系统工程原理建立认知可靠性和误差分析方法；2002 年，拉斯姆森（Ramussen）在社会技术系统层次模型的基础上建立因果分析方法形成 AcciMap 模型；2004 年，莱韦森（Leveson）提出人为因素分析与分类系统；2005 年，傅贵运用组织学原理提出事故致因"2-4"模型；2012 年，霍尔纳格首次脱离了线性模型的理念建立功能性共振事故模型。

事故致因理论的发展说明其产生于特定的社会背景，并依据现实的需要不断完善。值得指出的是，到目前为止，事故致因理论的发展还很不完善，还没有给出对于事故致因进行预测、预防的普遍而有效的方法。某个事故致因理论只能在某类事故的研究、分析中起到指导或参考作用。

第二节　事故致因模型介绍

从事故发生的路径来看，事故致因理论是一个由简单到全面的过程，更能清晰地看到事故致因模型的发展，因此我们从这个方面来介绍事故致因模型。按事故发生的路径可将事故致因理论分为单因素事故致因模型、简单链式事故致因模型、复杂链式事故致因模型和系统网状事故致因模型，接下来我们将会从这四个方面详细介绍事故致因模型。

一、单因素事故致因模型

单因素理论的基本观点认为：事故是由单一因素引起的，因素是人或环境（物）的某种特性，其代表性理论主要是事故倾向性理论。

1919 年，英国的格林伍德（Greenwood）和伍兹（Woods）对许多工厂里的伤亡事故发生的次数和有关数据，按不同的统计分布（泊松分布、偏倚分布和非均等分布）进行统计检验，发现工人中的某些人较其他工人更容易发生事故。后经 1926 年纽伯尔德（Newboid）以及 1939 年法默（Farmer）等人研究，逐渐演化成事故倾向性理论。所谓事故频发倾向，是指个别容易发生事故的稳定个人的内在倾向。根据这一理论，少数工人具有事故频发倾向是事故频发的主要原因。因此，减少事故的手段主要体现在两个方面，一方面通过严格的生理、心理检验等，从众多的求职人员中选择身体、智力、性格特征及动作特征等方面优秀的人才就业；另一方面，一旦出现事故频发倾向者则将其解雇。

事故倾向性理论是早期的事故致因理论，只确认了事故原因的一个侧面，并且只提出单一的补救措施。19 世纪末 20 世纪初，差别心理学盛行，事故倾向性理论正是在这一背景下形成的，曾在安全管理界产生长达半个世纪之久的重大影响，被西方工业界许多企业作为招聘、安排职业、进行安全管理的理论依据。这一理论最大的缺点是过分强调人性特征在事故中的影响，把工业事故的原因归因于少数事故倾向者。

二、简单链式事故致因模型

简单链式事故致因模型的基本观点认为：事故的发生是由不同的致因因素导致并且前后有一定逻辑关系的链条，其代表性理论主要有事故因果连锁理论、能量意外释放理论、瑟利模型、瑞士奶酪模型、人为因素分析与分类系统。

1. 事故因果连锁理论

1936 年海因里希（Heinrich）对当时美国工业安全实际经验做了总结、概括，并将其上升为理论，出版了《工业事故预防》一书，在该书中阐述了工业事故发生的事故因果连锁理论，又称多米诺模型、海因里希模型，如图 3-1 所示。其核心思想是，伤亡事故的发生不是一个孤立的事件，而是一系列原因事件相继发生的结果。它引用了多米诺骨牌效应的基本含义，认为事故的发生，犹如一连串垂直放置的骨牌，前一个倒下，导致后面的一个个倒下，当最后一个倒下，就使人体受到了事故伤害，也就是发生了人身伤亡事故。

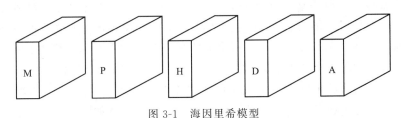

图 3-1　海因里希模型

海因里希模型这 5 块骨牌依次是：

1）遗传及社会环境（M）。遗传及社会环境是造成人的缺点的原因。遗传因素可能使人具有鲁莽、固执、粗心等不良性格；社会环境可能妨碍教育，助长不良性格的发展。这是事故因果链上最基本的因素。

2）人的缺点（P）。人的缺点是由遗传和社会环境因素所造成，是使人产生不安全行为或使物产生不安全状态的主要原因。这些缺点既包括各类不良性格，也包括缺乏安全生产知识和技能等后天的不足。

3）人的不安全行为和物的不安全状态（H）。即事故的直接原因。

4）事故（D）。即由物体、物质或放射线等对人体发生作用，使人员受到伤害或可能受到伤害的、出乎意料的、失去控制的事件。

5）发生人的伤害（A）。直接由于事故而产生伤害。

该理论的积极意义在于，如果移去因果连锁中的任一块骨牌，则连锁被破坏，事故过程即中止，达到控制事故发生的目的。海因里希还强调指出，企业安全工作的重心就是要移去中间的骨牌，即防止人的不安全行为和物的不安全状态，从而中断事故的进程，避免伤害的发生。当然，通过改善社会环境，使人具有更为良好的安全意识，加强培训，使人具有较好的安全技能，或者加强应急抢救措施，都能在不同程度上移去事故连锁中的某一骨牌或增加该骨牌的稳定性，使事故得到预防和控制。

当然，海因里希理论也有明显的不足。首先，事故致因的因素涵盖不全面，过多地考虑了人的因素；其次，危险源的概念和含义在今天看来也不全面；再次，作为链式事故致因模型，事故的因果关系是线性的，社会技术系统下多因素导致的事故不能得到很好的解释。

2. 能量意外释放理论

能量在生产过程中是不可缺少的，人类利用能量做功以实现生产目的。人类为了利用能量做功，必须控制能量。在正常生产过程中，能量受到种种约束的限制，按照人们的意志流动、转换和做功。如果由于某种原因能量失去了控制，超出了人们设置的约束或限制而意外地逸出或释放，则称为发生了事故。美国矿山局的札别塔基斯（Zabetakis）调查大量伤亡事故发现，大多数伤亡事故发生都是由过量的能量或干扰人体与外界能量交换的危险物质的意外释放引起的，并且毫无例外地，这种过量的能量或危险物质的释放都是由人的不安全行为或物的不安全状态引起的。1961 年由吉普森和哈登等提出能量意外释放理论，认为人的不安全行为或物的不安全状态破坏对能量或危险物质的控制，是导致能量或危险物质意外释放的直接原因，具体如图 3-2 所示。

能量意外释放理论阐明了伤害事故发生的物理本质，指明了防止伤害事故就是防止能量意外释放事故，防止人体接触能量。根据这种理论，人们要经常注意生产过程中能量的流动、转换，以及不同形式能量的相互作用，防止发生能量的意外逸出或释放。

3. 瑟利模型

1969 年瑟利（Surry）提出了一种事故模型，以人对信息的处理过程为基础描述事故发生因果关系，这一模型称为瑟利模型。模型是一个 S-O-R 模型，见图 3-3。

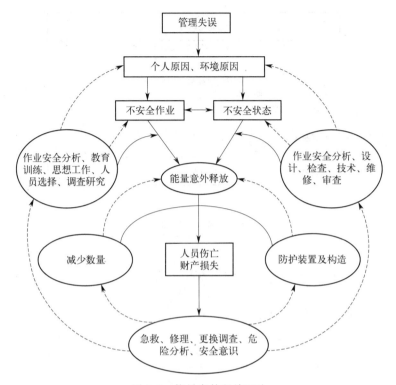

图 3-2　能量意外释放理论

对于一个事故，瑟利模型考虑两组问题，每组问题共有三个心理学的成分：对事件的感知（刺激，S）、对事件的理解（认知，O）、对事件的行为响应（输出，R）。第一组关系到危险的构成，以及与此危险相关的感觉的认识和行为的响应。如果人的信息处理的每个环节都正确，危险就能被消除或得到控制；反之，只要任何一个环节出现问题，就会使操作者直接面临危险。第二组关系到危险释放期间的 S-O-R 响应。如果人的信息处理过程的各个环节都是正确的，虽然面临着已经显现出来的危险，但仍然可以避免危险释放出来，不会带来伤害或损害；反之，只要任何一个环节出错，危险就会转化成伤害或损害。

4. 瑞士奶酪模型

20 世纪 90 年代，瑞森（Reason）提出著名的瑞士奶酪模型，如图 3-4 所示，该模型认为，组织活动中发生的事故与组织影响、不安全的监督、不安全行为的前兆、不安全行为四个层面的因素有关，每个层面代表一重防御体系，层面上所存在的空洞代表防御体系中存在的漏洞，这些空洞的位置、大小不是

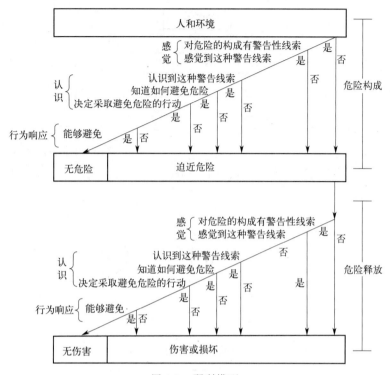

图 3-3　瑟利模型

固定不变的，不安全因素就像一个不间断的光源，每个层面上的空洞同时处于一条直线上时，危险就会像光源一样瞬间穿过所有漏洞，导致事故发生。这四个层面的因素叠在一起，犹如有孔的奶酪被叠放在一起，所以被称为"瑞士奶酪模型"。

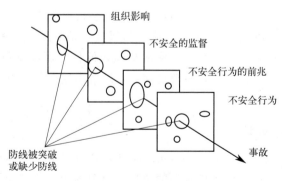

图 3-4　瑞士奶酪模型

瑞士奶酪模型描述了系统整体的表现，为事故是如何发生提供了清晰的路径，瑞士奶酪模型提供的屏障思维也为事故预防做出了积极的指导。在如今复杂社会技术系统下需要全面考虑以上危险源的交互才能理清事故的发生致因进而帮助事故的预防工作开展，但瑞士奶酪模型并未将人的因素、物的因素、组织因素和组织外部因素全面地考虑在危险源范围内，并且在实际使用中，瑞士奶酪模型由于各个模块缺少清晰的定义，无法很好地使用。作为流行病学模型，瑞士奶酪模型仍沿袭了链式事故致因模型的线性特点。

5. 人为因素分析与分类系统

人为因素分析与分类系统是基于瑞士奶酪模型，针对航空系统建立的一个人因因素分类系统，为实践者提供了一个事故分析工具，分析结果有清晰的类目，便于进行数据分析。人为因素分析与分类系统尽管对瑞士奶酪模型的"孔洞"进行了描述，让瑞士奶酪模型便于使用，但从学术角度，其类别区分并不绝对清晰，存在交叉部分，差错类别的理论定义存在不足，且人为因素分析与分类系统依旧承袭了瑞士奶酪模型的缺点，如在人为因素分析与分类系统的不安全行为、不安全行为的前提条件和不安全监管都存在个人的不安全行为，区别不同层级的不安全行为在实践中是比较困难的。人为因素分析与分类系统具体如图 3-5 所示。

三、复杂链式事故致因模型

复杂链式事故致因模型的基本观点认为：事故的发生不局限于单一链条，可能是由多致因多链条引起的，其代表性理论主要有轨迹交叉理论。

20 世纪 60 年代末 70 年代初，日本劳动省调查分析了 50 万起事故的形成过程，总结出从人分析，只有约 4％的事故与人的不安全行为无关；从物分析，只有约 9％的事故与物的不安全状态无关。这些统计数字表明，大多数伤害事故的发生，既与人的不安全行为，又与物的不安全状态相关。在此基础上，日本劳动省提出了"轨迹交叉理论"，并构建了系列模型来描述这一理论，形式如图 3-6 所示。

轨迹交叉理论的基本思想是：伤害事故是许多相互关联的事件顺序发展的结果。这些事件概括起来不外乎人和物两个发展系列，当人的不安全行为和物的不安全状态在各自发展过程中（轨迹），在一定时间、空间发生了接触（交叉），能量"逆流"于人体时，伤害事故就会发生。而人的不安全行为和物的不安全状态之所以产生和发展，又是受多种因素作用的结果。多数情况下，在直接原因的背后，往往存在着企业经营者、监督管理者在安全管理上的缺陷，这是造成事故的本质原因。图中，起因物与致害物可能是不同的物体，也可能

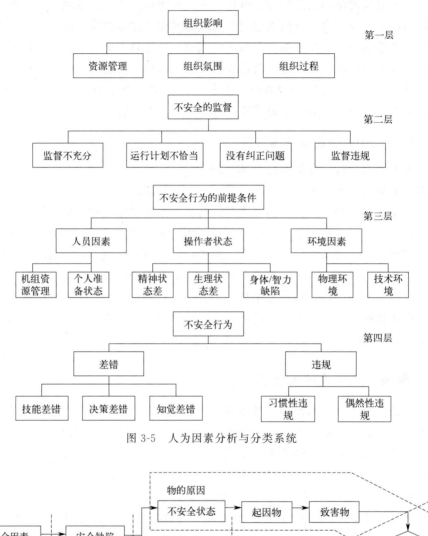

图 3-5 人为因素分析与分类系统

图 3-6 轨迹交叉理论

是同一个物体，同样，肇事人与受害人可能是不同的人，也可能是同一个人。

就一般情况而言，由于企业管理上的缺陷，如领导对安全工作不重视，各级干部对安全不负责任，安全规章制度不健全，职工缺乏必要的安全教育和训练等，职工就有可能产生不安全行为；或者产生对机械设备缺乏维护、检修，以及安全设备设施不足，建筑设施、作业环境不符合安全要求等情况，以致形成不安全状态，进而孕育了事故的起因物，产生致害物。当采取不安全行为的行为人与因不安全状态而产生的致害物发生时间、空间的轨迹交叉时，就必然会发生事故。值得注意的是，人与物两种因素又互为因果，有时物的不安全状态能导致人的不安全行为，而人的不安全行为也可能使物产生不安全状态。因此，在考察人的系列或物的系列时不能绝对化。总体来看，构成伤亡事故的人与物两大系列中，人的原因占绝对的地位。纵然伤亡事故完全来自机械、设备或物质的危害，但这些还是由人设计、制造、使用和维护的，其他物质也受人的支配，整个系统中的人、物、环境的安全状态都是由人管理的。

因此，根据轨迹交叉理论预防事故可以从防止人、物运动轨迹的交叉，控制人的不安全行为和控制物的不安全状态三个方面来考虑。

四、系统网状事故致因模型

系统网状事故致因模型汲取了系统理论的思维方式，在描述事故发生路径上认为事故致因因素之间既有层次关系，又有因果关系，交互错杂形成网络，其代表性理论主要有社会技术系统层次模型和 AcciMap 模型、认知可靠性和误差分析方法、基于系统理论的事故致因与流程模型、事故致因"2-4"模型、功能共振分析法。

1. 社会技术系统层次模型和 AcciMap 模型

拉斯姆森（Rasmussen）的社会技术系统层次模型认为参与风险管理的社会技术系统包括 6 个层次，如图 3-7 所示，分别是政府层，监管部门、行业协会层，公司层，公司向下进一步分为管理层、操作人员层和任务层。对于风险管理，该模型给出了一个清晰的层级管理框架，不同于传统还原理论的思维，该模型不仅关注单个层级失效的问题，而且从系统视角强调高层级对低层级的控制。这种垂直信息流构成闭环反馈系统对整体安全思考和管理起着至关重要的作用。AcciMap 是基于社会-技术系统的层次模型建立的事故分析模型，模型试图列出各层的事故致因因素，然后分层进行因果的垂直分析，具体如图 3-8 所示。

社会技术系统层次模型提出了一个层级结构完整的分析框架，AcciMap 基于该模型建立了因果分析方法，其核心思想是确定系统各层次所含因素及因

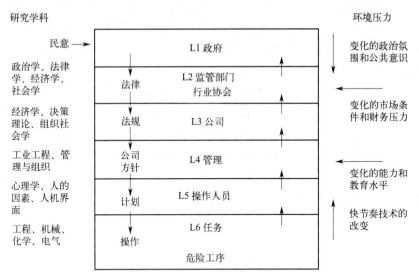

图 3-7　社会技术系统层次模型

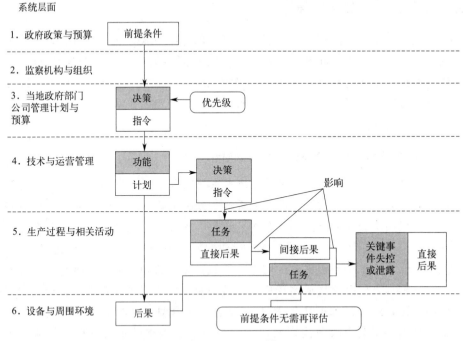

图 3-8　AcciMap 模型

素之间的关系。在分析时，由于致因的选取具有主观性，且各层的致因选取时既有来自个体的行为也有来自组织的因素，不能很好地区分个体行为和组织整体行为，不利于对大量事故进行统计分析。

2. 认知可靠性和误差分析方法

认知可靠性和误差分析方法（Cognitive Reliability and Error Analysis Method，CREAM）作为第二代人因可靠性分析方法，改进了第一代人因可靠性分析方法局限于统计分析的概率方法。人因可靠性分析（HRA）起源于20世纪50年代，到现在已经发展了两代HRA方法。第二代HRA方法在克服第一代HRA方法的诸多缺点的基础上，进一步研究人的行为的内在历程，着重研究在特定的情景环境下，在人的观察、诊断、决策等认知活动到执行动作的整个行为过程中，发生人因失误的机理和概率。艾瑞克（Eric）在1998年提出认知可靠性和失误分析方法，即CREAM方法，就是第二代HRA方法中的一种代表性方法。

情景依赖控制模型（Contextual Control Model，COCOM）是CREAM的重要理论基础，其基于简单认知模型建立，如图3-9所示。COCOM认为人的认知功能有观察、解释、计划和执行，控制模型在接受反馈发出行动过程中有4类控制模式，分别是混乱型、机会型、战术型和战略型。

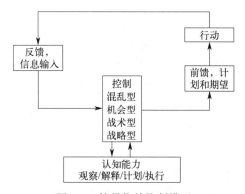

图 3-9 情景依赖控制模型

CREAM做事故分析时，首先根据失误事件确定根致因形成失误事件的因果链。第一步是根据认知功能的失误事件确定失误模式。CREAM给出了8种故障模式维度，分别是方向、范围、目标、持续事件、时机、速度、顺序、力量，然后以失误模式为起点，找出导致人因失误事件的因果链。导致失误模式的致因从失误模式致因（CREAM的致因表将人因失误的致因分为3类，即"与人有关的""与技术有关的"和"与组织有关的"，向下进行更细的划分）表中选择，迭代建立致因的前因，建立完整的因果链，直至找到根致因，停止分析。

CREAM 还可以进行半定量的预测分析,基本思路就是根据情景状况推测人为失误概率。主要步骤如下:根据失误事件确定完整事件链;专家打分评价共同绩效条件;根据共同绩效条件评价结果确定认知控制模式(混乱型、机会型、战术型和战略型);根据控制模式在共同绩效条件评分与控制模式的关系图确定失效概率。

CREAM 的事故影响对象涵盖全面,事故的发生路径描述为系统网状,但组成中未包含组织外部因素。该模型基于人因可靠性分析,能进行事故分析和定量的人为失误概率预测,但在无人为失误发生的事故分析时,该模型便会失效,而且在概率预测时,方法繁复,效率较低。

3. 基于系统理论的事故致因与流程模型

基于系统理论的事故致因与流程模型(Systems Theoretic Accident Modeling and Process,STAMP)是由美国麻省理工学院莱韦森(Leveson)教授于 2004 年提出的将安全问题转化为控制问题的一种事故致因理论模型。该模型认为事故是由不充分的控制和安全约束的缺失造成的。

STAMP 模型采用 3 种基本结构分析事故原因,即安全约束、分层控制结构和过程模型。系统是由各组件构成的,各组件间通过安全约束保证整个系统的安全性。STAMP 改变了传统的事故研究思路,从失效事件转移到更广泛的目标中来,即对系统设计和实施控制以强制执行必要的约束。例如:对于家用天然气有致人窒息和爆炸的风险,其安全约束是天然气不泄漏;如果天然气泄漏,保证人不暴露在泄漏环境;如果天然气泄漏,不能遭遇火源。分层控制结构按控制关系自上而下划分,如图 3-10 所示。系统具有分层控制结构,每层给其下层施加约束,即高层的约束控制低层的行为。控制结构依据不同的系统有不同的形式。上层子系统为下层子系统的安全操作提供安全约束,并接受来自下层的反馈信息;下层在上层为其制定的安全约束下运行,反馈实施结果给上层,供其做出决策。各控制层次之间的交互关系用过程模型表示,一般过程模型包含控制器与控制过程、二者间的输出与反馈过程、过程输入和输出、外界信息的干扰,如图 3-11 所示。STAMP 中分层安全控制结构中的每个控制器实施安全约束,执行器通过下行做出控制动作。传感器测量被控过程通过上行做出反馈,完成一次被控过程,在控制器接收上行信息发出下线命令过程中需要有过程模型对整个过程进行处理。

STAMP 吸收了社会技术系统层次模型的层次结构,提出了安全管理是"约束"控制的观点,并且在模型中加入了过程模型,作为系统性的事故致因模型。STAMP 在分析单个事故时能做到全面地分析系统的层级结构、约束和控制过程,十分详尽,但对于一线操作者而言,该模型在应用时过于复杂,分析效率较低。且事故致因分类未成形，在大量事故统计时，很难找出众多事故的共性致因，不利于事故数据的分析。

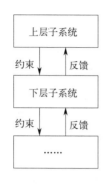

图 3-10 分层控制结构

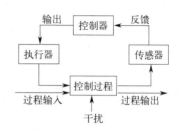

图 3-11 过程模型

4. 事故致因 "2-4" 模型

事故致因 "2-4" 模型（24Model）最初由傅贵于 2005 年提出，2016 年发表了第四版，模型如图 3-12 所示。模型的 "2" 为组织和个人两个层面，"4" 为一次性行为和物态、习惯性行为、运行行为和指导行为 4 个阶段。24Model 认为危险源即事故的致因，危险源的涵盖内容应该包括人因、物质因素、组织层面因素和组织外部的不安全因素。即认为人的因素包括不安全动作（动作的发出者包括了高层管理者、中层管理者、基层管理者和一线员工，涵盖系统中全部的个人）和个体因素（安全知识不足、安全意识不强、安全习惯不佳、安全心理不佳、安全生理不佳）；不安全物态包括不安全物质、能量和物质的状态；组织因素包括安全管理体系缺欠和安全文化缺欠；组织外部因素包括指组织的上级组织，组织外的政府部门，组织外的供应商及其产品和服务，组织成员的家庭、遗传、成长环境及自然因素、市场竞争、社会政治、经济、法律、文化等对组织内事故发生有影响的因素。

24Model 严格区分组织行为和个体行为，模型中不安全动作的发出者囊括组织内全部层级人员的不安全动作，组织整体行为仅仅包含安全文化（理念、态度）和安全管理体系（文件）。这样区分的好处是明确地将组织文化、结构、制度等与人的行为区分开来，更清晰地反映组织和个人的关系，解决了传统的事故分析与统计方法中对区分是组织因素还是个体行为的困惑，在事故分析时，简洁易描述。24Model 能对社会技术系统进行全面的描述，体现了系统思维。模型给出了一个分析框架，在具体事故分析中对全部六个模块依次进行分析，然后对所得事故致因的相互影响路径进行分析，建立各个模块的关联性。

24Model 建立了个人行为（即安全知识、安全意识、安全习惯以及由他们产生的个人不安全动作）和组织行为（全管理体系）间的关系。由此可以看出，事故的根本原因在于组织错误。这与人们的一般认同的"二八定律"相吻合，即事故发生与否80％取决于组织，20％取决于个人。从行为安全模型中，可以看到行为安全方法的有效性。行为安全方法是20世纪80年代发展于美国，至今流行于欧美的一种安全方法，在文化、组织、个人习惯、个人动作四个层面上解决人的不安全行为，以减少不安全动作，最终减少事故的发生，效果非常明显，因而受到世界各国企业（如杜邦）、学术界和政府管理的推崇。但是行为安全方法进入我国的时间不长，有时会被片面地只理解为人的不安全动作的解决，由于解决动作的方法目前仅限于安全检查、现场监督等，效果很有限，于是就认为行为安全方法本身是无效的，影响了行为安全方法在国内的广泛应用，也没有使这种很有效的事故预防方法产生良好的事故预防效果。根据24Model，可以形象地全面理解行为安全方法的作用原理和路线，有助于它的推广，显著提高企业事故预防效果。24Model给出了事故分析方法路线、事故分析结果、事故责任划分和事故预防具体方法。事故分析按组织进行，从事故开始，向后找到事故造成的生命健康方面的损失、财产损失和环境破坏，向前找到事故的直接原因、间接原因和根本原因。而且模型中的每个事故原因都是可以用实际方法加以控制的，因此该模型具有可操作性，这是与瑞森于2000年提出、2008年完善、在1990年以后基本占据事故致因理论主流的事故致因模型相比得到的最大特点。

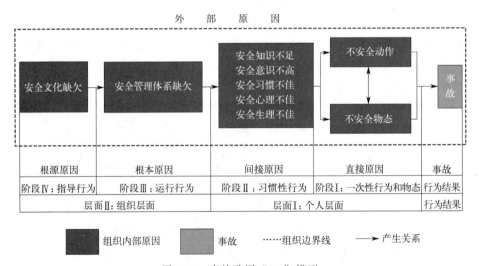

图 3-12　事故致因"2-4"模型

5. 功能共振分析法

功能共振分析法（Functional Resonance Accident Model，FRAM）是一种研究系统涌现性有用的手段，其所提出的功能共振被认为是典型的涌现现象，这种共振现象，主要是由复杂的社会技术系统中功能的性能变化造成的巨大影响。

（1）FRAM 遵守 4 项基本原理

1）成败等价。系统运行无论正确和错误都是相同的因素导致的，安全运行和事故发生的致因是相同的。

2）近似调整。为了能够应对工作，人员（个人或群体）需要做出调整适应所处的条件，由于情况不明或资源不足，这些调整是近似的，并不精确。

3）涌现。多个要素组成系统后，出现了系统组成前单个要素所不具有的性质。

4）功能共振。FRAM 将人和组织的行为变化比作随机共振。如将个人、联合式认知系统或组织实现的功能变化作为弱信号，系统其余部分的变化作为随机噪声。则系统的运行时弱信号与随机信号相互作用，使得弱信号放大最终导致事故。但社会技术系统中人和组织的行为变化并不是完全随机的，是半规则、半有序的，做近似调整，所以称为"功能共振"。

（2）FRAM 使用的步骤

1）识别与描述功能。FRAM 需要识别系统的功能，功能的特征用输入（input，I）、输出（output，O）、前提（precondition，P）、时间（time，T）、资源（resource，R）、控制（control，C）6 方面进行描述，如图 3-13 所示。

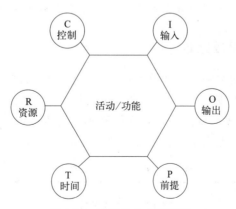

图 3-13 功能的六角形模型

2）识别变化以及变化的聚合。简单方法是从时机和精确度两个维度分析功能变化。复杂方法是从时机、持续时间、力量、距离、方向、错误、目标、顺序 8 个维度分析功能变化。

3）功能上下游耦合。FRAM 分析的最后一步是进行功能上下游耦合描述。针对前提、资源、执行条件、控制、时间、输入确定功能之间的上下游耦合关系。

FRAM 从将系统运行看作一个个功能的衔接，提出了"功能共振"的概念，对系统的动态运行进行了很好的理论描述。且霍纳格（Hollnagel）提出的"成败等价原则"阐述了危险源是系统全部组成成分的观点，即保证系统安全需要全面整体地维持系统安全。由于功能有 6 类特征，输出变化有 8 类描述，分析过程复杂，模型目前无法进行定量的概率分析，模型目前无法进行定量的概率分析，使得事故致因无清晰分类，不利于大量事故统计分析。

第三节　事故致因模型的对比研究

为了给事故致因模型的研究提供理论支持，为日常管理中事故致因模型的选用提供参考依据，从模型的组成、事故发生的路径和应用层级 3 个维度对 13 种事故致因模型进行了对比分析。这 13 种事故致因模型使用频率较高且较具有代表性，它们分别是事故频发倾向理论、事故因果连锁理论、能量意外释放理论、瑟利模型、社会技术系统层次模型、认知可靠性和误差分析方法、事故致因"2-4"模型、功能共振分析法、动态变化理论、瑞士奶酪模型、轨迹交叉理论、人为因素分析与分类系统、系统理论事故与模型。

一、模型的结构组成比较

事故致因理论的结构组成即致因理论中所包含的致因因素。从二十世纪初期的重点关注人的不安全行为和物的不安全状态，到全面关注人的因素、物（包括环境和机械设备）的因素、管理因素和管理以外的因素，强调从系统性和整体性的角度来确保安全。具体每个致因理论的结构组成如表 3-1 所示。

表 3-1　理论的结构组成比较

序号	事故致因理论	人因	物因	管理因素	管理以外因素
1	事故频发倾向理论	☆			
2	事故因果连锁理论	☆	☆	☆	☆

续表

序号	事故致因理论	人因	物因	管理因素	管理以外因素
3	能量意外释放理论	☆	☆		
4	瑟利模型	☆			
5	社会技术系统层次模型	☆	☆	☆	☆
6	认知可靠性和误差分析方法	☆	☆	☆	
7	事故致因"2-4"模型	☆	☆	☆	☆
8	功能共振分析方法	☆	☆	☆	☆
9	动态变化理论	☆	☆		
10	瑞士奶酪模型	☆	☆	☆	
11	轨迹交叉理论	☆	☆		☆
12	人为因素分析与分类系统	☆	☆	☆	
13	系统理论事故与模型	☆	☆	☆	☆

注："☆"代表事故致因理论中存在某项因素。

由表可知，不同的事故致因理论结构组成不尽相同。事故因果连锁理论、系统理论事故与模型、社会技术系统层次模型、事故致因"2-4"模型、功能性共振分析方法这五种致因理论所包含的要素比较全面。

事故因果连锁理论前期主要包括了人因→人的缺点和不安全动作、物因→不安全的物态、管理以外因素→社会环境和遗传，未包含管理因素。但是随着与系统思维的融合，囊括了管理因素，模型日趋完善。

系统理论事故与模型采用约束、涌现等基本概念，包含一个过程模型，认为事故发生是一个复杂过程，涉及社会、技术、人员、物、管理等多方面，并且事故分析时未设定范围，因此模型包括人因、物因、管理因素和管理以外因素。

社会技术系统层次模型具有政府层、立法部门和协会层、地方政府规划与预算层、技术和作业管理层、操作人员层和操作者活动层（任务层）、装备和环境层等6个层次，内容全面清晰，囊括了人因、物因、管理因素和管理以外因素。

事故致因"2-4"模型将不安全动作和不安全物态作为事故发生的直接原因，将安全管理体系以及安全文化缺欠划分为组织行为。在此基础上，进一步考虑主管部门、监管机构、设计机构、咨询机构等其他因素，构建事故致因链、内部影响链、外部影响链等事故运行路径，涵盖人因、物因、管理因素和管理以外因素。

功能性共振分析方法采用共振的观点代替已有的因果关系的观点，通过识别系统中的人员、技术和组织等因素的波动，确定因素间关系，进而确定管理措施。使用非线性的模型分析事故，事故致因囊括了人因、物因、管理因素和管理以外因素。

二、模型的发生路径比较

事故发生的路径，可分为单因素事故致因模型、简单链式事故致因模型、复杂链式事故致因模型和系统网状事故致因模型。其中，单因素事故致因模型认为事故的发生只是由某一方面引起；简单链式事故致因模型认为事故的发生是由不同的致因因素导致并且因素前后有一定逻辑关系的链条；复杂链式事故致因模型认为事故的发生不局限于单一链条，可能是由多致因多链条引起的；系统网状事故致因模型则汲取系统理论相关思维，将事故描述为多方面多主体多链条多重交叉的事故致因理论。不同的致因理论的运行路径如表 3-2 所示。

表 3-2　理论的发生路径比较

序号	事故致因理论	单因素	简单链式	复杂链式	系统网状
1	事故频发倾向理论	☆			
2	事故因果连锁理论		☆		
3	能量意外释放理论		☆		
4	瑟利模型		☆		
5	社会技术系统层次模型				☆
6	AcciMap 模型				☆
7	认知可靠性和误差分析方法				☆
8	事故致因"2-4"模型				☆
9	功能共振分析方法				☆
10	瑞士奶酪模型		☆		
11	轨迹交叉理论			☆	
12	人为因素分析与分类系统		☆		
13	系统理论事故与模型				☆

注："☆"代表事故致因理论中存在某项因素。

由表 3-2 可知，事故频发倾向理论将事故归咎于人的倾向性这单一因素，故属于单因素事故致因模型发生路径，不适合于现在的复杂环境；事故因果连锁理论、能量意外释放理论、瑟利模型、瑞士奶酪模型、人为因素分析与分类系统描述的事故发生路径为简单链式事故致因模型，路径中某一因素缺失就不会引起事故发生，逻辑清晰，但是简单的线性描述仍存在缺陷，未考虑不同因素间的影响，与真实的事故发生有一定差距，不能完全反映因素间的复杂关系；轨迹交叉理论描述的事故发生路径为复杂链式事故致因模型，虽然模型有所改进，但与现实生活仍然有差距，对事故的描述不够完整；社会技术系统层次模型、AcciMap 模型、认知可靠性和误差分析方法、系统理论事故与模型、事故致因"2-4"模型、功能共振分析法描述的事故发生路径为系统网状事故致因模型，以上模型吸收系统论的相关理论和知识，描述事故时致因因素之间更有层次感和立体感，与真实世界更加接近。

三、模型的应用层级比较

在其应用方面，针对已有的事故致因模型，可以从微观、中观、宏观 3 个层面综述与比较事故致因模型。微观层面的事故致因模型主要着眼于微观安全系统，如以人或机为中心的、以人机交互为中心的事故致因模型；中观层面的事故致因模型主要着眼于中观安全系统，如以公司等组织系统为中心的事故致因模型；宏观层面的事故致因模型主要着眼于宏观安全系统，如以社会技术系统的大环境为背景的事故致因模型，需要考虑社会、政治、经济、文化等诸多大背景。

现有事故致因模型主要集中在微观系统层面和中观系统层面，这是由生产方式的变化、人在生产过程中所处地位的变化和人们安全理念的变化决定的。可预见的是随着科学技术的发展，宏观系统层面的事故致因模型将会得到越来越多的关注，这也是应对莱韦森提出的技术飞速发展、事故本质发生改变、新的危险源类型的出现、系统复杂性和耦合性的提高、单类型事故容错性下降、安全需求和功能需求冲突等挑战是新一代事故致因模型最基本的特征。理论模型的适用范围和应用层级比较如表 3-3 所示。

表 3-3　理论模型的适用范围和应用层级比较

序号	事故致因理论	微观	中观	宏观
1	事故频发倾向理论	☆		
2	多米诺模型		☆	
3	能量意外释放理论	☆		
4	瑟利模型	☆		
5	社会技术系统层次模型			☆
6	AcciMap 模型			☆
7	认知可靠性和误差分析方法	☆		
8	事故致因"2-4"模型		☆	
9	功能共振分析方法			☆

续表

序号	事故致因理论	微观	中观	宏观
10	瑞士奶酪模型		☆	
11	轨迹交叉理论		☆	
12	人因分析与分类系统		☆	
13	系统理论事故与模型			☆

注："☆"代表事故致因理论中存在某项因素。

本文所介绍的13种事故致因理论模型中，由上述划分方式，微观系统层面的事故致因理论模型包括事故频发倾向理论、能量意外释放理论、瑟利模型、认知可靠性和误差分析方法；中观系统层面包括多米诺模型、瑞士奶酪模型、人因分析与分类系统、事故致因"2-4"模型和轨迹交叉理论；宏观层面包括社会技术系统层次模型、AcciMap模型、功能共振分析方法、系统理论事故与模型。

第四节　事故的规律性归纳

根据事故致因理论内容的介绍，可以将事故的基本规律性归纳如下。

① 工伤事故的发生是偶然的、随机的现象，然而又有其必然的统计规律性。事故的发生是许多事件互为因果，一步步组合的结果。事故致因理论揭示出了导致事故发生的多种因素，以及它们之间的相互联系和彼此的影响。

② 由于产生事故的原因是多层次的，所以不能把事故原因简单地归咎为"违章"二字。必须透过现象看本质，从表面的原因追踪到各个深层次，直到本质的原因。只有这样，才能彻底认识事故发生的机理，真正找到防止事故的有效对策。

③ 事故致因的多种因素的组合，可以归结为人和物两大系列的运动。人、物系列轨迹交叉，事故就会发生。应该分别研究人和物两大系列的运动特性。追踪人的不安全行为和物的不安全状态。研究人、物都受到哪些因素的作用，以及人、物之间的互相匹配方面的问题。

④ 人和物的运动都是在一定的环境（自然环境和社会环境）中进行的，因此追踪人的不安全行为和物的不安全状态应该和对环境的分析研究结合起来进行。弄清环境对人产生不安全行为，对物产生不安全状态都有哪些影响。

⑤ 人、物、环境（环境也可包含在物中）都是受管理因素支配的。人的

不安全行为和物的不安全状态是造成伤亡事故的直接原因，管理不科学和领导失误才是本质原因。防止发生事故归根结底应从改进管理做起。

第五节 事故致因理论的应用概述

事故致因理论是从大量典型事故调查与分析中提炼出的事故发生机理，大量研究与实践已经证明事故致因模型在安全科学理论研究与事故预防实践中的重要性，具体表现在：它是事故预防与控制的理论依据，也是事故调查与分析的工具，是安全科学原理研究的路径之一。

总的来说，根据事故致因理论可知事故的发生与人、物、环境与管理相关，其中，人与物二者与事故的关系得到了广泛的关注。防止发生事故的基本原理就是使人和物的运动轨迹中断，使二者不能交叉。具体地说：如果排除了机械设备或处理危险物质过程中的隐患，消除了物的不安全状态，就切断了物的系列的连锁；如果加强了对人的安全教育和技能训练，进行科学的安全管理，从生理、心理和操作上控制住不安全行为的产生，就切断了人的系列的连锁。这样，人和物两系列轨迹则不会相交，伤害事故就可以得到避免。切断人的系列的连锁无疑是非常重要的，应该给予充分的重视。首先，要对人员的结构和素质情况进行分析，找出容易发生事故的人员层次和个人以及最常见的人的不安全行为。然后，在对人的身体、生理、心理进行检查测验的基础上合理选配人员。从研究行为科学出发，加强对人的教育、训练和管理，提高生理、心理素质，增强安全意识，提高安全操作技能，从而在最大限度上减少、消除不安全行为。

个体存在着其独立的自主意识，容易受到环境的干扰和影响，生理、心理状态不稳定，其安全可靠性是比较差的。往往会由于一些偶然因素而产生事先难以预料和防止的错误行动。人的不安全行为的概率是不可能为零的，要完全防止人的不安全行为是无法做到的，因此必须下大力气致力于切断物的系列的连锁。与克服人的不安全行为相比，消除物的不安全状态对于防止事故和职业危害具有更深的意义。为了消除物的不安全状态，应该把落脚点放在提高技术装备（机械设备、仪器仪表、建筑设施等）的安全化水平上。技术装备安全化水平的提高也有助于安全管理的改善和人的不安全行为的防止。可以说，在一定程度上，技术装备的安全化水平就决定了工伤事故和职业病的概率水平。这一点也可以从发达国家在工业和技术高度发展后伤亡事故频率才大幅度下降这一事实得到印证。

事故是在一定环境条件下发生的，因此除了人和物外，为了防止事故和职业危害，还应致力于作业环境的改善。此外，还应开拓人机工程的研究，解决好人、物、环境的合理匹配问题。使机器设备、设施的设计、环境的布置、作业条件、作业方法的安排等符合人的生理、心理条件的要求。

人、物、环境的因素是造成事故的直接原因；管理是事故的间接原因，但却是本质的原因。对人和物的控制，对环境的改善，归根结底都有赖于管理，关于人和物的事故防止措施归根结底都是管理方面的措施。必须密切关注管理的改进，大力推进安全管理的科学化、现代化。应该对安全管理的状况进行全面系统的调查分析，找出管理上存在的薄弱环节，在此基础上确定从管理上预防事故的措施。

在妥善定义事故概念的基础上，任何安全工作的目的都是预防事故，因此任何安全工作都需要事故致因理论作指导。一个事故致因模型就是一个安全工作的思路，一个组织最好应用一个稳定的总体思路连续进行安全管理（事故预防）。时下有的组织存在（企业）过度学习的情况，学到的知识很多，但组织整体的安全管理思路并不太多。国际著名的壳牌能源集团是在能量模型的支持下连续运转、安全管理，美国杜邦公司是在安全价值观引导下进行行为安全管理。当然这并不排除解决具体安全问题时应用其他事故致因模型。自1919年以来，世界上的事故致因模型已经有几十种之多，哪一个都不是绝对完善的，各有长短和适用性，根据实际情况进行选择很有必要，但是一定要选择一个作指导，否则安全工作就没有主体思路。实际应用中，也不能用一个模型的观点去解释另一个模型。

复习思考题

1. 常见的事故致因模型有哪些？请介绍一下这些模型的基本内容。

2. 请分别使用三种事故致因模型针对典型案例开展事故致因分析，并对比模型的异同点。

3. 选择几种典型的事故致因模型，从模型的组成、事故发生的路径和应用层级方面谈谈自己的看法。

4. 请结合具体案例，针对一种事故致因模型分析其优缺点并提出改进建议。

5. 请针对事故致因理论与安全管理的关系，谈谈自己的看法。

第四章

个人行为控制

　　人的不安全行为是事故发生的主要原因之一，为了解决"人因"问题，发挥人在劳动过程中安全生产和预防事故的作用，需要研究个人行为控制。因此加强对个人行为的管理和控制是安全管理的重要组成部分，是不安全行为管理措施制定与实施的关键。

　　本章主要介绍了行为安全的相关概念、不安全行为分析的基本方法以及行为控制方法，要求学生了解不安全行为的产生机理及影响因素，掌握不安全行为的控制方法。

第一节　行为安全的相关概念

一、行为安全管理

　　根据马克思主义的理解，社会发展是以人的发展为中心环节的，如果只是谈社会的发展，而忽略人在其中的主体地位，就谈不上社会的发展。马克思主义科学理论滋养着共产党人的初心。其引领着我党和国家，始终把为无产阶级、最广大人民群众谋福利作为自己工作的出发点和落脚点，也就是说把以人为本作为生命根基和本质要求。以上理念在行为安全理论和实践方面亦有所体现。行为安全又称 BBS（Behavior-based Safety，BBS），它是在行为剖析理论探究基础上，源于心理学、行为学、安全管理学等多门学科的安全管理模式，在工作期间，可采用观测纠正等方式拓展安全指示工作，经过工作实施，对于人的影响要素以及不安全行为实施发觉与纠正，培养人员良好安全习惯及意志，从而形成优等的安全工作环境，提升整体组织体系安全管理标准。

　　从 1970～1985 年，最初的 BBS 采用自上而下驱动的指导过程得以贯彻和实施，由班组长等领导人员负责观察员工的行为，给予反馈并提供正面、积极或负面、消极的干预。在这一阶段，BBS 在实际应用中面临的问题是一旦干预移除，行为干预的效果就无法持续。20 世纪 80 年代初，BBS 逐渐变成由员工之间进行观察和干预，以员工为主导，员工对员工之间进行观察与反馈的管理过程。这一阶段提高了员工的参与度和对 BBS 的认知，但是这也间接弱化了管理层在 BBS 中发挥的作用，造成了 BBS 只是针对员工行为安全而忽视领导层的错误认知，给员工自身带来了过度的压力。20 世纪 90 年代，国际上提出了安全文化的概念，并且管理层与员工之间形成了伙伴关系，由员工观察特定工作小组或工作区域内所有成员的行为，管理者定期对与安全有关的管理行为进行监督，BBS 的参与人员都会收到定期的反馈，一部分参与者还会得到实际的奖励或激励。

二、个体不安全行为

不安全行为，又称冒险行为。海因里希最早提出的不安全行为的概念：职工在进行作业的过程中，出现的一些违法违规的具有风险、能够引起事故的行为。我国国家标准中对不安全行为也进行了简要的定义：不安全行为指那些会造成伤害事故的人因失误。但目前学术界对于不安全行为的概念并没有统一的标准，根据不同学者对不安全行为的定义，现可以按以下几种方式对不安全行为进行分类。

1. 按其产生的根源进行分类

人的不安全行为包括有意的不安全行为，也包括无意的不安全行为。有意的不安全行为是行为人明明知道不该触犯还偏偏触犯的一种不安全行为，其强调的是故意性和有目的性。最典型的一个例子就是酒后驾车。有意的不安全行为有很多的表现形式，但都有冒险、冲动的成分在。有的人不能很好地预估后果，为了满足自己的一时需要，不惜冒险，甚至会受到伤害。

无意的不安全行为是不知道会产生危害的一种不安全行为，其强调的是无意识性。如果意识到了这种不安全行为，人们能很及时地弥补和改正。无意的不安全行为也有很多的表现形式，主要包括：人对获取到的信息无法感知，不能观察到意外的产生；人体自身的弱点，常见的是视力、听力等缺陷；经验不足或是知识储备不够导致不能恰当地处理异常情况；没有通过专业的培训就独自操作设备等因专业技能不熟练而造成的失误；由于休息不足或长时间工作，造成大脑混乱，不能正常工作而发生的不安全行为。

2. 按其呈现方式进行分类

参照《企业职工伤亡事故分类》（GB 6441—1986），不安全行为可以归纳为以下十三大类：第一类操作错误，忽视安全，忽视警告；第二类安全装置失效；第三类不安全设备的使用；第四类手代替工具操作；第五类物体存放不当；第六类冒险进入危险场所；第七类不安全场所攀、坐；第八类起吊物下作业、停留；第九类机器运转时进行维修工作；第十类操作时精力不集中；第十一类未使用个人防护用具等；第十二类不安全装束；第十三类易燃易爆危险化学品处置不当。

参照国际劳工组织（International Labour Organization，ILO）的规定，不安全行为可以分为以下六类：第一类不遵照设备本身的工作环境和状态，用十分危险的速度操作装置；第二类不遵照规定，使用了没有安全防护的装置；第三类在没有安全人员的监督下，对设备进行违规操作；第四类用危险的工具或是危险的操作设备；第五类缺乏常识，错误地混用或连接设备；第六类工作在有安全隐患的场所，缺乏必要的安全意识或态度。例如美国杜邦公司将员工的不安全行为分为五类：人员的反应；人员的位置；工具与分配；个人防护设备；程序与秩序。

3. 按其可追溯性进行分类

国内的一些大型煤炭企业按照不安全行为是否利于事后的追溯等特征，将不安全行为分为有痕和无痕不安全行为两大类。可以用不安全行为事后的可追溯性来界定其行为痕迹。有痕不安全行为是指事故发生后一段时间可以留下行为痕迹，可以进行追溯。而无痕不安全行为是指只存在事故发生的过程中，不会留下行为痕迹，不可以追溯。对于安全管理和风险评估，这种分类方法具有积极意义。

三、行为纠正理论

行为纠正就是纠正员工在工作过程中已经发生的不安全行为，员工的不安全行为在没有成为习惯之前可以通过及时纠正加以减少或消除。这种纠正有两种，一种是自我纠正，即根据自己的认知和知识，对不安全行为进行纠正。这种行为建立在人的主观能动性之上，认为人能在失误发生后造成后果前自动纠正，这种纠正不需要依靠外界监督。另外一种纠正是有监督的纠正，即依靠其他人的提醒来纠正不安全行为，工地上专门配置的安全员的职责之一便是在现场巡视中发现不安全行为并加以纠正。显然，这两种纠正都建立在两个前提之上：一是工人或安全员有完备的安全知识和敏感的认知，二是不安全行为易于发觉。

在行为安全理论中，纠正指目标行为的定义、观察、干预及干预结果测试的全过程。结合不安全行为的特点，将行为安全四个步骤转化为三步：场景分析—识别—干预。不安全行为纠正模型如图 4-1 所示。

图 4-1 　员工不安全行为纠正模型

第一步是不安全行为的场景分析，指分析安全事故调查报告中不安全行为发生时的场景，挖掘场景要素，形成不安全行为清单的过程。针对安全事故调查报告，采用文本特征词挖掘和文本关联规则挖掘的方法，可以得到各部位的高发不安全行为及这些行为引发的事故类别，形成强关联的不安全行为清单，成为判断行为识别结果是否安全的依据。

第二步是不安全行为的识别，指参照上一步形成的员工不安全行为清单，对现场员工的行为实时识别并判断是否安全的过程。采用深度学习的方法对视频流实时识别，得到识别结果，结合上一步形成的不安全行为清单，判断行为是否安全，并将判断结果加以储存。

第三步是不安全行为的干预，指根据上一步的行为识别及判断结果，对不安全行为进行及时阻止的过程。

第二节　人的不安全行为分析

一、不安全行为产生机理

在生产过程中，员工会不断地面对大量的工作任务和行动备选方案，需要从这些工作任务和备选方案中选择自己最终从事的任务和行动方案，不论这种选择是有意识做出的，还是无意识做出的。员工的行为都是他们有目的地选择的结果，特别是以完成生产任务为目的而发生的行为活动。根据行为发生的先后顺序，再结合认知原理以及认知过程环节，不安全行为产生过程可以分为以下六个环节。

1. 外部环境感知

员工进行作业首先要明确应完成的生产任务，紧接着开展相应工作，就产生了相应的作业行为。但不同的作业环境会对员工有不同的影响，如果员工长期在恶劣的作业环境下工作，会使员工的心理产生厌烦、恐惧和疲劳等，使其注意力分散，影响生产情绪，进而影响判断和行为能力，影响危险源的辨知和自我感知能力，容易导致重大灾害事故的发生，成为不安全行为的起点。

2. 个体知识

个体知识是指组织内的个体所具备的知识，这些知识主要是隐性知识，包括员工的技能与经验等。由于员工安全生产知识掌握不足，业务技能低，生产实践经验缺乏，可能会导致其不安全行为的发生。

3. 自身记忆

员工从外部环境中感知或获取相应的信息，接下来就是对获得的信息进行筛选，那这个过程就需要依靠员工对工作任务的记忆，也就是通过自己记忆来对信息完成内部选择。而安全教育与培训可以促使员工自身记忆的形成。需要注意的是，尽管对每一个员工在作业之前都会进行非常规范的安全培训与安全教育，但因员工自身的状况、学识储备以及记忆能力等个体差异而造成的细节问题依旧是无法避免的，并且员工在对训练以及教育中的相关安全知识的记忆程度也是不同的。因此，员工的个体差异性所导致的自身记忆对安全行为形成的影响也是不同的。

4. 个体理解

员工通过自身记忆完成对工作任务信息的内部筛选，接下来就要根据员工对任务信息的理解来决定采取什么样的行为方式。然而员工毕竟不是相同的个体，所以在理解方面不能达到一致性。而且就算在培训以及教育中，员工都能准确地记下一切安全作业的行为规范要求，但是由于个体在知识储备、个人经验的差异下，对于工作的行为规范要求的理解掌握情况必然是不一样的。所以，如果对安全作业的行为规范要求没有完全掌握并运用的话，员工就非常有可能背道而行，就有可能做出不安全行为。

5. 状态评估

继外部环境感知、个体知识、自身记忆、个体理解四个环节之后，不安全行为形成过程的下一个环节就是状态评估环节。状态评估是对作业安全状态进行综合评判，其判断结果是引起员工不安全行为的重要依据，同时也是对不安全行为的意向和非意向这两方面的区分进行分类的依据，然而状态评估涉及多种影响因素，诸如生理、知识技能、安全态度等，其具有较高的复杂度，因而对不安全行为的选择及事故的发生具有重大影响。

6. 价值判断

员工进行了状态评估之后，在发生实际的作业行为之前还需要对自己的行为价值进行判断，然后选择行为。对自己行为价值进行判断需要员工对自己在接下来的工作中会选择的行为在自己价值观的潜意识下进行分析，主要考虑自己所选的行为效价以及行为成本。其中个体行为效价包括了两个方面，并且进一步可以细分为生理和心理、经济和时间方面，而行为成本则分为法规执行成本和危险压力成本。在这里重点指出，员工只有在判断过程中意识到自己行为安全性不高时才会去重新考虑行为选择问题。在进行行动选择时是基于员工个人价值观以及安全标准之上的，所以在对员工进行培训教育时必须注意这一方面的价值标准培养。员工采取不安全行为的情况有两种，一是自己对所选行为进行判断后发现其不安全行为效价比成本高的情况，二是不安全行为效价比安全行为效价高的情况。

员工在对自己进行状态评估、价值判断等阶段过程以后，需要根据自己之前所做出的判断进行行为实施环节。在这里重点指出，在实施中，员工进行行为实施是在其行为能力的基础之上的，就算员工在自己价值判断上采取安全行为，但是在实际的作业过程中，员工在生理情况、认知以及经验等因素的影响下会导致失误的出现，这种不安全行为也是不可避免的。

图 4-2 是综合的不安全行为的产生过程，该过程表示人的感知受到环境影响，通过自身因素的支配，个人会产生一些不安全行为，该行为又会作用于外部环境中。

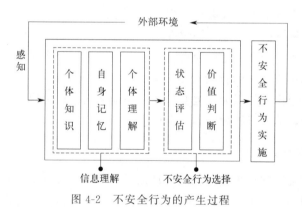

图 4-2　不安全行为的产生过程

二、不安全行为影响因素

不安全行为的影响因素是在不安全行为理论的基础上，对深层原因进行挖掘，影响因素的探讨由于视角的不同而存在差异，也由于对事故认知的划分而不同，每种观点都有合理的解释支撑，至今没有形成统一的结论。国内学者对于不安全行为的影响因素的研究，主要从内部和外部两个方面来分析，其中内在因素包括生理、技能、性格等，外部因素包括管理、教育培训、安全氛围等。

1. 内在因素

生理因素：人的身体状况不同，像疲劳与否，体力体格的差别，视力、听力是否有缺陷等都会使行为存在很大的差异，如需要通过辨别颜色确定信号的工种，对于色盲或色弱是非常危险的。

技能因素：近年来，重大生产责任事故发生相对频繁，这与企业忽视职工技能提高，导致员工操作失误有很大关系。

性格因素：根据成年人的心理状态，可将性格大致分为安全型、非安全型，如表 4-1 所示。尽管人的性格都有一定的稳定性，但对于年轻人来说，其价值观等方面还未完全成熟，可塑性较大。

表 4-1　人的性格类型表

类型		特点	归类
安全型	活泼型	精力充沛,反应灵敏,适应性强	安全型
	冷静型	善于思考,工作细致,行动准确	安全型
非安全型	急躁型	胆大有余,工作草率,求成心切	非安全型
	迟钝型	反应迟缓,动作呆板,判断力差	不安全型
	轻浮型	做事马虎,心猿意马,轻举妄动	很不安全型

2. 外在因素

管理因素：安全管理是利用计划、组织、指挥、协调、控制等管理机能控制来自自然界、机械和物质的不安全因素和人的不安全行为，避免事故发生，保障职工的生命安全和健康，保证企业生产顺利进行。然而安全工作带来的效益主要是社会效益，安全工作的经济效益往往表现为减少事故经济损失的隐性效益，不像生产经营效益那样直接、明显。因此，企业一旦忽视安全管理，必然导致作业人员的不安全行为产生。

教育培训因素：对员工职业技能和安全培训不充分也是引起不安全行为的又一重要因素。常见的错误有：未经培训就上岗；培训的内容不完备；培训方法不当，效果不明显。

安全氛围因素：人容易模仿周围人的言行，容易被同化和影响，一旦养成习惯就很难改变。因此，在企业中要用浓厚的安全氛围去感染每一个员工，使他们养成安全行为的习惯。

三、不安全行为评估方法

识别出不安全行为之后，对其科学地评估是至关重要的，为后续有效干预不安全行为提供依据。对于行为安全的评估大多分为组织评估和个体评估两种形式。

1. 评估理论

组织评估：涉及从管理层和一线员工等的方方面面的人员，根据组织行为的特点建立多级评估的指标体系。

个体评估：需要考虑影响个体行为的内在和外在因素，进行多因素考量评估。其中，内在因素包括个体的心理生理和技能因素等，外在因素包括组织的内部氛围和外部环境。

2. 评估方法

组织评估的方法有：①指数评价法。是一种运用多个指标，对组织安全行为进行评估。该方法的基本思想是通过多个指标，对组织行为进行综合评估，并对指标权重进行确定和量化评估。②专家经验法。主要根据专家的经验来确定各指标的权重，这种方法存在一定的主观性，不能保证指标的科学确定。③层次分析法。将定量方法和定性方法相结合，进行多因素决策分析，即将决策问题分为多个层次，比较指标间的重要度，建立判断矩阵得出不同指标的权重。④模糊综合评价法。通过模糊数学计算将模糊信息定量化，再依据合理选择的因素域值和传统的数学方法对各因素量化。

个体安全行为评估的方法有：常用量表测量法对个体行为进行评估。首先采用问卷调查的方式对个体的不安全行为影响因素进行收集，将结果筛选汇总后得到最终的评估项目，编制初级量表。对每个量表采用李克特（Likert）五级量表赋分法确定得分，再根据得分情况来确定人员不安全行为的分布情况。通过对初级量表项目的分析和结构因子的确定得到最终的正式量表。

对于不安全行为评估的研究大多数从影响因素的角度分析，但是对于行为风险的量化评估的研究较少，有学者研究了导致事故发生的不安全行为的整体风险，也有学者提出了用数学方法对员工的不安全行为量化，通过计算不安全行为的风险概率，同时应用蒙特卡洛方法对结果进行敏感性和不确定性处理，可以更加有针对性地对风险较大的不安全行为进行干预措施，量化行为风险可以更好地为不安全行为风险管理决策提供科学依据。图4-3是不安全行为的评估方法。

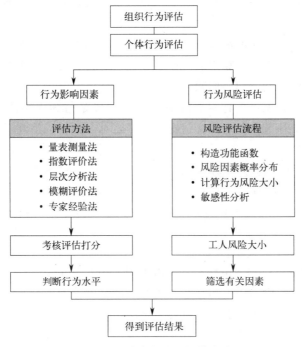

图 4-3　不安全行为的评估方法

第三节　行为控制方法

一、行为安全观察方法

观察法是行为研究中常用到的方法，观察法是指观察者通过感官或借助仪器直接观察他人的行为，并把观察结果按时间顺序做系统记录的方法。行为观察法是一种典型的利用行为干扰方式改变员工行为方式的管理方法，该方法的原理为通过在现场观察判断员工的行为状态，如出现不安全行为即对其行为进行纠正，从而达到改变员工行为方式的目的。

行为观察法有以下四个步骤。

准备。进行行为观察的第一步是工作准备，只有经过充分的准备才能保证行为观察的顺利进行。工作准备包括确定观察人员、确定观察区域、制订工作计划等几方面的工作。

观察。观察阶段是整个行为观察工作的核心阶段，包括他查和自查两个环节。他查就是行为观察员对被观察者进行观察。自查就是员工的自我检查，是在工作结束后，按照作业流程对自己工作的核对检查。

沟通。沟通是对作业流程进行观察的一个重要阶段，包括观察过程中的沟通和观察结束后的沟通。在沟通阶段需要做好表扬、讨论、沟通、启发、感谢五个方面，才能达到较理想的效果。

记录、分析和反馈。记录、分析和反馈阶段是行为观察法的最后一个阶段，它包括四个环节：记录观察情况、数据汇总与分析、编制报告及提出改进措施、反馈信息。

常见的安全行为观察方法有 B-safe（Behavioral Safety）方法、TOFS（Time Out for Safety）方法、ASA（Advanced Safety Auditing）方法、STOP（Safety Training Observation Program）方法、CarePlus 方法等。

1. B-safe 方法

B-safe（Behavioral Safety）方法由英国库泊开发于 20 世纪 80 年代，目前一些咨询公司将其应用于美国、澳大利亚和加拿大等国的企业。该方法的特点是，设置专门的观察者，在一个行为观察纠正试验周期内一直担任行为的观察者。在实施观察纠正试验之前，首先接受咨询人员的培训，帮助其掌握安全行为和不安全行为的识别方法和标准。这种方法由于观察者不变，所以它的优点是用一致的标准去识别安全与不安全的行为，缺点是被观察的班组成员有被监视的感觉，可能在被观察时采取"不操作"的对抗行为，使观察者观察不到任何行为，结果是不能取得数据。

2. TOFS 方法

TOFS（Time Out for Safety）方法中是自己观察自己，即员工在进行作业操作时，自己观察自己的操作及操作对象，思考是否有自己拿不准的作业方式和"物"的状态，如果有就立即停下来，停下来便有时间和机会去思考、查阅规程和相关资料，请示、请教领导和同事，减少了莽撞行事而发生不安全行为的可能性，从而避免事故的发生。

3. ASA 方法

ASA（Advanced Safety Auditing）方法的特点是每次行为观察纠正试验设置一名观察纠正人员，待下一次进行试验时，轮换为另一个观察者，最初用于海上石油。海上石油工人在出海作业时每次有数名员工同时作业，此时设置一名观察者观察其他同伴的操作，下次再轮换为另一名工人进行观察。这种方法的优缺点刚好和 B-safe 方法相反，不再赘述。

4. STOP 方法

STOP（Safety Training Observation Program）方法，1993 年由美国杜邦公司开发，在过去几年已经在中国大陆地区开展多次培训和推广活动，目前该方法在世界各国广泛应用，在中国大陆地区的一些企业也有所应用。该公司为 STOP 配套开发的统计分析计算机程序是对该方法的有力支持。该方法的特点是设置轮流的观察者，定期观察班组同伴的操作行为并予以纠正。杜邦的安全咨询业务主要是两个方面，第一是提高被咨询企业的安全文化水平，第二是行为纠正，STOP 是行为纠正的主要咨询工具。

5. CarePlus 方法

CarePlus 方法由安全检查人员进行行为观察和纠正，他们属于专门的观察者，其他无特殊之处。

综上所述，行为观察方法中，观察者有三类，即专门的观察者、由班组成员轮换担当观察者和由自己担当观察者。

二、行为安全管理方法

行为安全管理是集安全心理学、安全行为学、人类工效学等多学科综合运用的一种管理方法，用于研究组织行为和个人行为的重要内容。国际上对于 BBS 目前还没有明确的定义，行为安全的理论基础是 ABC（Activator Behavior Consequences）行为分析，即采用循环的模式观察和纠正不安全行为，做到追溯不安全行为产生的原因，追踪不安全行为的表现特征和分析产生的后果，达到减少不安全行为发生的目的，从而促进安全意识的养成和安全氛围的改善。行为安全管理以不安全行为的研究为切入点，通过识别和测量不安全行为来制定干预措施，达到纠正不安全行为的效果。

BBS 在企业行为管理中注重员工的积极参与，主要通过增进员工的主动应对能力、提升员工的主人翁责任感以及发展与安全有关的行为来提升企业的安全水平。从实际角度来说，当员工行为与安全管理的要求与目标相差很大时，BBS 是实现安全管理目标的重要手段。BBS 中的行为仅指可观察的动作，因为只有可观察的动作才是工作中所关心的行为，BBS 不但关注不安全行为，更重视对安全行为的持续保持。因此不仅要关注员工完成哪些工作，也要关注员工完成工作的行为方式，关注员工按照某种习惯方式完成工作的原因。员工行为体现行为者的价值观，而安全是行为目的的价值前提。

有效实现强化安全行为和减少不安全行为目标的 4 个要素为：第一，重点放在可观测的行为（关键行为）上；第二，着重从外部影响因素入手对行为进行干预；第三，干预方式多从正向结果出发，通过奖励、鼓励等措施强化员工的安全行为；第四，通过定义关键行为→行为观察→干预→检查干预效果4部分构成完整的BBS流程。当然，如观测频率、反馈机制、支持层次等其他因素也会影响BBS的实施效果。

BBS具体工作机制如下。

定义目标行为。定义目标行为是为了确定行为观察的依据。分析企业中由于不安全行为导致的安全事故，根据审核结果确定员工关键行为，以此编制行为安全观察表。

行为观察与测量。行为观察员利用行为安全观察表进行不定时观察，发现潜在的不安全行为，并根据观察结果向员工提供信息反馈。

开发并实施干预策略。BBS领导小组开发并实施干预策略，干预策略应专注于用积极的结果激励安全行为，通过对行为观察中获得的行为信息进行分析，及时纠正可能导致事故的不安全行为。

测试干预效果。分析行为观察中获得的信息，评估安全绩效。如果观察结果显示员工目标行为没有出现积极的改善，BBS领导小组应对此状况进行分析，修改干预方法以达到预期目标。

BBS的工作机制如图4-4所示。

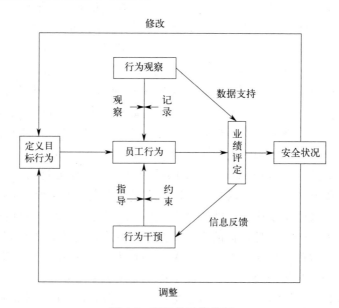

图4-4　BBS的工作机制

三、习惯性行为控制

习惯性行为是事故的间接原因，它本身并不产生事故，只会产生不安全动作、不安全状态，这两者才产生事故，所以习惯性行为控制的直接目的是减少不安全动作和不安全状态的产生。

1. 知识控制

知识控制就是增加员工的安全知识，它是减少事故直接原因的最有效的方法。知识多了，员工在操作现场就会减少不安全动作和不安全物态。一方面，知识多了，安全意识就会提高，就会及时重视、及时消除不安全的动作和物态。另一方面，知识多了，安全习惯就会好，有了好的安全习惯也会减少不安全的动作和物态，所以知识控制是特别重要的不安全行为控制方法。因此，案例知识数据库的开发和应用就显得极为重要，无论是对于企业的安全培训还是学校的教学，都是不可缺少的。员工有了知识，就可以实现行为的自觉控制。安全知识的作用原理可以用图 4-5 来表示。

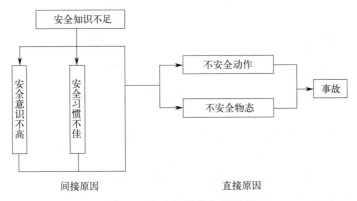

图 4-5　安全知识的作用原理

2. 意识控制

安全意识是对危险源的重视程度和及时处理的能力。意识训练目前在国内外还缺少有效的方法，一般来说，首先进行知识控制，从知识控制达到提高安全意识的目的。安全知识的水平决定安全意识的水平。

3. 习惯控制

习惯训练的方法有很多。制定和实施标准操作程序、BBS 方法的直接目标都主要是使员工养成良好的操作行为习惯。安全习惯的形成，关键在于反复训练，同时习惯的形成也很大程度上依赖于安全知识的增加。

标准操作程序（Standard Operation Procedure，SOP）是一种标准的作业程序，该程序一定是经过不断实践、总结出来的，在当前条件下可以实现的最优化的操作程序。SOP 的精髓就是把一个岗位应该做的工作进行流程化和精细化，使得任何一个人处于这个岗位上，经过合格培训后都能很快胜任该岗位，并且可按照同样的程序操作。标准操作程序的有效性取决于程序的彻底执行。

4. 使用人机工程学方法控制人的行为

实际上这是技术措施。"挂牌上锁"是一种人机工程学方法，它是为了防止在设备检修、维护过程中因电力合闸而造成伤害，一般用于在进行设备检修、维修时可能给实施者带来危险的情况。此外，一些单位使用的数字广播作为安全提醒（如超速提醒）系统，也是比较有效果的。实际上使用技术措施来控制人的行为应该是最可靠的措施，但是人的行为是多种多样的，发生在各个地方和各个时间段，都使用技术装备来控制是不可能的。而且技术进步也可能产生新的问题，例如电动剃须刀代替了手动剃须刀，手动剃须刀的安全问题没有了，可是又带来了皮肤过敏、电磁辐射、机械伤害、电气伤害等问题，所以目前以及未来，完全使用技术装备控制人的行为以实现安全还是不可能的。

复习思考题

1. 不安全行为的基本定义是什么？针对不同的分类标准，不安全行为可以如何划分？
2. 不安全行为的影响因素及评估方法有哪些？
3. 请简单介绍不安全行为产生机理。
4. 行为控制方法有哪些？各有什么特点？
5. 请谈谈个人行为控制与安全管理之间的关系。

第五章

安全管理体系

预防事故是安全管理工作的核心，而预防事故的重要方式是通过构建有效的管理体系来控制危险源、消除事故隐患，减少人员伤亡和财产损失，使整个企业达到最佳的安全水平，为劳动者创造一个安全舒适的工作环境，从而保证企业生产顺利进行和社会稳定。

本章介绍了安全管理体系的起源以及相关概念管理体系标准的产生及运行模式、典型的安全管理评估指标体系、安全管理体系评估实用工具、安全管理体系评估指标体系的构建。要求学生掌握安全管理体系的内涵及评估方法。

第一节　安全管理体系的基本概述

一、安全管理体系的起源

安全管理体系的形成源于英国 1974 年发布的《工作健康安全法》。英国的职业安全健康立法起步很早。英国下议院早在 1802 年就通过了虽然未能执行但却是世界上最早的安全健康法律。该法律是《学徒工的健康与道德法》（*Health and Morals of Apprentices*），该法规定了工人每天的工作时间不得超过 12 小时，并要求给员工提供教育及采取通风换气等保护措施。

但是英国早期的立法并不系统。自 1802 年后，1819 年下议院通过了禁止纺织厂雇用 10 岁以下童工、工作时间不得超过 10 小时的法律，1833～1867年间颁布了 7 个工厂法及《矿山法》等许多其他法规。20 世纪更加频繁地颁布法规，1937～1975 年近 40 年间又颁布了 5 个工厂法。由上述可以看出，英国在 100 多年间，每隔一个时期就制定一个法规，每个法规只保障一个特定领域或者一个特定集团的利益，内容、适用范围也不同，最关键的是职业事故和职业病的发病率下降速度缓慢。

鉴于已有安全健康法律各有各的适用范围，实用效果不佳，数量繁多、交叉重复，执行困难，且不适应新技术发展，英国政府于 1970 年 5 月 29 日组成以罗本斯（Robens）为主席的"工作场所安全与卫生委员会"（Committee on Safety and Health at Work）对已有安全健康法规和条款予以审查。该委员会于 1972 年提出了《罗本斯报告》（Robens Report），报告的结论和建议为 1974 年英国颁布的《工作健康安全法》（*Health and Safety at Work etc. Act* 1974，HSW ACT 1974）奠定了基础。

《罗本斯报告》针对职业事故和职业病的发病率下降缓慢的局面，提出改变过去职业安全与卫生立法零敲碎打的做法，废除行业部门单项安全与健康立法，由覆盖所有行业和所有工人的框架法取而代之。该报告还建议，为消除企业主对职业安全与健康管理法律要求的反感情绪，应提高雇主和工人参与政策制定和实施的程度。报告中最为重要的一条是强调职业安全健康管理应该通过雇主的"自我管理"来实现而不是依靠过去"严管"与法庭诉讼的方式。要实现职业安全健康"自我管理"，就必须建立系统化的健康安全管理体系；要使"自我管理"能真正实施，则雇主与员工必须积极参与到这个体系中。"自我管理"、管理体系的潜在需求及员工参与的思想均融入了 HSW ACT 1974 中，并第一次将基于风险和目标设定的概念引入了相应的法规中，提出了"谁造成了危险，就应采取适当方法以控制风险"的原则，要求雇主在安全健康管理中，只要合理可行，应尽可能降低风险。这一做法，促使英国当时在健康安全标准方面迅速提高，也引导组织建立安全的管理工作体系。

然而尽管如此，生产中仍有一些灾难性的事故发生，最为严重的是 1987 年发生于英国北海 Piper Alpha 石油钻井平台的火灾爆炸事故，这起事故导致 167 人丧生。在这起事故后的调查环节，当时英国健康安全执行局（Health and Safety Executive，HSE）局长 Rimington J. R. 对安全文化进行了定义（当然，当时的定义未必确切），该定义成为建立良好系统安全健康管理体系的一个关键点。为了改善组织职业安全与健康状况，HSE 也于 1991 年出版了健康安全指南 HSG 65《成功的健康安全管理（HSG 65）》，这项指南不仅对组织进行职业安全健康管理实践起到了很好的指导作用，也被 HSE 监察员用来作为审核组织安全管理绩效的工具，是最早的系统化职业健康安全管理体系建立指南。自出版以来，HSG 65 被多次印刷，1997 年再版，并于 2013 年再次推出新的版本。HSG 65 如图 5-1 所示，它的关键在于要求组织的安全管理体系是由清晰的健康安全方针、明确定义的健康安全组织结构、清楚的健康安全计划方案、健康安全绩效的测量、绩效检查以及审核等组成的整套方案，可见

HSG 65 要求建立的安全健康管理体系是系统化的。新版的 HSG 65 也在职业安全健康管理方法建议组织采用 PDCA 方式代替过去的 POPMAR^❶模式。自HSG 65 发布以来，依据其框架，一些组织结合自身特点逐渐形成了适合组织状况的管理体系。

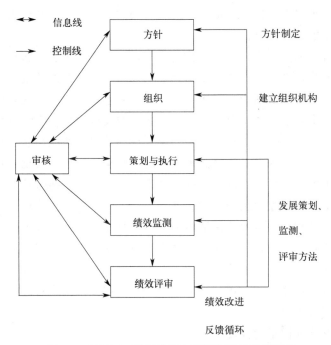

图 5-1　HSG 65 建议的安全健康管理体系框架图

二、安全管理体系内涵

安全管理是组织进行系统全面管理的重要内容之一，随着人们对安全问题的日益关注，安全管理体系在管理中的重要性也越来越突出。然而，无论是学术界还是工业实践领域，人们对于安全管理体系的定义一直没有统一的意见，同样也没有一个共同认可的标准来帮助组织建立切实有效的安全管理体系。

（1）安全管理体系的基本内容

按照系统理论的基本观点，安全管理体系应该包含四项基本内容，即系统目的、系统要素及基本关系、定义安全管理体系与其他体系的关系、系统维护的要求。然而，尚没有任何安全管理体系的定义能够同时满足这四方面的要

---

❶　POPMAR：Policy，Organizing，Planning，Measuring Performance，Auditing and Review。即方针，组织，计划，绩效衡量与审查。

求，而是更多地强调某一方面的特征，尤其以描述系统要素及基本关系的居多。应用系统方法，可根据不同方面管理的需要，构建不同的管理体系。针对安全管理的需要，可构建不同层面的安全管理体系。安全管理体系以保证安全为目标，运用系统的概念和方法，把安全管理的各阶段、各环节和各职能部门的安全职能组织起来，使其形成一个既有明确的任务、职责和权限，又能互相协调、互相促进的有机整体。

在安全管理和安全管理体系的构建方面，有学者认为安全管理的主体、客体、管理目标与管理信息这 4 个要素是顺利开展安全工作的关键。其中安全管理的主体是安全管理活动中具有决定性影响的要素；安全管理的客体能对安全管理的主体发出的信息做出反应，并有其自身的发展规律；安全管理目标是安全工作的努力方向；安全管理信息是安全管理环节间巧通联络、协调行动的桥梁和纽带。这一论述提出了安全管理体系的一些构成要素。安全管理体系的作用在于从组织上、制度上保证企业的安全生产顺利进行。通过建立安全管理体系，可以把全体职工组织起来，明确各部门、各环节的安全管理职能，使安全工作制度化、经常化，有效地保证施工生产安全地进行；可以把企业各环节的安全管理工作联系起来，使企业安全施工有坚实基础；可以把企业内的安全信息相互沟通起来，使企业安全管理活动上下衔接、左右协调，综合处理，迅速发现事故隐患，并使其及时得到处理。所以建立和健全安全管理体系，是实行全员安全管理的重要标志。

（2）安全管理体系的性质

安全管理体系的性质可以分为三种：自愿性、强制性和混合性。自愿性的安全管理体系往往存在于实施职业健康安全管理体系（Occupational Health and Safety Management Systems，OHSMS）的企业当中，其目的更多的是保护员工利益和树立良好的企业形象。我国的一些大型国企往往属于这种情况。相比之下，强制性的安全管理体系更多存在于欧洲企业中，因为它们有立法要求建立风险管理体系。有时迫于商业压力，有些企业也实施强制性的安全管理体系，它们更多考虑遵守消费者、供应商、承包商和其他商业团体的要求。我国一些有跨国合作项目的企业往往表现出这种特征。混合性的安全管理体系实际上是介于上述两者之间，它们既有自愿实施 OHSMS 的成分，又存在来自外界的压力。

通过上述描述可见，安全管理体系特指当前国际推行的职业健康安全管理体系，也不是广为应用的 HSE 管理体系，抑或其他某一种特定的安全管理体系。任何组织都有其控制安全风险、预防安全事故的管理方法，这些内容连同与之相关的一切制度、方法、资源和活动共同构成了该组织的安全管理体系。在安全管理体系和安全活动、安全管理之间没有明显的界线。任何企业只要存在对安全问题的管理活动，那么它就是具有安全管理体系的，其最基本要求是确保执法部门和有关管理机构的安全要求能够得以实现。只不过一个有效的安全管理体系往往要求现有管理体系能够提供对控制安全和生产更为正式的管理活动方式，同时安全管理体系也离不开与组织结构和安全文化的高度融合。所以，安全管理体系必须提供一种平台或框架，使得管理者及下属员工能够在这个框架内对安全问题做出相应决策，并使这些决策得以贯彻、执行。这种框架平台本身就构成了组织的安全管理体系，通常可以理解为由特定组织机构推动实施多种安全方法的安全管理方案。

第二节　管理体系标准

一、管理体系标准的产生与发展

1. 健康安全管理体系标准的产生

HSG 65 是由健康安全执行局推出的。1994 年，为有助于建立管理健康与安全的体系，以及将健康安全管理整合在其他业务管理中，英国标准局（BSI）于 12 月拟定了《安全健康管理体系指南（草案）》（BS 8750）。

与此同时，由于现代企业管理的进步，特别是全面质量控制及环境领域的进步促进其标准化的发展，在形成及执行《质量管理体系》（ISO 9000）和《环境管理体系》（ISO 14000）系列标准时，专业人士认为这种思想与做法也可引入职业健康安全（OHS）工作中。国际标准化组织（International Organization for Standardization，ISO）自 1995 年上半年开始，多次组织会议讨论是否将职业健康安全管理体系纳入 ISO 的发展标准中，然而始终未达成一致的意见。尽管如此，英国却从未停止发展这一标准。BS 8750 草案后经修改成为《职业健康安全管理体系指南》（BS 8800—1996），于 1996 年由 BSI 正式出版，成为国际上第一个有关健康安全管理体系的国家标准，其运行模式如图 5-2 所示。该标准为组织提供了 2 种方式来建立他们的健康安全管理体系，一是基于 1991 年 HSG 65 中所建议的管理体系构架，如图 5-2(a) 所示；二是基于《环境管理体系》（BS EN ISO 14001）（Environmental Management System）环境体系标准的架构来建立的安全体系，如图 5-2(b) 所示。

后来为适应英国本国及国际上建立的职业健康安全管理体系的要求，BS 8800—1996 于 2004 年进行了修改。修正版的 BS 8800—2004 仅采用该国出版的 HSG 65 指南，并纳入《职业安全健康管理体系指南》（ILO-OSH 2001）

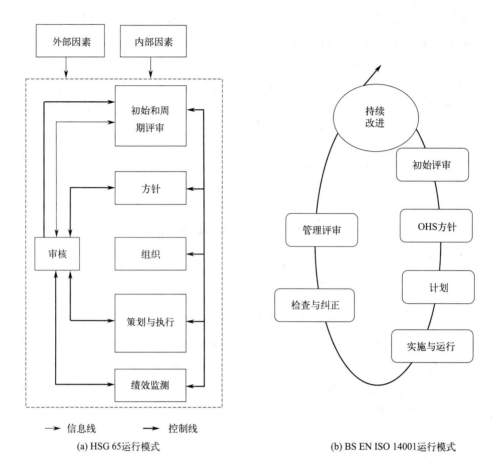

信息线　　　　控制线

(a) HSG 65运行模式　　　　　　　　　　　(b) BS EN ISO 14001运行模式

图 5-2　BS 8800—1996 两种职业健康安全管理体系运行模式

建议的管理要素。

2. 健康安全管理体系标准的发展

1972 年的《罗本斯报告》，不仅推动了英国在职业健康与安全管理上的重大变化，也成为欧洲其他国家和国际范围内进行职业安全健康管理改革的动力，促进了职业安全卫生法规从详细的技术标准向强调雇主责任和工人的权利与义务方向的根本转变。英国、加拿大、澳大利亚、新西兰等国在后来的职业健康与安全立法中都遵循了《罗本斯报告》的建议和精神，一方面简化行政监管系统，提高行政效益，另一方面也建立了一个更高效的治理系统，实行了目标导向和自我管理导向。

澳大利亚由 1972 年南澳大利亚州开始，其他各州相继开始实施自主管理模式的职业安全健康立法，并于 1997 年与新西兰联合推出了《职业健康安全管理体系—原则、体系和支持技术通用指南》（AS/NZS 480—1997），它不仅推动了澳、新地区的 OHS 绩效的提高，也对之后的职业健康安全管理体系国际标准的建立起到了积极的推进作用。这项标准于 2001 年更新。

自英国标准局 1996 年推出 BS 8800—1996 后，各国的实际情况使得他们对职业安全与健康管理体系都非常重视。一些国际认证机构开始对照体系标准积极进行管理体系认证工作。为了便于认证标准的一致性，七个国际认证公司与数个国家标准组织共同组成了国际安全健康咨询服务项目组，BSI 为项目组提供秘书帮助，项目组很快推出了职业健康安全管理体系系列标准 OHSAS 18000，包括 1999 年的《职业健康安全管理体系　规范》（OHSAS 18001）和 2000 年的《职业健康安全管理　实施指南》（OHSAS 18002）。该系列标准分别于 2007 年和 2008 年更新，形成了 OHSAS 18001：2007 和 OHSAS 18002：2008。

自职业健康安全管理体系出台以来，ISO 试图推出类似于 ISO 9000 与 ISO 14000 的 ISO 18000 职业健康与安全管理体系，但由于发达国家和发展中国家经济发展的差异，该标准一直未能推出。随着时间的推移，这项工作逐渐有了进展：2013 年 8 月，ISO 批准建立一个新的项目委员会以期基于 OHSAS 18001 开发职业健康安全管理体系国际化标准，该标准称为《职业健康与安全管理体系—要求》（ISO 45001），它将就提高全球工人的安全问题为政府机构、行业或相关方提供有效的指导。2013 年 10 月，委员会指定 BSI 为秘书处，在伦敦举行了第一次会议。该次会议对有关职业健康与安全要求的 ISO 45001 第一工作草案的出版达成一致的意见，该标准于 2016 年出版。

3. 国际劳工组织与安全管理体系

1972 年《罗本斯报告》引入了一个极为重要的思想就是职业安全与健康管理应采取以方针为基础的方法，这一方法促进 ILO 在职业安全与健康管理上改进，于 1975 年要求其成员国在国家和企业层面建立涉及雇主及员工参与的安全健康方针，也促成了 1981 年《职业安全与卫生公约》及其建议书的颁布，其最具标志性的核心要素，是建立了由"政府、雇主、工人"三方共同管理的职业安全卫生工作原则。1996 年 ISO 所制定的职业健康安全管理体系虽未获通过，但 ISO 专家建议，因 ILO 具有三方特性，其比 ISO 更适合开发、推广职业安全健康管理体系标准与准则。

基于政府、雇主和工人的三方结构在国际上得到普遍认可，ILO 认为对于组织而言，职业安全健康管理体系的引入无论对减少危险源和风险，还是提高生产力都具有积极的正面意义。自 1998 年始，ILO 与国际职业安全卫生协会合作，对世界各国主要的 OSHMS 和指导性文件进行广泛收集、比较和分析，找出了它们的共同要素和特点，并提交了研究报告和指南草案；

2001 年 4 月由三方代表组成的会议通过了 ILO 的《职业安全健康管理体系指南》（ILO-OSH 2001）。同年 6 月该标准经 ILO 第 281 次理事会议审议得以批准和发布。

ILO-OSH 2001 的适用对象包括国家层面和组织层面：针对国家层面，该指南要求国家应基于本国法律法规，制定国家职业安全健康管理体系构架，指导其通过加强合规性以达到持续改进职业安全健康绩效的目的，并根据组织的需求量体裁衣，建立适合国家及组织的管理体系。在此阶段，特别是 ILO-OSH 2001 公布之后，各国也结合各自情况，制定了相应的安全管理体系标准，如美国职业安全健康管理局于 1999 年 2 月拟定了《安全健康规划草案》，基于此美国工业卫生协会于 1996 年以 ISO 9001 为基本架构制定了《职业健康安全管理体系》的指导性文件，并于 1999 年开始与美国国家标准院合作草拟职业安全健康管理体系标准，除考虑美国国内需求外，也参考 ILO 的国际标准 ILO-OSH 2001，以期使新的标准能将组织的职业健康与安全管理体系与其他管理体系相整合，并与国际标准相兼容。2004 年 AIHA 将新标草案建议给 ANSI，2005 年新的美国国家标准《职业安全健康管理体系标准》（ANSI/AIHA Z10—2005）正式公布。该标准于 2012 年更新。

另外，加拿大、新加坡、日本等国也结合自己的国情建立了相应的职业健康安全管理标准。与这些管理体系相比较，在全球范围内具有广泛意义的仍主要是 BS OHSAS 18001—2007 和 ILO-OSH 2001 两套标准。

4. 我国安全管理体系标准的发展

我国自 1996 年开始着手职业健康安全管理体系的研究，当时的工作一方面关注 ISO 及其他国家职业健康安全管理体系的发展动态，另一方面着手我国管理体系标准的起草。1997 年，为满足国际市场对我国石油队伍的要求，石油天然气公司率先制定了《石油天然气工业健康、安全与环境管理体系》（SY/T 6267—1997）、《石油地震队健康、安全与环境管理规范》（SY/T 6280—1997）和《石油天然气钻井健康、安全与环境管理体系指南》（SY/T 6283—1997）三个行业标准。1998 年，中国劳动保护科学技术学会起草并发布《职业安全健康管理体系规范及使用指南》（CSSTLP 1001），与此同时学会成立了技术委员会以保证标准及认证工作的质量。之后，国家安全生产行政主管部门于 2000 年相继成立了职业健康安全管理体系指导委、认可委和审核员注册委 3 个机构，全面开展体系认证工作。2001 年，参照 OHSAS 18001/18002，国家质量监督检验检疫总局制定了《职业健康安全管理体系规范》（GB/T 28001—2001）。2011 年，我国国家质量监督检验检疫总局和国家标准化管理委员会共同引进 OHSAS 18001—2007 和 OHSAS 18002—2008 系列标准，形成我国职业健康与安全管理推荐性国家标准，即《职业健康安全管理体系　要求》（GB/T 28001—2011）和《职业健康安全管理体系　实施指南》（GB/T 28002—2011）。2020 年，我国在 ISO 45001：2018 的基础上发布《职业健康安全管理体系　要求及使用指南》（GB/T 45001—2020），替代了原来的 GB/T 28001—2011 和 GB/T 28002—2011，这意味着我国安全管理体系的进一步完善。

二、管理体系标准的运行模式

OHSAS 18001—2007 和 ILO-OSH 2001 等管理体系标准在运行时都具有策划阶段、执行阶段、执行效果评估阶段及持续改进阶段，都要求组织具备良好的安全文化、鼓励全员参与并进行有效的审核和持续改进。

策划阶段（planning）包括方针陈述及职责划分，危险源辨识及风险评估也需要在此阶段完成，同时，还应建立应急的程序及辨识有关的法规、标准要求。在此阶段，必须明确组织结构以确保健康安全责任的分配。执行阶段（implementation）主要体现在组织中各层级以及层级间的责任及彼此间的交流（communication）上，交流除了涉及本组织人员，还涉及承包商、客户、工会等。清晰的安全工作制度、安全健康规程是组织交流的基本保证。执行阶段的另一特点就是定期监测以确保管理体系在组织中的有效性。执行效果评估阶段（assessment）包括主动评估和被动评估。主动评估包括工作检查和体系审核、安全会议、安全培训以及风险评估核查等；被动评估主要取决于事故数据、整改通知等。持续改进阶段（improvement）的关键在于审查组织的管理体系是否有效，许多管理体系通过审核来实现。

管理体系标准的运行模式更多地表达为策划、执行、检查、审核（plan，do，check，audit/assessment）模式，即 PDCA 模式。其中 P 指基于风险评估结果及法规要求建立健康安全管理标准，D 指按策划执行以达到目标和标准要求，C 指对照策划测量进展情况及合规性，A 则指检查目标的实现情况及采取的针对性做法。体系运行过程中，各个要素之间发挥其独立的管理作用，同时又能有机地结合在一起，共同完成一个有序、开放的职业安全健康管理过程。

第三节　安全管理体系评估

一、安全管理体系评估的主要观点

安全管理体系评估是伴随着安全管理体系在企业中的逐步推广而产生

的。但是，由于安全管理体系本身在理论和实践方面尚处于发展阶段，所以安全管理体系的评估理论也远未成熟。目前，安全管理体系评估存有多种观点。

1. 安全管理最佳实践观

在安全管理理论和实践发展的最初阶段，很多大公司把安全管理的一些优秀实践方法作为安全管理体系的主要内容，从而形成了基于实用论的最佳实践观。伊恩·约翰逊（Ian Johnston）就认为安全系统策略和计划的拥有与否跟能否执行是两个截然不同的问题，优秀的实践方法是安全管理体系的关键，但只有在组织安全体系基本原则被接受并通过有效的安全管理体系予以执行时，最佳实践方法才能真正发挥其最大作用，获得理想的效果。很多具有优秀安全业绩的企业、行业或国家都有其独特的安全管理实践方法，典型的有杜邦公司的 STOP 管理法，摩托罗拉公司的 6σ 管理法，煤炭行业广泛应用的手指口述法，日本的 5S 管理法等，这些最佳实践方法对于有效预防事故的确起到了很好的作用。但是，这些管理方法的系统性不足，往往是针对人、技术内容的一方面，不能形成系统的管理模式。

2. 安全管理体系的弹性观

安全管理需要遵循弹性原则。马塞洛（Marcelo）等人提出了弹性工程观点来解决安全管理体系的评估问题，认为采用弹性工程的观点可以帮助人们应对复杂环境，当出现错误时仍能保持安全状态或快速恢复到稳定状态而继续工作。他们指出弹性工程的四条基本原则：一是得到最高管理者承诺；二是增加柔性，提高对偏差的控制、容错和主决策能力；三是增强学习能力，从实践和成功案例中学习；四是了解状态，要求进行可靠的绩效测量。该原则特别强调对安全问题的前瞻性考虑，要求能够预测可能出现的问题、需求和变化等。马晓明等人分析了柔性系统的特征，指出柔性工程理念指导安全管理，要求系统具有高度敏感的预警、反应和协调机制。

3. 安全管理的绩效指标观

安全绩效测量和评价是安全管理体系的一部分，目的是描述一个组织的安全水平。绩效测量的方法有两种，第一种是传统的结果指标测量，它是采用测量和统计的方法，以一系列直观的绩效指标来反映安全管理水平和效果，这些指标往往是一些滞后性指标，如事故率等。这种指标体系虽然容易理解，但是缺少预防预测价值，而且指标的选择和标准会对评价结果产生直接影响，例如在实际评价过程中，不同的评价者或企业对于什么样的伤害纳入评价指标范围往往会产生分歧，所以在安全管理体系的评价结果上也大相径庭。对安全管理而言，滞后性指标所反映的信息的确非常有价值。另一种观点是采用超前性的安全绩效指标，它们能对组织和安全管理体系的及时升级、完善起到积极作用。澳大利亚矿业委员会定义了三种形式的积极绩效指标的测量方式，即输入（行为测量）、过程（焦点测量）和输出（行动计划测量）。这些指标也可以通过安全审查、行为观察、安全文化检查等方式获得。

4. 安全管理的社会技术观

社会技术观综合考虑了产生各种个人行为的组织环境的复杂性，将人、机、系统之间的相互影响融入认知系统工程当中。在这种观点的指导下，人的行为不再是单纯的心理思维活动的结果，而是人机信息交换过程的必然产物。人们已经提出了很多社会技术复杂系统所产生的认知系统工程规则，而安全管理体系要关注人的行为，其评估过程也就可以根据这些规则进行。社会技术观点在定量风险评估过程中已经被广泛采纳，主要应用于风险概率的预测过程。安全管理的社会技术观强调了与安全管理产生联系的各种元素，尤其关注其发生关系的界面行为，特别是人机系统交互界面的各种行为。良好的安全管理体系必须能够处理好人的社会性因素和机的技术性因素之间的相互影响，并能够提供良好的适应机制。据此观点形成的管理体系评估方法缺少对系统内部运行过程的关注，在指导体系内部各环节的运转程序上需进一步完善。于广涛等人通过分析安全文化在复杂社会技术系统安全控制中的作用，建立了以安全文化为节点的组织安全管理反馈途径，通过安全文化评估进行组织前馈控制，从而将影响安全管理的各种因素贯穿起来。

5. 安全管理体系的一体化

安全管理体系和质量管理体系、环境管理体系一样，是组织管理的一部分，它们往往共存于同一个组织当中。一体化的管理体系将两种或多种管理体系进行有机结合，不仅有利于实现管理过程的资源整合、优势互补，还能够降低成本、提高效率。由于世界范围内广泛推行的质量管理体系、环境管理体系和安全管理体系存在高度的一致性，很多国家都积极探索建立一体化的质量环境和安全健康管理体系，并取得了丰富的经验。在这种背景下，安全管理体系的评估也就走向一体化评估的方向，将质量、环境要素作为评估内容，全面评价一体化体系的有效性。然而，一体化的安全管理体系仍然是建立在自觉、自愿的基础上，而且受到企业文化氛围、员工科技文化素质和经济基础等因素的制约，特别是一些传统行业，其组织内部已经形成具有独立功能并相互竞争的内部成员团体，实施一体化管理更具难度。尽管企业可以根据情况选择需要进行评估的要素，但在要素的描述上针对安全方面的要求则显得不够具体与明确。

二、安全管理体系评估的主要标准和要求

斯古鲁（Sgourou）等人在对所选安全管理绩效评估方法进行评价时提出了六条指导安全管理绩效评估的标准。在理论方面，各种评估方法首先应该有一个理论框架以保证评估过程的科学性；其次，评估体系要完整，应该覆盖技术、组织和人的因素，还要能够反映它们之间相互关系以及安全管理体系与组织和外界环境的关系；评估方法应可靠、有效，评估方法有效才能证明建立这种方法的理论基础正确，结构和内容的有效性也确保管理体系评估理论框架的合理。除此之外，从实际的角度出发，评估方法还应该是简单易行的，不需要专门的知识和经验；评估方法要有弹性以保证能够适用于不同的工作内容；评估方法还要反映出持续改进的要求，这也是任何安全管理体系所追求的目标。

李永健在研究的评价体系时，主要考虑了体系的完整性、有效性和合法性。完整性除了内容要覆盖 OHSAS 18001 标准的所有要素外，还要保证体系的动态性，确保记录的追溯和内容的更新等。有效性要求保证体系的各项目标、指标得以实现，所有职责都予以充分履行。体系的合法性检查是 HSE 体系评审的重点，主要是通过体系审核来实现，确保企业的管理工作没有重大不符合项。

国际原子能机构对安全管理体系及绩效评价指标的特征提出以下建议：在指标和安全之间有直接的联系；能产生并获得必要的数据；能够进行定性的表达；概念表达要清晰，不能产生理解上的偏差；每个指标的重要性应能被理解并接受；不能被轻易地操作，也就是不能被篡改，而出现造假情况；设定内容可管理，即有操作弹性；指标要有意义；可以被整合进通常的操作行为；有很好的适应性；能与事故致因进行关联；能有效控制和确定每一层面的精确数据；根据指标情况能够采取局部行动，也就是可干预。

三、典型评估指标体系

1. 基于弹性工程观点的指标体系

科斯泰拉（Costella）等人提出了基于弹性工程理论的健康安全管理体系（HSMS）评估方法（MAHS），并建立相应的指标体系，索兰（Saurin）将其成功应用于电器经销商的安全管理体系评估过程中。该指标体系由 7 个一级指标和 28 个二级指标构成，如表 5-1 所示。每个指标条目与评价证据来源的关

系见表 5-2。对于考察条目分成推广程度、连续性、完整性、精细化、前瞻性和创新性 6 个方面进行评估，每个方面的评估级分为 6 级。根据证明材料的实际情况，按照表 5-3 所示的标准进行打分赋值。对于各种条目加权计分形成总体评价结论。

表 5-1　MAHS 指标体系标准与条目

一级指标	二级指标	一级指标	二级指标
1. HSMS 计划	1.1HSMS 方针与目标	4. 一般安全因子	4.2 管理变更
	1.2HSMS 计划		4.3 保养与维护
	1.3 组织结构与职责		4.4 采购与合同
	1.4 文件与记录		4.5 外部环境
	1.5 法规要求	5. 计划与绩效监测	5.1 反应性指标
	1.6 最高管理承诺		5.2 前瞻性指标
2. 生产过程	2.1 传统观点的危险识别		5.3 内部评审
	2.2 弹性工程观点的危险识别	6. 反馈与学习	6.1 事件调查
	2.3 风险评估		6.2 实时工作检查
	2.4 传统观点的危险响应		6.3 预防性行为
	2.5 弹性工程观点的危险响应		6.4 矫正性行为
3. 人员管理	3.1 员工参与		6.5 管理评审与持续改进
	3.2 能力与训练	7. 结果	7.1 反应性指标
4. 一般安全因子	4.1 管理体系完整性		7.2 预防性指标

表 5-2　MAHS 条目与评价证据来源的关系

条目	证据来源						
	结构	绩效	操作				
	文件与记录分析	绩效指标分析	直接观察	最高管理者访谈	管理人员访谈	OHS 代表访谈	员工代表访谈
1.1 HSMS 方针与目标	√			√		√	√
1.2 HSMS 计划	√					√	√
1.3 组织结构与职责	√			√		√	√

| 条目 | 结构 | 绩效 | 操作 | | | | |
	文件与记录分析	绩效指标分析	直接观察	最高管理者访谈	管理人员访谈	OHS代表访谈	员工代表访谈
				证据来源			
1.4 文件与记录	√					√	√
1.5 法规要求	√		√			√	√
1.6 最高管理承诺				√		√	√
2.1 传统观点的危险识别	√					√	√
2.2 弹性工程观点的危险识别	√				√	√	√
2.3 风险评估	√					√	√
2.4 传统观点的危险响应	√		√			√	√
2.5 弹性工程观点的危险响应	√		√		√	√	√
3.1 员工参与						√	√
3.2 能力与训练	√		√		√	√	√
4.1 管理体系完整性	√				√		
4.2 管理变更	√				√	√	
4.3 保养与维护	√				√	√	
4.4 采购与合同	√		√		√		
4.5 外部环境				√	√		
5.1 反应性指标	√					√	
5.2 前瞻性指标	√					√	
5.3 内部评审	√					√	
6.1 事件调查	√					√	√
6.2 实时工作检查	√					√	√
6.3 预防性行为	√					√	√
6.4 矫正性行为	√					√	√
6.5 管理评审与持续改进	√				√		
7.1 反应性指标		√				√	√
7.2 预防性指标		√				√	√

表 5-3 MAHS 因子定量方法

项目	1	2	3	4	5	6
	1. 现行管理活动未推行 2. 在实践过程未应用 3. 无完整性证据	1. 现行管理活动在部分推行 2. 在某些实践过程中应用 3. 无完整性证据	1. 现行管理活动在多数领域推行 2. 在多数实践过程中应用 3. 无完整性证据	1. 现行管理活动在多数领域推行 2. 在几乎所有实践过程中应用 3. 大部分有完整性证据	1. 现行管理活动几乎所有领域推行 2. 在所有实践过程中应用 3. 大部分有完整性证据	1. 现行管理活动在所有领域推行 2. 在所有实践过程中应用 3. 全部有完整性证据
F 1. 管理活动适用于所有条款的要求 2. 所有要求具有前瞻性 3. 所有实践都有在改善 4. 有些实践具有创新性	10%	30%	50%	70%	90%	100%
E 1. 管理活动适用于所有条款的要求 2. 几乎所有要求具有前瞻性 3. 几乎所有实践都有在改善 4. 有些实践具有创新性	10%	30%	50%	70%	80%	90%
D 1. 管理活动适用于几乎所有条款的要求 2. 大部分要求具有前瞻性 3. 大部分实践都有在改善 4. 有些实践具有创新性	10%	30%	50%	60%	70%	70%
C 1. 管理活动适用于大部分条款的要求 2. 一些要求具有前瞻性 3. 一些实践在改善	10%	30%	50%	50%	50%	50%
B 管理活动适用于一些条款的要求	10%	20%	30%	30%	30%	30%
A 管理活动不适用于条款的要求或根本不存在	0	0	0	0	0	0

2. 某 PCB 企业指标体系

为考察通过 OHSMS 体系认证企业的安全管理状态，以印刷电路板（Printed Circuit Board，PCB）制造企业为研究对象，开发了安全管理体系评估的重要绩效指标体系。该指标体系包含 3 类指标（见表 5-4），确定了各自的内容及要求，在专家测评的基础上经过多元统计分析形成评价结论。结论指出，员工的不安全操作频率、最高管理者承诺的水平、校正和预防措施的执行率、承包商违规频率和灭火系统水平是最重要的考察指标。

表 5-4　某 PCB 企业 OHSMS 评价指标

一级指标	二级指标
条件绩效指标	职业事故统计、员工安全健康意识、员工不安全行为频率、零事故工作时间、机器设备异常频率、自评系统得分、安全氛围指数、员工以往健康检查率、收到罚单的频率
管理绩效指标	最高管理承诺、矫正和预防措施完成率、外审频率、员工遵守频率、职业健康管理规定建立完成率、MSDS（化学品安全技术说明书）建立完成率、健康安全促进活动频率、企业 ES（工程标准）报告发布频率
操作绩效指标	自查频率、高管巡查频率、分包商违规率、培训教育频率、危险机器设备安全水平、健康安全专业人员水平、消防系统水平、生产公寓安全风险评论率、危险有害物质使用频率、健康安全操作标准违反频率、个人防护措施使用频率、应急演习频率、职业事故说明频率、工具设备校准率、失效警报率、员工咨询交流频率、低风险化学品替代品使用频率

3. 危险轮廓图

在对组织进行系统分析的基础上，得出一个由场所、人员和系统三个模块构成的"危险轮廓图"。在每个模块中包含 19 个元素（如表 5-5 所示），对它们进行风险分级，然后将各元素的风险值求和，再看二个模块的风险贡献率，通过风险干预来调节各自的风险贡献率，最终降低总体风险水平。

表 5-5　OHSMS 构成模块

安全场所	安全人员	安全系统
初始风险评估	机会均等/反骚扰	OHS 政策
人机工程评估	培训需求分析	目标设定
通道与出口	介绍-承包商/参观者	责任
车间与设备	选择标准	尽职调查/差距分析
材料储存、使用和处理	工作组织	资源配置/管理
舒适设施、环境	适应多样性	获取 OHS 标准
电气	工作描述	提供 OHS 考虑
噪声	培训	胜任力检查

安全场所	安全人员	安全系统
危险物质	行为调节	安全工作程序
生物物质	健康促进	沟通
辐射	网络、工作关系、深造	顾问
安装/拆除	冲突解决	法规更新
预防性维护	员工辅助程序	程序更新
调整-互查/试运行	急救/报告	纪录保持
安全-现场/人员	再就业	客户服务
应急准备	健康观察	事件管理
内务	绩效评估	自评工具
车间巡查/监督	反馈程序	审核
风险评审	人员周转评价	系统评审

该评价方法运用了人因工程和心理学的知识，评价内容非常丰富。但是把多种元素划分成三个模块并不严谨，而且其评价结果不能反映当前的安全管理水平，只是给出干预对象和干预前后的对比内容。

4. 航空公司评价指标

航空公司安全管理体系的评价指标体系采用决策训练评价实验室（DEMSTEL）分析方法，结合模糊评价法进行构建，并对安全管理体系进行等级划分，通过加权形成管理体系水平的评价结果。其中，运用模糊数来解决评估过程问卷及语言表达的模糊性，DEMSTEL 用来定量描述各因子之间的关联，并通过数学处理完成各指标权重的划定和分级。该指标体系由 11 个因子构成，如表 5-6 所示。

表 5-6　航空公司安全管理体系评估因子

因子	功能
交流（F1）	语言障碍、员工配合、员工资源管理、维护资源管理
文件（F2）	程序、标准、审核报告、评估结果、法规要求
设备（F3）	工具、飞机、其他要求的设备维护和调校
事件调查分析（F4）	贡献因子、人误风险、事件及弥补费用、备用措施费用、矫正行为等
安全政策（F5）	设定组织结构、岗位与责任、计划与安全管理承诺
规章制度（F6）	国内管理部门强制执行的安全规章制度
安全委员会（F7）	开发安全策略、监督安全计划、矫正行为、分包商、分配安全改善资源

因子	功能
安全文化(F8)	组织价值观、信仰、铭文、仪式、使命目标、绩效测量、对员工、消费者和社区的责任
安全风险管理(F9)	初始评审、危险/风险识别、分析/评估与控制、合规性
训练与能力(F10)	初始与反复训练、现场人员胜任力要求
工作实践(F11)	飞行操作、保养、地面服务、程序符合性、标准、SOP、应急准备与其他

各因子之间的影响关系路线图如图 5-3 所示。

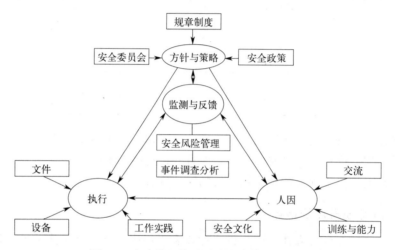

图 5-3 安全管理体系因子影响管理路线图

5. 组织健康前导指标

1979 年美国三哩岛核事故发生之后，世界范围内的核能行业开始开发和应用一系列的指标对其所属企业进行安全管理体系的评估。组织健康前导指标（Leading Indicators of Organizational Health，LIOH）用于向高层管理者提供安全管理体系的信息，主要包括七方面内容：管理承诺、人员绩效、问题准备、问题响应的弹性、公平文化（促进错误与失效的报告）、学习文化（促进问题解决）、安全信息的透明化可视化。

6. 挪威矿业的安全元素法

为帮助挪威矿业满足 HSE 的有关规定，特别是进行 HSE 体系和外部管理目标改进的评估工作，开发出了安全元素法。该方法可以帮助企业确定当前管理状态，认识自己的潜力和将来的发展目标。该方法由 6 个指标组成：目标/志向、管理、反馈系统/学习、安全文化、文件、结果，每个指标分成 5 个阶段，如表 5-7 所示。

表 5-7　安全元素法评价矩阵

指标	阶段一	阶段二	阶段三	阶段四	阶段五
目标/志向	没有目标	满足安全规定	目标/志向超出规定要求	目标超出规定，公司符合最优情况	努力影响并改善规定
管理	基本遵守安全管理规定	跟踪事故；HSE管理弱；对管理者影响小；主要是落实风险应对	安全管理工作积极；任何人违反HSE规定都有所反应；系统安全工作；关注技术和人的失误	安全和生产、质量同样重要；安全工作全面、系统；强烈关注组织和管理因素	改善安全文化的管理度强，不满足一线经理是榜样
反馈系统/学习	偶尔交流经验	简单统计；主要是短期矫正行为	完全统计偏离控制的行为；制订活动计划和测量方法；按时间表完成	主动寻求改善、持续预防的方法；制订全过程的行为安全计划	和其他企业进行广泛、系统的经验交流
安全文化	能够掌握风险挑战就理想了	很少额外考虑工作的安全，尽快完成任务是最重要的	主要是追求安全行为，有时做些改变	安全行为理所当然；员工主动相互学习经验	一直有安全工作方法；从不破坏所有员工积极创造良好的工作环境，故而没有损失
文件	正式的日常，工作规程很少	满足最低要求	安全文件化，及时更新	简单易行的文件，多数员工接受并遵守程序	熟知文件，持续、及时更新
结果	没有结果指标（除了经济指标）	矿工和事故统计只是作为最终结果指标	结果指标广泛应用 HSE 指标	协调而完整的目标，个人伤害与其他损失的关系可以通过结果指标直接看到	HSE 和质量管理曾受到国际认可

7. 安全诊断标准

安全诊断标准（Safety Diagnostic Criteria，SDC）是从管理疏忽与危险树发展而来的，主要针对作业过程的失误和管理系统因素进行事故后的原因诊断，或在对以往案例的深入分析基础上发现管理体系缺陷。该标准形成了 13个评价元素，分别是交流、应急准备、教育与训练、领导力与工作管理、安全经验交流、安全态度、保养与维护、机器与技术设备、程序与活动、内务处理、安全方案活动、安全设备与保护设备、运输与储存，这些元素涵盖了技术、组织和个人三个方面的内容，非常适于作为一线经理的管理评价工具。

8. 职业健康与安全诊断

职业健康与安全诊断工具（Occupational Health and Safety-Safety Diagnosis Tool，OHS-SDT）考虑了三个方面的安全绩效：结果、预防措施和安全文化，形成 9 个一级指标和 67 个二级指标，可以归纳为四个方面，即现场遵守，持续改进，价值观、态度和安全行为的采纳，组织安全健康管理体系的完整性。该方法综合考虑了技术、组织和人的因素，致力于实现安全管理体系与组织整体管理体系的融合，从而实现组织高水平安全绩效的目的。评价内容都是前导性指标，详见表 5-8。

表 5-8　OHS-SDT 指标体系

序号	因子	概念解释
1	组织体系	反映员工对于 OHS 部门在组织体系中的地位认同
2	管理承诺	反映员工对于 OHS 的管理承诺的看法
3	员工责任	反映员工对于自身参与 OHS 的观点
4	标准与行为	反映员工对于工作场所标准、实践和行为的看法
5	持续改进	反映执行 OHS 活动,改正已经识别的风险状况的情况
6	活动	反映员工对于建立 OHS 风险预防措施的观点
7	组织结构	反映员工对于 OHS 组织结构对安全支持的观点
8	交流	反映员工对于一般信息,特别是安全信息交流情况的看法
9	现场遵守	反映员工对于外部和内部规章规定的遵守情况

第四节　安全管理体系评估实用工具

一、安全管理体系评估实用工具介绍

1. 职业健康安全评价系列标准

1999 年，英国标准协会（British Standards Institution，BSI）、挪威船级社（Det Norske Veritas，DNV）等 13 个组织联合提出了职业健康安全评价系列（OHSAS）标准，即职业健康安全管理体系　规范（OHSAS 18001）、职业健康安全管理体系　实施指南（OHSAS 18002），得到国际安全管理学术和应用领域的认可，并以此为标准在企业中广泛开展认证工作。职业健康安全评价系列标准适于所有领域和行业的生产现场活动。

OHSAS 标准在对组织的安全管理体系进行评估时，主要采取要素控制的方法进行考核、认证，具体是对 OHSAS 中的 5 个一级要素提出要求，其下又分多个二级要素，具体见表 5-9。

表 5-9　OHSAS 要素表

一级要素	二级要素
职业安全卫生方针	—
计划	危害识别、危险评价与控制计划；法律和其他要求；目标；职业安全卫生管理方案
实施与运行	机构和职责；培训、意识和能力；协商与交流；职业安全卫生管理体系文件；运行控制；应急预案与响应
检查和纠正措施	绩效监测和测量；事故、事件不符合、纠正和预防措施；记录和记录管理；审核
管理评审	

OHSAS 的基本思想是在初始评审的基础上，通过周而复始地进行"计划、实施、监测、评价"活动，使得体系各项功能不断加强，以实现体系的持续改进，即采用 PDCA 运行模式。

2. 国际安全评级系统

1978 年，挪威船级社（DNV）以损失闪果关系模型为基础，推出了国际安全评级系统（International Safety Rating System，ISRS），经过 40 多年的不断完善和更新，于 2009 年推出第 8 版，形成了由 15 个程序、119 个子程序、654 个问题组成的管理评价和持续改进工具。ISRS 融合了 ISO 9001、ISO 14001、OHSAS 18001 标准内容，强调过程控制、PDCA 循环和持续改进，加入了 PAS 55（英国资产管理标准）、GRI（全球报告倡议 2002-企业社会责任）、欧盟质量管理奖评选标准等内容，同时在进行安全管理评级过程中，不断融入企业管理的有效做法，增加和改进标准内容，标准名称已经由"国际安全管理评级系统"更名为"国际可持续性发展评级系统"。该系统在很多行业中都有应用，企业数量超过了 6000 家，世界 500 强企业中，有 25% 采用了这种系统进行评估，其评估标准和对企业的指导帮助得到了国际大企业的一致好评。

DNV 在分析控制因素不足的具体内容时，提出了 15 个方面的内容，建立起评级系统的主程序框架，并将各元素考查到具体问题，问题的设计反映组织体系活动的某个方面或环节，基于在典型组织中实施此活动所需要的组织资源进行评估。同时，评估的每个问题都对证据指标进行了约定，从而实现管理体系的全面、全过程的评估，以真实地反映组织在管理风险及推进持续改进方面所做出的努力。ISRS 的全部主程序和子程序如表 5-10 所示。

表 5-10　ISRS 程序元素表

主程序	子程序
1. 领导	1.1 目的和价值观；1.2 目标；1.3 方针；1.4 战略；1.5 相关方参与；1.6 业务流程；1.7 业务风险；1.8 文责；1.9 管理承诺
2. 规划和行政	2.1 业务规划；2.2 工作计划和控制；2.3 行为跟踪；2.4 管理系统文件；2.5 记录
3. 风险评价	3.1 健康危害因素识别和评价；3.2 安全危害因素识别和评价；3.3 保安危害因素识别和评价；3.4 环境危害因素识别和评价；3.5 客户期望识别和评价；3.6 流程风险评价
4. 人力资源	4.1 人力资源体系；4.2 招聘；4.3 管理个人绩效；4.4 表扬和纪律；4.5 离职；4.6 组织变更管理
5. 合规保证	5.1 法规；5.2 运营许可；5.3 行业规范和标准；5.4 向主管机关报告；5.5 信息安全；5.6 产品监护；5.7 合规评价
6. 项目管理	6.1 项目协调；6.2 项目计划；6.3 项目执行；6.4 项目控制；6.5 项目关闭
7. 培训和能力	7.1 培训体系；7.2 培训需求分析；7.3 讲师资质；7.4 培训实施；7.5 领导入职引导；7.6 通用入职引导；7.7 上岗引导；7.8 培训体系评价
8. 沟通和推广	8.1 沟通系统；8.2 会议协调；8.3 管理会议；8.4 小组会议；8.5 联合委员会；8.6 辅导；8.7 表扬；8.8 主题活动；8.9 工作外信息
9. 风险控制	9.1 健康危害因素控制；9.2 安全危害因素控制；9.3 保安危害因素控制；9.4 环境危害因素控制；9.5 原料和产品质量控制；9.6 工艺控制和操作规程；9.7 制度；9.8 工作许可；9.9 警告标识；9.10 个人防护设备
10. 资产管理	10.1 维修程序；10.2 维修计划和日程；10.3 维修实施；10.4 维修审核；10.5 常规检查；10.6 特殊设备检查；10.7 设备使用前检查；10.8 工程变更管理；10.9 检查、测量和测试设备；10.10 收购和出售
11. 承包商管理	11.1 承包商/供应商选择；11.2 承包商运行管理；11.3 承包商/供应商绩效管理；11.4 供应链和采购；11.5 物流
12. 应急准备	12.1 应急需求评价；12.2 现场应急计划；12.3 场外应急计划；12.4 危机计划；12.5 业务连续性计划；12.6 应急计划审核；12.7 应急沟通；12.8 应急保护体系；12.9 能量控制；12.10 应急小组；12.11 演练；12.12 急救；12.13 医疗支持；12.14 外部支援和互助
13. 事件学习	13.1 事故学习体系；13.2 向成功学习；13.3 参与调查；13.4 未遂事故和次标准状况；13.5 投诉管理；13.6 事件公布；13.7 职外事故；13.8 措施跟踪；13.9 事故报告核实；13.10 事件分析；13.11 攻关小组
14. 风险监控	14.1 健康危害因素监控；14.2 安全危害因素监控；14.3 保安危害因素监控；14.4 环境危害因素监控；14.5 客户满意度；14.6 监控的有效性；14.7 认可度调查；14.8 行为观察；14.9 任务观察；14.10 审核
15. 结果和评审	15.1 业务后果；15.2 管理评审；15.3 向相关方报告

ISRS 对关注的每一个问题都给予不同的分值，总分为 27563 分，根据所关注问题性质的不同采用不同的方式打分，即：

是否：所考查问题回答"是"则得满分，"否"不得分；

部分/全部：所考查问题"全部满足"得满分，"部分满足"得一半分，"没有"不得分；

百分比：按所考查问题的满足比例确定该问题得分的比例；

专业判断：靠专业知识予以判断各处相应得分；

频率：按考查问题实行的频率赋予不同的分值。

各程序分值及根据分值计算得到的指标权重见表5-11。

表 5-11 ISRS 程序元素分值

序号	程序	得分	权重	序号	程序	得分	权重
1	领导	2301	0.083	9	风险控制	3276	0.119
2	规划和行政	1311	0.048	10	资产管理	2271	0.082
3	风险评价	2071	0.075	11	承包商管理	1891	0.069
4	人力资源	1351	0.049	12	应急准备	1999	0.073
5	合规保证	1567	0.057	13	事件学习	1898	0.069
6	项目管理	1224	0.044	14	风险监控	2049	0.074
7	培训和能力	1476	0.054	15	结果和评审	945	0.034
8	沟通和推广	1933	0.070		总分	27563	1.00

以每个程序的最低得分、必选子程序数量、平均最低分和现场状态巡视最低得分等作为限制条件，按照"就低不就高的原则"将组织的安全等级划分为10个等级，评级标准见表5-12。

表 5-12 ISRS 评级标准

等级	1	2	3	4	5	6	7	8	9	10
项目	1～4				5～6		7～8		9～10	
必选子程序的数量	30				60		90		119	
客户选择子程序的数量	20				15		10		0	
子程序的数量	50				75		100		119	
每个程序最低得分/%	10	15	20	25	30	35	40	50	60	70
平均最低得分/%	20	30	40	60	60	70	70	80	80	90
现场状态巡视最低得分/%	65	65	65	65	70	75	80	85	90	95

3. NOSA 安全五星评级系统

NOSA（National Occupational Safety Association，NOSA）安全五星评

级系统是以海因里希的"冰山理论"为基础发展而来的，认为死亡、伤害等事故是能够看到的表象事物，关注人的行为能够减少意外伤害。但是，这只是冰山的一角，隐藏在事故背后的不安全行为和不安全状态是大量的，要消除事故带来的死亡、伤害和其他损失，必须通过切实有效的工作严格控制和杜绝不安全行为和不安全状态。该理论的核心理念是所有意外事故均可避免，所有危险均可控制，每项工作都要考虑安全、健康和环境问题，通过评估查找隐患，制定防范措施和预案，落实整改直至消除，实现闭环管理和持续改进，把风险切实、有效、可行地降至可接受程度。它主要侧重于未遂事件的发生，强调通过人性化管理和持续改进，最大限度上保障人身安全，规避人为风险，核心工作是危害辨识和风险管理，同样采用了 PDCA 的运行模式。

NOSA 安全五星评级系统将安全管理体系评估内容分为 5 大项目、73 个元素，如表 5-13 所示。

表 5-13　NOSA 的评级项目及元素表

项目	元素
1. 建筑物和内部管理	1.1 建筑物和地面；1.2 照明：自然和人工照明；1.3 通风：自然和人工通风；1.4 卫生设施、工厂个人卫生条件状况；1.5 污染：空气、声音和水；1.6 走廊和仓库的划分/标示；1.7 堆放及仓储准则；1.8 厂房和场地；1.9 废料管理；1.10 色标：工厂设备与管道
2. 机械、电气和个人安全防护	2.1 机械防护；2.2 封闭系统和使用；2.3 开关：隔离器和阀门的标注；2.4 梯子、楼梯、人行道和脚手架；2.5 起重机械及记录；2.6 压缩气体钢瓶；2.7 危险化学品的控制；2.8 机动设备：检查清单、许可证；2.9 便携式电气设备；2.10 接地、漏电保护：使用及检查；2.11 一般电器设备和防火；2.12 手持工具；2.13 人机工程学；2.14 个人防护设备；2.15 头部保护；2.16 眼和脸的保护；2.17 鞋类；2.18 保护服；2.19 人工呼吸器；2.20 听力保护；2.21 安全带；2.22 防护用品的发放和使用；2.23 告示和标记
3. 消防及防火	3.1 灭火设备；3.2 位置标识、地板清洁；3.3 消防设备与消防系统的维护；3.4 易燃化学品和易爆材料的储存；3.5 应急报警系统；3.6 消防训练及指导；3.7 安全系统；3.8 紧急应变计划；3.9 火灾预防和保护协调
4. 意外事故记录及调查	4.1 伤害、疾病记录和记录整理；4.2 内部事件报告和审查(伤害、疾病)；4.3 伤害、疾病统计；4.4 内部事件报告和审查(破坏、其他)；4.5 时间统计；4.6 保险：损失分配；4.7 事件回顾
5. 机构管理	5.1 负责安全的高级主管；5.2 负责安全/职业安全卫生协调的人；5.3 根据行业任命管理/安全代表；5.4 安全委员会；5.5 工作中的安全交流；5.6 紧急援助设施；5.7 紧急援助培训；5.8 标语、公告、简讯、安全电影和内部竞争等；5.9 伤害教育和星级委员会；5.10 建议计划；5.11 安全参考书库；5.12 年报—安全代表/监督联合；5.13 入门和工作培训；5.14 认可的培训课程；5.15 体检；5.16 选择与布置；5.17 工厂检查—安全代表/监督联合；5.18 内部安全审核；5.19 安全规范：购买、新厂的工程控制和承包方；5.20 成文的安全工作计划；5.21 计划的工作遵守；5.22 不工作时的安全；5.23 安全沟通子培训；5.24 安全政策

根据企业实际情况对五大类项目的诸要素进行评分，计算伤残疾病程度严重度，按表5-14的星级对应关系进行评级。

表 5-14　五星评级表

星级	得分	DIFR/%	安全				健康			环境
			伤残事故频率严重度标准(率)/%				伤残事故频率严重度标准(率)/%			环保严重度(事故数)
			F	PD	LWD	RWD	F	IDD	RDD	重大事故
NOSCAR	[95,100]	≤0.8	0	0	≤0.5	≤0.8	0	0	≤0.5	0
五星	[91,95)	≤1.0	0	≤0.5	≤0.75	≤1.0	0	≤0.5	≤1.0	0
四星	[75,91)	≤2.0	≤0.1	≤1.0	≤1.5	≤2.0	≤0.5	≤1.0	≤1.5	1
三星	[61,75)	≤3.0	≤0.5	≤1.5	≤2.0	≤2.5	≤1.0	≤1.5	≤2.0	2
二星	[51,61)	≤4.0	≤1.0	≤2.5	≤3.0	≤3.0	≤2.0	≤2.5	≤3.0	3
一星	[0,51)	≤5.0	≤2.0	≤3.5	≤1.0	≤40	≤3.0	≤3.5	≤4.0	4

注：NOSCAR为该体系的最高衡量标准，与NOSA五星标准相比，是质的提升，需在连续三年通过NOSA体系五星认证基础上，综合评分大于等于95分方可获得。DIFR：失能伤害事故频发率（Disabling injury incidence rate）。F：死亡（Fatality）。IDD：不可复原诊断疾病（Irreversible Diagnosis Disease）。PD：永久伤残（Permanent Disability）。RDD：可附院诊断疾病（Reversible Diagnosis Disease）。LWD：损失工作日（Loss Work Day）。RWD：限制工作日（Restricted Work Day）。

按照NOSA的要求，统计范围应包括本企业员工、第三产业及外包工程施工队员。

4. 基于风险的检验之管理系统评估工作手册

20世纪70年代，为了解决危险设备预防性检验变预知性检验的问题，DNV在核动力工业的风险管理技术的基础上开发出了基于风险的检验（Risk Based Inspection，RBI）技术，并在海洋平台上应用。90年代，美国油协会（API）与DNV合作，将RBI技术应用到石化装置检测中，并于2000年正式颁布了标准AP1581《基于风险的检验方法》。

RBI程序包括用来评估直接影响设备项失效频率的工厂管理系统的工具——管理系统评估工作手册，利用管理系统的评估结果来修正设备的风险水平。

RBI技术的工作原理是在风险分析的基础上对高风险设备进行重点检验，通过系统评估装置、单元和设备的相对风险水平制定预知性的检验策略，从而形成合理、有效、针对性强的风险管理策略。技术包括两部分，失效可能性和失效后果。将设备或管道失效可能性和失效后果的结果分类，分别列入5×5

矩阵的纵轴和横轴上，形成风险评价矩阵，产生风险水平。

对于管理系统问题，一个公司的安全管理系统的有效性对机械完整性有显著影响。为此开发出管理系统评估工作手册，为管理系统评估提供了一个定量的、可重现的分值。它还简化了结果的分析，从而允许审核员精确定位设施的系统中的强势和弱势区。

通过对管理系统的评估，将评估结果转化为管理系统评估系数 F_{MS}，以此来完成对机器设备实际风险水平的修正。管理系统评估系数的计算方法为：

$$F_{MS} = 10^{(-0.02pscore+1)} \tag{5-1}$$

其中

$$pscore = \frac{Score}{1000} \times 100(\%) \tag{5-2}$$

管理系统的评估包括 13 个主题，共 101 个问题，这些问题主要是基于 API（RP750、Std.510、Std.570）指南设计出来的。通过与检验、维修、工艺和安全人员等的面谈或查看有关文件、资料，得到各个问题的得分。每个问题只有一个答案：是或否；a、b 或 c；已完成百分比等。每个问题的可能答案依据其答案的合适性和主题的重要性被赋予一个分值。管理系统评估主题及分值见表 5-15。

表 5-15　管理系统评估

序号	主题	问题	分数	序号	主题	问题	分数
1	领导与管理	6	70	8	机械完整性	20	120
2	工艺安全信息	10	80	9	预开车安全审查	5	60
3	工艺危害分析	9	100	10	应急响应	6	65
4	变更的管理	6	80	11	事故调查	9	75
5	运行规程	7	80	12	承包商	5	45
6	安全工作规程	7	85	13	审核	4	40
7	培训	8	100		总计	102	1000

5. 危险化学品从业单位安全标准化通用规范

《危险化学品从业单位安全标准化通用规范》（AQ 3013）（以下简称"安全标准化"）是我国的一套行业标准，是在借鉴了职业健康安全管理体系的基础上结合我国的安全管理体制和法规要求推出的一套管理体系，适用对象是危险化学品从业企业。安全标准化将企业安全管理状况分为一、二、三级，主要目的是促使企业建立完善的制度和相关管理程序措施。安全标准化规范由 10 个一级要素和 53 个二级要素构成，各要素及参考分值详见表 5-16。

表 5-16 安全标准化要素及得分

一级要素	二级要素	得分	一级要素	二级要素	得分
1. 负责人与职责	1.1 负责人	20	5. 生产设施及工艺安全	5.6 检查维修	6
	1.2 方针目标	10		5.7 拆除与报废	6
	1.3 机构设置	20	6. 作业安全	6.1 作业许可	25
	1.4 职责	20		6.2 警示标志	15
	1.5 安全生产投入及工伤保险	20		6.3 作业环节	25
2. 风险管理	2.1 范围与评价方法	10		6.4 承包商与供应商	15
	2.2 风险评价	30		6.5 变更	20
	2.3 风险控制	10	7. 产品安全与危害告知	7.1 危险化学品档案	20
	2.4 隐患治理	20		7.2 化学品分类	10
	2.5 重大危险源	18		7.3 化学品安全技术说明书和安全标签	20
	2.6 风险信息更新	12		7.4 化学事故应急咨询服务电话	20
3. 法律法规与管理制度	3.1 法律法规	20		7.5 危险化学品登记	20
	3.2 符合性评价	15		7.6 危害告知	20
	3.3 安全生产规章制度	25	8. 职业危害	8.1 职业危害申报	25
	3.4 操作规程	20		8.2 作业场所职业危害管理	50
	3.5 修订	20		8.3 劳动防护用品	25
4. 培训教育	4.1 培训教育管理	20	9. 事故与应急	9.1 事故报告	15
	4.2 管理人员培训教育	20		9.2 抢险与救护	20
	4.3 从业人员培训教育	20		9.3 事故调查和处理	20
	4.4 新从业人员培训教育	10		9.4 应急指挥系统	10
	4.5 其他人员培训教育	20		9.5 应急救援器材	15
	4.6 日常安全教育	10		9.6 应急救援与演练	20
5. 生产设施及工艺安全	5.1 生产设施建设	20	10. 检查与自评	10.1 安全检查	20
	5.2 安全设施	26		10.2 安全检查形式与内容	25
	5.3 特种设备	14		10.3 整改	30
	5.4 工艺安全	16		10.4 自评	25
	5.5 关键装置及重点部位	12	总计		1000

二、安全管理体系评估工具的综合分析

1. 适用性分析

职业健康安全评价系列标准（OHSAS）是一种推荐性标准，更注重系统化的安全管理思路及理念。由于它是适用于任何组织的评估工具，需要具有普遍适用性，从而造成它没有对具体的规范进行要求，只是从宏观上形成一种管理机制，突出管理职能，促使只建立一套科学、有效的安全管理体系。OHSAS 对于指导组织进行主动性管理能起到很好的引导作用，但从安全管理体系评估的角度出发，仍然存在一些局限。首先，虽然它对体系的文件化提出很高的要求，保证了评估内容的可追溯性，但由于没有严格、具体的指标，容易造成组织的安全管理和体系评估失去"抓手"；其次，该标准能够全面覆盖安全管理体系的基本要素，采用符合性审核，评估组织满足管理要求的状况，但不能明确反映各要素所达到的满意程度，更没有指标的量化方法，评估过程需要有专业人员进行主观判断来完成；最后，运用该标准进行评估时，无论是外审、内审，还是第三方认证，都不能给出一种综合的评价结论以反映组织安全管理体系处于何种水平，从而缺乏与先进组织的对比性。

国际安全评级系统（ISRS）是一种全面的管理体系评估工具，内容涉及质量、安全、健康和环境，以安全健康为主，针对企业的自身特点可以弹性选择评价范围，并提供了较为完善的打分方法和评级制度。但这种评估方法大量地关注了安全管理实施细节，必然造成评估过程烦琐，耗时较长；另外，由于国外组织的安全管理在制度要求和整体环境的差别，一些评估内容及表达方式往往也不能被很好地理解和接受，从而也减弱了国内组织主动参照评估要求进行体系改善的能力。

NOSA 安全五星评级系统主要针对工作现场安全管理工作进行评估，特别是物理危险源的控制，对组织和管理评价也有详细的标准。这种评估方法提供了完整的打分和评级制度，实施过程采用了类似安全检查表的形式，相对降低了专业技术要求，可操作性强。但它更多地关注了技术问题，相对缺少管理方面的宏观要求，而且缺乏开放性要素，对外部法规要求的符合性控制没能体现。

基于风险的检验的管理系统评估工作手册以工艺设备完整性为核心内容，涉及作业过程及人员的安全管理，最终的管理系统评估得分用于设备风险水平的调整，所以对组织安全管理体系的整体性考虑相对欠缺。

我国的安全标准化比以上各种评估方法的应用历史都短，但我国的评估方法借鉴了多种评估方法的优点，同时根据我国的安全管理特点（特别是危险化学品行业的生产特点）进行了针对性的调整，具有很强的操作性。而且，它是

作为一项强制性标准推出的，我国的危化品行业想要取得安全生产许可，需要进行标准化评估。评估要素既有原则上要求，又有强制性的指标；评估结果既有打分，又有分级；评估主体既可以是企业自身，又可以是监管部门或第三方。但是，安全标准化更侧重于技术层面的满足，很多要素提出了具体要求的规范，评估项目更多地关注了结果的实现与否，安全管理过程和方法上的指导价值相对欠缺。

2. 对比分析

对各种评估工具的一般特征进行简单对比分析，结果见表 5-17。可以看出，评估过程信息验证的方法主要有文件检查、现场验证和员工面谈三种形式。文件检查是最重要的信息获取方式，文件保证了安全管理过程的可追溯性，记录了安全管理的细节内容，能够真实地再现管理的实施过程，所以也被认为是最具价值的证据来源。现场验证可以通过任务观察、现场检查等形式实现，能够体现安全管理体系运行的实际效果，但现场具有时间特征，主要反映当前时段的状况，可以作为结果指标的证据来源。员工面谈对于主观指标的评价具有重要作用，通过面谈可以了解安全管理体系运行过程中的信息，也使一些无法记录、具有弹性的安全管理要素得到有效反馈。

表 5-17　安全管理体系评估使用工具对比分析

项目	OHSAS 18000	ISRS	NOSA	RBI	安全标准化
评价范围	安全健康管理体系	质量健康安全环境管理体系	安全健康环境管理体系	安全管理体系	安全管理体系
应用领域	任意	任意	电力、机械、矿山	油气、化工、电力、钢铁、运输	化工
实施方法	文件检查为主，辅以现场取证	文件检查、员工面谈、现场取证	以现场取证为主	员工面谈	文件检查、现场取证、员工面谈
结论形势	是否符合	打分、分级	打分、分级	打分	打分
能力要求	需专业人员	有专业判断	专业要求不高	专业要求不高	专业要求不高
判断标准	主观定性	主观定性和客观定量	客观定量	客观定量	客观定量
发展年限	20 年	40 年	60 年	40 年	4 年

从评估难度考虑，需要主观定性判断的评估内容往往要求评估者具有较高的专业素质，而客观定量、严格打分的内容有很强的可操作性，由于对评估要点和得分方法进行了明确规定，所以相对降低了对评估者的能力要求。

从评估方法和结论的形式看，安全管理体系评估方法可以分为认证审核法和综合考评打分法，这两种属于认证审核式的评估工具，注重过程方法和管理要素的符合性，操作弹性强，但缺乏严格的安全绩效准则，而且对于通过认证审核的组织，评估结果无法对各类组织进行横向比较；其他方法采用考核评分的形式进行，凭借一个分数值能够直观反映组织的安全管理现实水平，便于组织确认差距，但要注意可能出现的以点带面的固有弊端，在全局系统化的把握上出现局限性。

第五节　安全管理体系评估指标体系的构建

一、评估指标设计的原则和方法

安全管理体系评估指标设计主要包括科学性原则、完整性原则、适用性原则以及前瞻性原则。体系运行要根据不同层级的职能逐步推进。安全管理体系评估指标体系应根据管理体系特征建立多层次的指标体系，而其指标设计方法大体可分为六步，在下文中将展开具体介绍。

1. 评估指标设计的原则

（1）科学性

指标的设计一定要以严谨的安全管理理论为依据，这是保证指标科学性的前提。安全管理体系评估的指标体系各不相同，但都得到了一定程度的认可，这说明指标的选取并不是随意的工作，而是经过了严格的论证或是建立在一定的安全管理理论基础之上的。以各自的安全管理理论为主线，梳理安全管理的各个环节，形成各自的指标体系，这样得到的指标能够反映出指标和安全之间的必然联系，从而使确定的指标能够被理解和接受并存在严格的系统性。如果没有一定的理论框架作为指导，指标将会显得突兀，成为无源之水、无根之木。

（2）完整性

在我国，安全管理工作常常有"横向到边，纵向到底"的要求，安全管理不留"死角"。安全管理的木桶理论也指明，事故将会发生在安全管理的短板之处。所以，这些要求意味着在进行安全管理体系的评估时也要有相应的考虑，应该覆盖安全管理体系的全部要素。这一点无论是对日常事故预防，还是对管理体系认证都存在着极为重要的意义。

（3）适用性

尽管国际上已经形成了很多成熟的安全管理体系的评估指标体系，但在我国的推行情况并不理想，甚至有些评估工具并不能被我国企业所认可。究其原因，一方面是因为一些指标的描述方式不容易被理解，另一方面是与我国国情存在差距。为了保证指标的适用性，本书将重点借鉴国际和国内成熟的评估工具所选用的指标，并对这些指标的表达方式进行调整和修改；同时针对我国国情，剔除一些与我国管理实际偏差较大或尚不易实现的指标，最终使指标在我国的安全管理体系中有相呼应的针对性内容。

（4）前瞻性

安全管理体系本身要求具有持续改进的特征，安全管理体系的评估工具更不能落后于安全管理实践现状。为了促进安全管理体系的科学发展和提升，安全管理体系评估指标应引用最先进的理念，使安全管理工作容易发现提升空间。这种前瞻性未必是现实安全管理工作中未涉及的领域，而可能是突出以往所忽略的工作内容的重要性，或是显现某些工作内容与安全状况之间的必然联系，或对现实安全管理工作提出新的要求。

2. 指标设计的方法

安全管理体系是一个由多个模块、多层组织构成的复杂系统。体系运行要根据不同层级的职能逐步推进。安全管理体系评估指标体系应根据管理体系特征建立多层次的指标体系。根据层次分析理论，系统评价指标一般分为多个层次，通常有目标层、准则层、指标层、方案层和措施层。对于一般问题可分为三个层次：最高层、中间层和最低层。最高层是分析过程要达到的总目标，又称目标层；中间层是实现预定目标所采取的某种原则、策略、方式等中间过程，又称为策略层、约束层或准则层；最低层是解决问题的各种措施、方案或方法，又称方案层、措施层。指标设计可以根据以下六步进行。

第一步：确定海选指标来源。在遵循上述指标设计原则的基础上，以公开发表的各类文献和实践中被广泛认可的评估工具为指标来源，进行海选。

第二步：海选指标分层。不同文献对安全管理体系进行评估时，所考虑的深度不同，导致指标层次存在差异，所以需要对原始的海选指标进行层次划分，也为后续构建多级指标体系奠定基础。

第三步：指标整合、增补与删除。由于不同文献和评估中对于同样的安全管理问题所作出的定义不同，在设计过程中需要对同种类型的指标进行整合，对不适宜的指标或不易理解和接受的表达方式予以剔除或修改，并补充遗漏的指标。

第四步：指标定义。对确定的指标进行详细描述，以明确指标含义和功能。

第五步：指标定性定量。主要是制定基本指标的分级认定标准。指标仅仅是反映安全管理过程的基本要素，其评定不能仅以有无判断，还应能反映指标所达到的水平高低。由于不同组织管理水平和实际控制情况的差异，设置具有一定的弹性的指标有利于反映安全管理体系的真实情况。通过对指标划定级别，反映组织在该指标所涉及的安全管理工作所达到的满意程度，组织能直观判断管理体系的优劣。

第六步：指标赋权。不同指标在安全管理体系评估中的贡献不同，通过合理地确定指标权重，经过指标运算得到安全管理体系的评估结果。

二、评估指标体系的构建

采用文献等研究成果和我国的安全生产管理标准化指南所提供的指标集，共得到 204 种指标表达方式。将这些指标按照安全管理体系评估的 12 个一级指标进行对应划分，每个一级指标划分为不同的二级指标，并将最终的基础指标作为评价二级指标的具体内容。因这些指标所处理的问题具体程度不一，内容也存在交叉、重叠现象，还有些与安全的关系不直接，所以需要根据原始指标所表达的含义，对其进行整合、修改、增补和剔除，实现指标的再设计。通过对安全管理体系的评估最终形成二级指标体系，如表 5-18 所示。

表 5-18　安全管理体系评估指标体系

一级指标	二级指标	指标描述
1. 安全文化	安全理念	利用 32 个元素反映组织成员对安全问题的认识水平
	安全氛围	从安全文化宣传媒介和主题活动反映组织安全文化建设情况
	安全方针	反映安全方针形成、推广和应用过程中的规范性和有效性
2. 组织结构	最高管理者	最高管理者通过责任、承诺和参与反映其对安全管理体系的参与、认可和落实程度
	机构人员配置	保证安全管理体系执行和推动主体充分性、规范性和系统性
	职责划分	反映全员参与水平，并要求具有合理的协调机制
3. 目标管理	目标设定	体现安全管理工作的目的性和理性化水平，为组织提供努力方向
	目标控制	体现组织对既定目标的落实水平和控制能力
4. 设备设施与物料管理	设备设施	实现设备设施全寿命周期的完整性管理，保障设备设施的安全可靠，减少物的不安全状态
	危险物质	要求全面掌握物质安全信息，保证物质所固有的危险程度处于可控范围

一级指标	二级指标	指标描述
5. 作业安全	工作安全制度	对各项活动进行规范化管理,关注行为安全,为作业安全提供制度保障
	工作许可	为特殊危险作业活动提供严格的控制程序
	作业环境管理	实现对环境危险有害因素的控制,提供安全、舒适工作环境
	个人防护	提供有效的个人防护用品并切实执行
	承包商管理	避免外来工作组织带来的危害
	变更管理	防止因工作内容的变化而产生的危险
6. 能力与素质	人力资源管理	实现能力素质的源头控制,提供素质稳定的成员团队
	安全培训	确保组织成员的安全素质满足要求并不断提高
7. 沟通与交流	沟通系统	为组织内各种安全信息提供畅通的沟通渠道,建立规范化的沟通机制
	会议制度	规范各类会议要求,使信息等全方位、多层次地充分传达
	激励方式	通过恰当的正负激励方式强化信息沟通的效果
8. 文件管理	合规保障	保证组织满足法律、法规、标准、规范、行政规定各种外部规定的要求,合规保障建立组织与外部的联系接口
	规章制度	通过组织内部制度的规范控制,确保安全管理体系切实有效的运行,并使安全管理过程有可追溯性
	技术文档	建立严格的技术文档控制措施,保证技术支持和实施规范性
9. 事件管理	报告调查	全面、规范、及时、便捷地报告各类非正常事件,发现体系的缺陷和报告调查与实际运行的差距,发现偏差原因以便纠正
	统计分析	总结事故、事件规律,对现状做出判断,对发展趋势做预测
	跟踪处理	及时、彻底调整体系运行的偏差,补疏堵漏,避免错误再现
10. 应急管理	应急准备	从组织、制度和物质上充分保证紧急事件的应急能力
	应急计划	对各种紧急事件制定有序可行的预案
	应急演练	采用模拟演练以验证应急计划的可行和应急能力的充分
11. 风险管理	风险识别	全面识别风险因素
	风险评价	采用适当方法对风险因素进行分析,做出科学评价
	风险控制	以切实有效的措施对各类风险进行有效控制
12. 管理评审	绩效评估	选用各类指标评价安全管理体系运行结果,反映管理体系的有效性
	系统评审	对管理体系完整性和运行过程进行评价

　　"安全理念"和"安全氛围"是评估安全文化的两个指标。究其认同率较低的原因,一方面是安全文化本身在学术界和应用领域尚没有形成共识,在安全管理体系的评估过程中无法抓住重点,没能形成成熟的评估方法;另一方面是很多的评估方法把"安全理念"合并到"安全方针"中进行考虑,因为安全方针也体现着组织的安全观,是组织成员"安全理念"的集中反映。此处将

"安全理念"单独考虑，并对 32 个要素进行测量，由此也增加了安全管理体系评估过程中对安全文化定量评价方式的成熟度。

"变更管理"的认同率较低，反映出安全管理体系评估更多地注重了静态事物的控制，而缺乏对"变更"状况的综合考虑。从事故致因的扰动——变化理论看，强调"变更管理"将有利于对变化过程实行系统控制，同时也更能增强管理者对变化的特别关注，从而减少事故的发生。

"激励方式"作为沟通与交流的二级指标同样未受到应有的重视。在进行信息沟通的过程中，当前的主流做法是通过建立特定的信息沟通系统传达和收集信息，而采取适当的激励机制更有利于让安全信息渗透到日常工作中。管理的激励理论表达的主要思想就是通过适当的表扬、惩罚和关怀措施来传达安全管理意图，例如恰如其分的表扬将促进组织成员形成良好的工作习惯，而在惩罚过程中形成申诉机制不仅能够使行为人更为清楚地了解错误所在，避免重复犯错，还有利于发现组织本身的错误以及时纠正。采用此指标可以帮助组织完善信息沟通方式，增强信息传递效果。

三、评估指标体系的量化方法

根据成熟度理论模型可以对安全管理体系评估的指标进行分级，并且制定分级标准和考核要点。为了实现对安全管理体系的综合评估，可以确定各级指标的权重，对安全管理体系评价指标进行组合赋权。

1. 指标测量与量化

（1）评价指标分级测量

安全管理体系评价指标是反映组织在安全管理的某个方面处于何种状态，精确测量比较困难。对于这类的指标，信息技术领域通常采用成熟度测量方法。近年来，成熟度模型理论也被引入到城市公共安全管理绩效评估和建筑安全管理体系的评价等领域。

成熟度模型是美国卡内基梅隆大学的软件工程学院为解决软件承包商能力评估而构建的模型，即能力成熟度模型（Capability Maturity Model，CMM）。该理论模型自 1987 年提出至今经过多次修正，已经成为如今管理学领域研究的热点。该模型通常将成熟度划分为 4～6 个等级，级别从低到高反映组织管理水平逐渐提高的发展过程。较典型的 CMM 将成熟度划分为五个等级，如下图 5-4 所示。

CMM 模型中的五个等级是根据管理需求而人为设置的，等级表达也可以按照评价对象特征重新定义。就组织的安全管理体系质量而言，也可以按照成

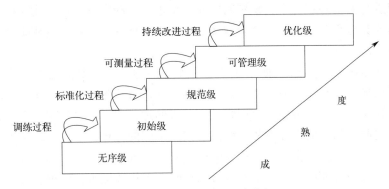

图 5-4　CMM 模型的五个等级

熟度理论划分为五个等级，各等级可以描述如下。

1）无序级。安全管理体系质量处于无序级的组织在安全管理工作中的突出特征是"混乱无序、不确定性"。安全管理过程在某些方面仍处于无意识的管理状态，管理可能未涉及某个指标，或者是进行极不正规的管理，完全凭经验处理有关问题，抑或是有正式的管理要求和工具，但在实际工作中仅能偶尔遵循，不能得到认可和有效执行，安全管理效果不可测。

2）初始级。安全管理体系质量处于初始级的组织在安全管理工作中的突出特征是"形成认识、规范性差"。组织对安全工作提供基础、简单的管理，尽管在安全问题上已有一定的认识，并主动采取措施，但缺乏全面理解和完善的机制，管理过程也不能够完全按照制定的程序规范展开，安全管理效果不理想。

3）规范级。安全管理体系质量处于规范级的组织突出特征是"管理过程制度化和文件化"。组织能够提供标准化的安全管理过程。组织内部已形成系统、规范的安全管理制度和完善的执行措施，管理过程能够满足有关法律法规和组织内部有关规定的要求，但以满足规定为目标，基于合规性进行管理。管理内容和进程有相应的文件予以支持和规范，使管理过程有可追溯性，管理方法较为成熟。

4）可管理级。安全管理体系质量处于强化级的组织的突出特征是"量化指标、细化过程"。组织对安全管理要素实行量化控制，并对量化指标进行有效控制和考核。组织内成员对安全问题能有比较全面的理解，在注重指标结果的同时，强调对管理过程的控制，对安全工作每个工作环节提出要求，从而实现事故预防的关口前移。

5）优化级。属于优化级别的组织具有"持续改进"的特征，组织管理过程具有自我识别诊断的功能。组织安全绩效已经达到较为理想的水平，但仍要求定期进行安全管理评审，识别问题和差距进行不断完善，同时建立稳定的机制，形成具有积极意义的安全管理文化，并充分体现在组织发展战略中，成为组织进步的推动力。

定性指标的考核标准通常可以采用等级描述法、预期描述法、关键事件法。等级描述法和预期描述法需要对级别标准进行清晰的界定，而且要求等级之间存在明显的递进关系，否则容易在分级的过程中产生争议和混乱。关键事件法通过制定相应的得分或扣分标准来实现指标的考核。采用分级描述和关键事件相结合的方式将会有助于最大限度上避免出现考核过程的偏误现象。

在对安全管理体系二级指标进行测量时，采用关键事件法进行考核，然后根据考核结果进行分级。每个二级指标打分采用百分制形式，设置若干考核关键事件（考核点），考核内容将在下文中详细说明。根据考核关键事件的完成情况按百分比打分测量，指标的测量结果为每个关键事件完成情况的平均值。最后建立指标分值与质量等级之间的联系，从而实现指标的量化与分级。分级规则如下图 5-5 所示。

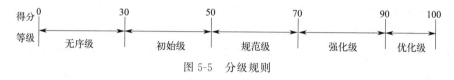

图 5-5　分级规则

（2）安全管理体系评估指标分级标准

根据所选指标所包含的信息及所设计指标的表述，并参考前文所述的成熟实践工具和现场管理实际内容，分别对指标设置如下考核内容。

1）安全文化指标

安全理念：该指标以 32 个元素反映安全理念认知程度，采用中国矿业大学（北京）安全管理研究中心开发的安全文化测量量表测量安全理念分值。

安全氛围：安全氛围主要通过安全文化宣传机构对于宣传途径和宣传活动的管理过程来反映，宣传途径可以是安全文化展板、安全宣传标语、安全文化手册、安全宣传片、定期出版的安全文化刊物或报纸、有安全文化特色的日常品、纪念品和体现安全文化特征的工服等。考核点有：①有专门机构负责安全文化建设和宣传工作；②宣传途径多样化；③安全文化宣传资料定期更新；④安全文化宣传内容与本组织生产内容关系密切；⑤对安全文化宣传媒介使用效果进行总结评估；⑥有安全主题活动计划和实施方案；⑦安全主题活动有记录、总结分析；⑧高层管理人员参与基层的安全主题活动，形式多样；⑨通过事故学习、现场监控、事件观察和管理评审识别宣传活动主题，按计划推广活动，并总结效果；⑩员工参与积极性高，认同活动内容。

安全方针：安全方针的评估主要从方针的制定、发布、表述和落实情况进行考核。主要考核点有：①有书面安全方针的阐述；②安全方针由最高管理者签署发布令；③最高管理者参与安全方针的制定，并熟知安全方针内容和内涵；④安全方针符合法规及有关规定的要求；⑤安全方针与本组织规模、性质相符；⑥安全方针与上级组织方针、目标一致，但不是简单重复和执行；⑦安全方针内容表达清楚，涉及减少伤害、疾病和环境影响，体现损失预防和持续改进；⑧安全方针至少每年评审一次，形成修订机制；⑨安全方针能被有关方方便获取，并进行主动宣传、教育和培训；⑩安全方针方便理解、记忆，能被有关人员认同。

2）组织结构指标

最高管理者：从最高管理者的安全责任、管理承诺和安全活动方面设置管理要求。主要考核内容有：①明确了最高管理者安全第一责任人的身份及安全责任，内容至少包括制定安全方针、计划、方案、责任制度等，并确保落实；②对最高管理者的安全责任有监督机制；③以书面形式做出正式的安全承诺，本人对安全承诺进行签署并授权公开发布；④安全承诺内容具体、明确，具有可行性，体现持续改进；⑤明确承诺保障措施；⑥安全巡视覆盖所有部门的各个层次，并以适当频率参加基层安全会议；⑦安全巡视过程能获取建设性意见并予以反馈；⑧定期组织安全生产委员会讨论安全问题；⑨选取特定安全活动予以跟踪；⑩参加内部评审。

机构人员配置：本指标主要是要求设置安全专门管理机构和专职安全人员，并满足安全管理的需求，同时要有安全问题协调机制。主要考核内容包括：①设立了安全生产委员会（安委会）或领导小组，建立明确的工作制度和职责；②规定了安委会的成员构成，应含有工会组织、部门管理人员、安全管理人员、一般员工；③定期召开安委会会议，讨论本组织安全相关议题，取得有效成果；④按规定设置了专门的安全生产管理机构和岗位；⑤建立、健全从安委会或领导小组到基层班组的安全生产管理网络，安全生产管理机构组织关系清晰；⑥建立了规范的安全管理工作制度，有特定的办公场所；⑦按规定配备了专职安全生产管理人员，有规定数量的注册安全工程师；⑧安全管理人员数量能满足本组织规模下的工作负荷。

职责划分：本指标要求全面落实安全生产责任制，形成全员参与的安全管理形势，并形成对职责的有效监督管理。主要考核内容有：①设置了专门安全管理机构的职责；②专门安全管理机构职责与权限和实际工作内容一致，内容明确，设置合理；③专门安全管理机构职责，除满足现场监督需要，还应有数据分析、安全文化、体系建设等方面的要求；④成员清楚本部门业务范围；

⑤专门机构具有就安全问题与其他部门协调的协调机制；⑥专门安全管理机构工作定期评估和考核；⑦建立了安全生产岗位责任制；⑧岗位安全责任制覆盖组织的各个单位的各个岗位，安全职责明确、合理，成员了解自己的安全职责；⑨岗位职责定期评估和考核，合理调整；⑩各部门都有明确的安全责任，都有安全考核；⑪对于管理交叉、空白领域的安全问题能妥善处理并形成制度。

3）目标管理

目标设定：本指标对组织总体目标设定和部门分解的过程和内容提出要求。主要包括：①制定了文件化的安全目标；②各级管理人员和基层成员了解安全目标的内容；③建立了目标管理制度，对目标的制定、修改、落实和考核做出规定；④目标量化，内容明确，合规合理，能够被认同；⑤目标制定和分解过程征求了基层组织和有关方的意见，并与行业水平、世界先进水平进行对比；⑥目标体现持续改进，能及时纠正错误目标、规划；⑦易被有关方获取；⑧规定了目标考核办法。

目标控制：本指标考核内容涉及目标控制过程中所形成的文件和制度。包括：①规定了时限、责任部门和责任人；②各基层组织签署了安全目标任务书；③各组织制订了安全工作计划；④明确了实现目标的保障措施（管理措施、资金保障、技术保障等）；⑤各组织对安全目标的执行情况进行监督，产生工作记录；⑥目标有考核制度，产生目标考核记录；⑦对考核目标有适当的奖惩措施。

4）设备设施与物料管理

设备设施：本指标不仅要求满足我国"三同时"制度下安全设备设施的落实到位，还对组织设备设施的资产完整性管理内容提出具体要求。主要考核内容包括：①建立设备设施台账，包括生产设备设施、特种设备、安全设备设施等；②完善并落实"三同时"管理制度，保证安全设施的充分有效；③建立采购管理制度，确认供应商资质和产品安全质量，并对安装、调试、验收、初始培训等内容做出要求；④建立设备设施保养制度，规定责任人、保养方法、保养频率等内容；⑤建立设备维修制度，设置维修调度和监督系统，制订维修计划和程序，组织有正式的文件化维修交接程序，维修记录并妥善保存；⑥建立了现场状态巡查和使用前检查制度，有检查清单、检查计划表、检查记录，记录内容包括检查者、检查时间、检查项、问题描述、跟踪结果等内容；⑦建立设备调校管理制度，规定调校方法、间隔要求、校准验收标准、调校记录，有防护措施避免可能出现无法调校或调校无效，制定了不符合项目的处理方式；⑧建立拆除报废管理制度，拆除作业进行风险评价，有工作计划、工作程序、报废条件及要求，拆除的设备妥善保存或处理；⑨有设备设施性能目标/指标，将检维修后的设备性能与性能指标进行对比，所有优于标准的状态给予口头或书面形式的积极认可，所有低于标准的状况都有书面报告；⑩实时跟踪以确保所有低于标准的项目按需求整改，对组织内设备进行持续审查以识别未覆盖区域。

　　危险物质：本指标反映组织对危险物质本身的可靠控制，从管理上健全各类文件和制度管理要求，而不包括涉及危险品的生产性作业活动内容。具体指标包括：①有完备的危险品安全技术文档管理制度，按要求建立安全技术文档；②建立危险品仓库管理制度，保证存储安全，进行危险品入库出库记录；③危险品专人管理制度，并提供危险品应急服务咨询服务；④设置明显的危害告知及警示标志，以适当形式对从业人员及有关方进行危害告知；⑤建立危险品废弃处理制度，说明废弃处置方法；⑥建立重大危险源管理制度，全面识别重大危险源，并按规定进行登记、建档、备案；⑦对于重大危险源有充分、有效的事故预防、监控设备设施；⑧向用户、供货商主动提供/索取危险品安全技术说明书和安全标签等技术资料；⑨提供必要的危险品危害预防和应急处理培训；⑩能够主动识别、分析有关方对危险品控制的诉求，并做出恰当反馈。

　　5）作业安全

　　工作安全制度：本指标要求各基层组织建立基本的安全管理制度，用以规范日常作业中的行为，并形成管理机制，确保制度的良性运转。主要考核内容有：①所有业务现场和专业部门都制定了安全工作制度；②有合适的途径和程序保证其在员工间得以交流，员工全面了解制度内容；③对制度内容进行定期评审，并听取员工建议；④有系统对制度的推行情况进行确认。

　　工作许可：本指标对工作许可制度的制度管理、制度内容提出控制要求。主要考核点有：①由知识丰富的人员组成的团队识别许可需求；②对发生/可能发生的危险工作清楚描述；③明确风险评价方法及技术标准；④明确工作许可程序；⑤设计规范格式的工作单，内容涉及申请、检测、监护、警戒、签发、关闭等环节的有效控制；⑥明确作业许可的范围、时限、负责人及职责；⑦有签发、延期、终止和取消许可的正式安排；⑧对许可签发人、使用人进行制度培训；⑨建立工作许可监督机制；⑩作业许可记录妥善保存。

　　作业环境管理：本指标要求组织对作业现场的环境进行有效的管理，保证作业人员在舒适、可靠的环境中完成工作，并提供便利的条件保障作业的安全。主要考核内容有：①识别并建立作业现场布置及环境布局要求；②有系统识别并切实提供了可靠的通风、照明、取暖、降温等必备设施，保证作业环境舒适；③有系统对所有的作业场所和设施进行安全标志的需求识别，并建立、

117

维护和复核作业现场的安全标志以保证规范性；④对特殊作业活动设定警戒区域并进行安全警示，同时有系统监督落实。

个人防护：本指标旨在保护作业过程中的作业人员安全与健康，使其免受职业危害造成的伤害，对防护用品的管理和正常使用提出要求。具体内容包括：①由知识丰富的人员识别个人防护设备需求；②书面形式规定个人防护标准；③对员工、承包商、访问者做出明确的防护要求；④定期评估劳动防护用品使用的依赖水平及有效性；⑤有专门机构定期提出采购清单，保证个人防护品的充分、有效，并保存适当数量的个人防护用品；⑥对个人防护用品的使用和保养方法进行培训；⑦建立个人防护用品的发放、使用、更换、检查和保养管理制度，并保存记录；⑧现场观察个人防护用品的使用情况，纠正不正确行为。

承包商管理：本指标要求对组织业务范围内的承包商作业进行可靠控制，从能力要求、责权分配、有效沟通和现场控制方面提出要求，并对建立稳定可靠的承包商作业管理机制提出建设性意见。主要内容包括：①建立了承包商资格审查程序；②签订合同内容中明确双方的安全责任与权利；③任命高层管理人员负责承包商管理，任命合适人员进行承包商的现场管理；④建立组织和承包商之间的沟通机制以讨论运作和安全问题，组织对承包商负责人与承包商管理人员、一线经理之间的沟通进行评价；⑤有制度要求对承包商及工作人员进行现场引导，进行工作前的会议沟通，内容应涉及工作方法、工作程序、风险评价、工作许可和法规要求等；⑥组织对承包商的工作场所、物资设备进行有效控制；⑦组织对承包人员提供必要的医疗和健康关怀；⑧有完工后检查的程序，确保不留后患；⑨建立程序在完工后对承包商业绩进行评审，并保存记录；⑩建立提高承包商业绩的战略。

变更管理：本指标关注作业变更可能带来的风险，通过建立严格的变更管理程序保证变更过程及其后作业的安全。主要考核点包括：①制定了变更管理制度；②对变更过程的风险进行分析和控制；③变更管理程序明确了变更申请、审批、评审、实施、验收等有关程序及负责人；④变更项目对所有资料和制度等事项进行了更新；⑤有合适的团队对变更管理的有效性和整个过程进行评估。

6）能力与素质

人力资源管理：本指标针对人力资源职能部门的工作特点，提出在招聘、入职引导和离职管理过程中有效保证和促进组织成员具有合格的能力与素质。主要考核内容有：①对各种岗位的安全能力与素质的要求进行明确定义；②组织根据业务需求制订招聘计划；③对员工经历进行核实，验证全部成员（含领导）的资格证和执照有效性；④员工录用前进行适当体检，建立试用管理程序；⑤所有人员（领导、新员工、临时工、转/停/复岗员工、访问者、承包商）由其直接负责人进行入职引导，介绍安全要求及注意事项，并对入职引导效果进行测试与评估；⑥有系统预先识别员工离职征兆；⑦有程序要求适当人员与离职者面谈离职原因，并评估员工离职原因；⑧有程序对识别出的造成员工离职的组织内在问题进行处理；⑨离职员工进行离职体检。

安全培训：本指标要求建立严格的安全培训管理制度和培训系统，实施规范的培训过程来保持和提升作业人员的安全能力与素质。主要内容有：①制定了安全培训教育制度；②有程序识别个人（含领导）安全培训需求，考虑了职责需求、员工测评、公司目标、标准提升、个人需求等内容；③建立培训计划、培训目标和标准、培训记录、个人培训档案；④有专门的安全培训机构，配备了合格的培训教师，培训设施充分有效；⑤培训课程有规范的教案，培训文件保证培训质量和连贯性，培训过程采用多种交流技术；⑥培训内容进行知识和能力测试、考核；⑦对培训效果进行定期评审，至少考虑培训需求完成程度、培训达标程度；⑧培训体系采取了改进措施。

7）沟通与交流

沟通系统：本指标旨在建立全员参与的信息沟通网络，通过设置畅通的沟通渠道和严格的信息管理制度保证信息得到有效交流，组织内部沟通方式包括但不限于会议、内部网、布告牌、电子信息显示屏、海报、杂志报纸、电子邮件、电话、信箱、其他；组织与外部的沟通方式包括但不限于文件获取、发布、参观交流、培训学习、比武竞赛等。主要考核内容有：①有机构促进组织内部及组织与外部的沟通联系，沟通范围涉及与管理人员、与工作人员、与各部门、与外来人员、与外部单位之间的沟通；②对有关人员进行沟通能力培训；③建立逐级沟通和越级沟通渠道，沟通方式多样；④对所沟通的信息及时反馈；⑤有程序对发布信息进行审核；⑥对沟通渠道使用者进行调查以评估其有效性，对发现的问题进行总结归纳，并采取措施以提高沟通效果。

会议制度：会议形式包括管理会议、调度会议、班组会议、交接班会议、班前班后会议等会议形式，严格会议管理可以使信息以最具规范性和权威性的形式进行传递。主要内容有：①会议管理制度有程序协调日常业务会议安排，规定了每个会议的目的、主持、频率、参加人员，要求会议有记录并有明确的保存期限，采取适当频率进行日常会议检查；②管理会议，使其有规范的书面议程、会议记录，规定保存期限；③为班组会议主持者提供合适的资料，会议有关事项得到跟踪并传达到高层管理人员；④建立交接班管理制度，制定规范的交接班记录表单，明确交接班负责人员和交接条件，规定问题处理方式，交接班会议记录专人妥善保存。⑤专家、来访者等非管理人员以适当频率参与班组会议；⑥对会议效果进行有效性持续评价，参会人员对会议的有效性持肯定态度。

激励方式：本指标旨在通过表扬、惩罚和关怀的形式使有关安全信息得到强化，使组织安全思想得以具体体现。主要考核内容有：①制定了个人和团队的突出业绩评价标准，采有计划和非计划、正式和非正式多种方式进行表扬；②有程序对受表扬的个人和团体业绩进行适当推广，表扬信息有效传达到适合的部门；③员工受到表扬的机会均等，力度得当；④制定了明确的纪律标准；⑤详细规定了帮助业绩表现差的员工的方法；⑥建立组织内部的抱怨申诉程序，保证抱怨申诉渠道畅通；⑦有专门的人员对抱怨申诉问题进行处理、反馈和跟踪；⑧有主动了解员工安全需求的机制，对员工需求做出恰当反馈；⑨有措施缓解员工的劳动疲劳，并对员工进行合理的情绪管理；⑩关注员工的工作外安全，员工家庭参与工作外安全教育活动，组织以适当的方式和频率将工作外安全信息传送到员工家中。

8）文件管理

合规保障：本指标关注与安全有关的法律、法规、标准、规范、行政许可以及主管部门的规定等文件，要求这些文件能够被切实遵循。基本要点包括：①有系统关注新法规、标准和规范的发布，并识别过期、无效作废的法规、标准和规范；②有适当的渠道获取法规、标准和规范；③选用合适的专家识别适用的法规和运营许可；④编制完整、适用的法规、标准、规范和运营许可清单，列表安排有利于有关人员使用，内容涉及健康、安全、环保、人员聘用等方面的要求；⑤有系统明确有关法规、标准和规范对组织业务的影响及程度；⑥所有通用要求有效传达给全体员工，特殊要求进行专门的沟通；⑦详细说明了运营许可的登记管理部门，对运营许可所需的详细材料进行编辑；⑧有系统保证运营许可的有效性，包括有效期限、工作范围、申报时限等；⑨有部门负责接收、传达并保管上级主管部门下发的文件；⑩建立向主管部门报告的管理制度，明确需要报告的事项、报告的时机、报告的方法格式、报告的个人职责、收到报告的确认。

规章制度：本指标要求组织对内部安全管理制度所形成的文件进行规范管理，确保安全管理措施的可追溯性。主要考核内容有：①组织制定了内部文件管理制度；②内部文件（主要包括体系文件、行政管理文件等）的编写、审核、签发都明确了相应部门和个人的职责；③内部文件的分发要进行登记，有程序确保使用部门、场所能得到适用版本；④建立完善的文件保存和借阅制度；⑤建立外来文件的控制程序；⑥内部文件定期评审修订；⑦文件的作废与销毁程序严格；⑧定义文件的受控状态，并有控制办法。

技术文档：本指标考查组织对各类技术文件的控制能力，确保各类技术文件的全面有效和可靠执行。主要内容包括：①识别了所有操作程序；②合适的员工参与到规程的开发、制定；③操作规程定义了关键工艺参数、操作方法；④安全操作规程经过评审；⑤安全操作规程有正式程序进行签发；⑥建立安全操作规程的发放程序，有专人负责发放到有关岗位，有发放记录，有接收记录；⑦有关人员对操作规程进行了培训和学习；⑧规程进行分级复核，按规定的时间表完成复核，复核程序有效；⑨发生变更时应有程序要求进行规程的修订；⑩有程序识别过期和作废的操作规程，并妥善处理。

9）事件管理

报告调查：本指标所涉及的事件不仅包括一般意义上的伤害事故和法律规定外部介入调查的安全事故，还应该包括组织内部需要关注的各种意外事件，包括未遂事故、员工伤害以及涉及安全问题的低于标准的事件等。事件管理主要考核内容有：①对事故/事件进行了定义；②制定了事故/事件报告流程；③规定了事故/事件的报告时限；④明确了事故/事件报告的相关负责人；⑤对事故/事件的报告描述内容进行要求；⑥对事故/事件报告进行详细记录；⑦建立事故/事件投诉管理程序；⑧鼓励和推动对未遂及低于标准的状况进行报告；⑨根据风险评价测定事故/事件调查的深度；⑩定义了不同事故/事件的调查团队，外部机构执行调查时有清楚的程序指导行动安排，调查系统中包含一线主管人员，中高层领导参与到重要事故的现场调查技术培训；⑪有员工代表适当参与事故调查，事故调查负责人接受过正式的调查技术培训；⑫调查报告有标准格式描述有关事项，对重大潜在的事故事件进行调查并报告。

统计分析：本指标要求对前文所述的各类事件进行统计，特别关注反映事故征兆的轻微事件，设置科学的统计指标以发现各类安全隐患。具体做到：①规定事故事件统计范围和指标；②限定事故事件的统计时限和周期；③明确事故事件的统计职责与权限；④获取工作外事故信息；⑤统计事故事件损失；⑥记录各类事故事件总数；⑦统计分析各类事故事件趋势；⑧对重大事故数量趋势进行统计分析；⑨按年度对比分析统计比率指标；⑩事故分析的结论传达到相关个人。

跟踪处理：本指标要求组织对已发现的事件进行确处理，避免事件重复出现，弥补安全管理体系漏洞，并接受监督。主要考核内容包括：①中高层领导以适当的频率对所有初始事件报告进行复核；②组织对事故调查报告进行评审；③组织确保纠正预防措施均已完成；④跟踪系统识别未完成措施的原因并评估其影响；⑤就重大跟踪措施的报告与有关方有效地沟通；⑥组织对跟踪措

121

施的有效性进行评审；⑦组织通过多途径对事故报告进行核实以验证报告的事故数量；⑧将重大事件向有关方公布。

10）应急管理

应急准备：本指标主要考查应急制度、应急组织和应急设备设施的管理。考核内容主要有：①建立应急指挥系统，应急指挥实行分级管理；②建立各类应急救援队伍，包括救援组、联络组、疏散引导组、安全防护组等；③明确应急小组负责人、成员及各应急小组的职责；④配备充分、有效的应急物资，包括抢险抢修器材、通讯联络器材、个体防护用品、医疗急救器材和药品、照明器材、运输交通工具和国家规定的其他有关器材；⑤各类器材合理布置，进行经常性保养，并有记录。

应急计划：本指标主要针对应急预案管理、编制和内容要求进行考核。主要内容涉及：①建立应急预案编制小组，负责应急预案编制和定期修订；②应急预案应经过安全生产委员会评审后由最高管理者签发；③应急预案应有综合预案和专项预案；④应急预案发放到各级基层单位，负责人人手一册，清楚各人的应急职责；⑤应急预案报地方主管部门备案；⑥应急预案通报有关协作单位；⑦全面识别紧急事件，包括暴雨、地震、暴雪等自然灾害，火灾、爆炸事故、易燃易爆介质泄漏、中毒事故，滑坡、坍塌、水害、地压灾害、地表坍塌、流行性传染病、食物中毒、其他紧急情况；⑧对紧急状况进行分级，明确启动条件；⑨建立应急联络网，明确应急联络负责人、上报对象（机构）、上报内容，信息传达对象包括员工、承包商、参观者、其他有关人员，确定联络方式；⑩明确应急响应程序，建立应急关闭程序，制定恢复方案。

应急演练：本指标反映组织对应急救援的实践能力的管理，通过进行严格演练保证应急计划能够进行。主要考核点有：①有组织负责应急救援有关知识和能力的培训，培训对象应包括应急指挥系统各级负责人和现场人员；②有应急演练计划，并按计划实施演练；③主要演练内容有撤离演习、急救演习、逃离演习、响应时间演习、救援模拟演习，灭火演习等；④应急演练有记录；⑤应急演练有评估和改善措施。

11）风险管理

风险识别：本指标要求组织对各类风险进行辨识，并对辨识过程和结果进行规范管理。主要考核内容是：①通过工作步骤评审或任务风险识别；②通过区域风险评价或调查识别；③通过工程变更识别；④通过事故/事件学习识别；⑤通过行为观察、巡视和检查识别；⑥对识别的活动进行持续评审；⑦全部组织成员参与风险识别活动；⑧识别了各种职业危害，包括尘、毒、噪声、振动、辐射、高低温、人机功效等内容；⑨建立了危险源清单和职业危害因素台账；⑩员工了解与自己相关的风险情况。

风险评价：本指标要求组织采用科学的评价方法对识别出的各类风险进行评价，并规范评价过程，提出评价要求。主要考核内容有：①对已辨识出的危害进行风险评价；②按规定的时间表或在变革后对风险评价进行复核；③合理地选择风险评价方法，各级管理人员和组织成员参与风险评价；④风险评价的准则与法律法规、技术标准规范、企业方针和目标一致。

风险控制：本指标要求对组织内部的风险进行技术和管理上的控制。主要考核内容包括：①采取本质安全技术措施消除或降低危险；②设置警告报警设备、安全标志；③根据工艺危险建立检查制度和紧急处置程序，并进行针对性的培训；④建立员工健康体检制度和员工职业健康档案，对员工进行健康检查和风险告知；⑤采取合理防护措施降低职业危害水平，包括呼吸系统、听力、眼睛、皮肤保护以及防摄入、防辐射、防振动；⑥制定危险和健康危害因素现场监控方式和要求，对每项监控要求提出监控标准；⑦对监控结果进行报告和审核，通过常规检查记录、现场观察、事故分析评审监控效果；⑧识别反复低于标准的状态并分析原因，确定持续改进的措施。

12）管理评审

绩效评估：本指标要求组织对整体计划和指标的完成情况进行考核，要求结果反映体系的运行良好。考核内容有：①组织确定了对标的安全业绩指标；②组织获得了可靠有效的对标数据；③组织对业绩指标和目标进行了比较；④识别了优于和低于目标水平的结果；⑤识别了绩效平均水平和绩效达标率；⑥获得了"世界级"的基准数据并进行比较；⑦组织对安全业绩进行了趋势分析；⑧安全业绩指标趋势显示业务的良好、具有可持续性。

系统评审：本指标要求组织对管理系统本身和管理过程进行评审。主要考核内容有：①建立评审系统和程序，以适当的频率执行评审；②评审过程规范记录，记录管理评审中的发现和措施；③明确管理体系改进措施并跟踪完成；④建立评审信息数据系统，并能提供可靠数据；⑤对各项评审信息进行评估以识别安全业绩表现优劣的基本原因，明确管理体系的优势和不足；⑥就管理评审的结果和相关个人进行有效沟通；⑦组织对管理评审的程序进行评价。

2. 指标权重确定方法

研究过程可以选用普遍应用的层次分析法解决指标赋权的主观性问题，继而采用组合赋权的方法将多种评估权重的方法有机结合，形成最终的赋权结果。下面针对指标权重确定方法展开介绍。利用该方法展开计算的具体过程在本书中不做具体介绍。

层次分析方法是目前应用最广泛的主观赋权方法之一，是由美国运筹学家匹茨堡大学教授托马斯萨蒂于 20 世纪 70 年代提出的，它是一种将与决策有关的元素分解成目标、准则、方案等层次，在此基础之上进行定性和定量分析的决策方法。应用层次分析法进行决策一般可分为 4 个步骤。

（1）建立层次结构模型

在层次结构模型中，通过对实际问题的分析，确立对某一研究对象的影响要素，并利用作用线反映上下两层要素之间的联系。最上层称为目标层，根据问题的复杂程度可以在目标层下设置一个或几个不同的层次，从而构造多层次的结构模型。

（2）构造判断矩阵

假设某层次含有 n 个要素，形成要素集 $X = \{x_1, x_2, \cdots, x_n\}$，根据它们对上一层次要素的影响程度，确定本层次要素之间的相对重要性，这种相对重要性借助于合适的标度用数值 b_{ij} 来反映。一般采用表 5-19 所示的 1~9 标度法。

表 5-19　相对重要性标度与含义

相对比值	含　义
1	两种评价方法同等重要
3	第 i 个方法比第 j 个方法稍微重要
5	第 i 个方法比第 j 个方法明显重要
7	第 i 个方法比第 j 个方法强烈重要
9	第 i 个方法比第 j 个方法绝对重要
2、4、6、8	处于两相邻判断的中间状态
倒数	两评价方法相比，重要性弱的取倒数值

如果 A 层中因素 A_k 与下一层次 B 中的因素 B_1、B_2，$\cdots$，B_n 之间产生联系，两两比较 B 层次中诸要素对 A_k 的影响程度的相对重要性，从而得到指标的判断矩阵，其一般形式如表 5-20 所示。

表 5-20　指标判断矩阵的一般形式

A_k	B_1	B_2	$\cdots$	B_n
B_1	b_{11}	b_{12}	$\cdots$	b_{1n}
B_2	b_{21}	b_{22}	$\cdots$	b_{2n}
$\vdots$	$\vdots$	$\vdots$	$\vdots$	$\vdots$
B_n	b_{n1}	b_{n2}	$\cdots$	b_{nn}

（3）层次单排序及一致性检验

单层次排序问题即为确定某一层次要素相对上一层次目标的相对重要性权重问题。在构造完判断矩阵之后，就可以应用求解判断矩阵最大特征根 λ_{max} 及其特征向量 W^* 的方法来确定要素的权重。由于判断矩阵是通过决策者在要素之间进行两两比较得来的，需要保证整个判断矩阵形成过程的一致性，所以要进行一致性检验。若检验通过，特征向量（归一化后）即为权向量；若不通过，需重新构造判断矩阵。检验决策者思维一致性的指标用 CI 表示，CI 的计算方法为：

$$CI = (\lambda_{max} - n)/(n - 1) \tag{5-3}$$

度量不同判断矩阵是否具有满意的一致性需要引入平均随机一致性指标 RI 值。对于 1～9 阶判断矩阵，RI 值如表 5-21 所示。

表 5-21　RI 值表

判断矩阵	1	2	3	4	5	6	7	8	9
RI 值	0.00	0.00	0.58	0.90	1.12	1.24	1.32	1.41	1.45

当判断矩阵的阶数大于 2 时，判断矩阵的一致性指标 CI 与同阶平均随机一致性指标 RI 之比称为随机一致性比率 CR。当时 CR＝CI/RI＜0.10 时，即认为判断矩阵一致性通过检验，否则需要重新构造判断矩阵。

（4）层次总排序及总排序的一致性检验

计算最下层指标对目标的组合权向量，并根据公式(5-2) 做组合一致性检验。若检验通过，则可按照组合权向量表示的结果进行决策，否则需要重新考虑模型或重新构造那些一致性比率较大的判断矩阵。

$$CR = \frac{a_1 CI_1 + a_2 CI_2 + \cdots + a_m CI_m}{a_1 RI_1 + a_2 RI_2 + \cdots a_m RI_m} \tag{5-4}$$

3. 基于偏好和赋权方法一致性的组合赋权法

当某一问题的决策属性有多重赋权方法时，决策者往往希望赋权结果科学、合理，而又不放弃其余的赋权方法，所以最终采用组合赋权的方法将多重赋权方法集成起来得到组合权重。广为接受的加和式组合赋权实际上采用的是加权求和的思想，决策者往往将个人偏好的赋权方法赋予更多的权重，最终获得组合权重。相对偏好程度可以用 AHP 方法来实现。该方法实施过程有 4 个步骤。

（1）初始赋权方法的一致性检验和组合赋权

假设某决策问题有 n 个属性，决策者对其已确定 q 种属性权重确定方法：

$$W^{(k)} = (w_1^{(k)}, w_2^{(k)}, \cdots, w_n^{(k)})^{\mathrm{T}}, k = 1, 2, \cdots, q \tag{5-5}$$

根据决策者对于不同赋权方法的偏好程度给出偏好度 $\lambda_k > 0, (k = 1, 2, \cdots, q)$，且满足归一化条件：

$$\sum_{k=1}^{q} \lambda_k = 1 \tag{5-6}$$

偏好度 λ_k 可以用 AHP 方法来确定。

由于不同赋权方法之间可能存在不一致的情况，所以在组合赋权之前需进行一致性检验。如果满足一致性检验要求，则利用 AHP 法确定偏好度进行组合权重的计算：

$$W = \sum_{k=1}^{q} \lambda_k W^{(k)} \tag{5-7}$$

如果不能满足一致性检验要求，要用赋权方法的相对一致性程度 β_k 进行调节，详见公式(5-2)。

当赋权方法数量 $q = 2$ 时，其一致性程度可用 Spearman 等级相关系数来描述。当赋权方法数 $q \geqslant 3$ 时，可以采用肯德尔（Kendall）W 系数进行检验。肯德尔（Kendall）W 系数又称和谐系数，是表示多列等级变量相关程度的一种方法。该方法的基础数据资料通常是通过等级评定的方法获取，即让 K 个分析者评定 N 个属性，每个评价者对 N 个属性从 1 到 N 排出一个等级顺序，如果两个属性的等级并列，则平分共同应该占据的等级，如平时所说的两个并列第一名，它们应该占据 1、2 名，所以它们的等级应是 1.5；又如一个第一名，两个并列第二名，三个并列第三名，则它们对应的等级应该是 1、2.5、2.5、5、5、5，这里 2.5 是 2 和 3 的平均，5 是 4、5、6 的平均。所以，任意权重向量 $W^{(k)} = (w_1^{(k)}, w_2^{(k)}, \cdots, w_n^{(k)})^{\mathrm{T}}$，有对应排序向量

$$p^{(k)} = (p_1^{(k)}, p_2^{(k)}, \cdots p_n^{(k)})^{\mathrm{T}}, k = 1, 2, \cdots, q \tag{5-8}$$

q 种赋权方法一致性检验的 Kendall 和谐系数检验法的步骤如下。

第一步，建立原假设 H_0：q 种赋权方法不具有一致性；备择假设 H_1：q 种赋权方法具有一致性，显著性水平 α。

第二步，计算 Kendall 和谐系数统计检验量：

$$K = \frac{12 \sum\limits_{j=1}^{n} R_{k,j}^2}{q^2 n(n^2-1)} - \frac{3(n+1)}{n-1} \tag{5-9}$$

其中，

$$R_{k,j} = \sum_{k=1}^{q} p_j^{(k)}, j = 1, \cdots, n \tag{5-10}$$

这里，n 为属性（指标）个数，q 为赋权方法数目。

第三步，根据显著性水平 α，查 Kendall 和谐系数检验的临界值表得到临界值 K_α。

第四步，得出检验结论：当 $K \leqslant K_\alpha$ 时，接受原假设 H_0，即认为赋权方法不一致；否则拒绝原假设 H_0。接受备择假设 H_1，即认为原来的 q 种赋权方法具有一致性。

（2）计算赋权方法的相对一致性程度 β_k

假设任意两种赋权方案得到的权重向量分别为 $\boldsymbol{W}^{(k)} = (w_1^{(k)}, w_2^{(k)}, \cdots, w_n^{(k)})^{\mathrm{T}}$ 和 $W^{(i)} = (w_1^{(i)}, w_2^{(i)}, \cdots, w_n^{(i)})^{\mathrm{T}}$，对应的排序向量分别为 $\boldsymbol{p}^{(k)} = (p_1^{(k)}, p_2^{(k)}, \cdots p_n^{(k)})^{\mathrm{T}}$ 和 $p^{(i)} = (p_1^{(i)}, p_2^{(i)}, \cdots p_n^{(i)})^{\mathrm{T}}$，它们的一致性程度可以通过非参数统计中 Spearman 相关系数来反映。那么，第 k 种赋权方案与第 i 种赋权方案的 Spearman 相关系数 ρ_{ki} 为：

$$\rho_{ki} = 1 - \frac{6}{n(n^2-1)} \sum_{j=1}^{n} (p_j^{(k)} - p_j^{(k)})^2 \tag{5-11}$$

由此可以建立 Spearman 相关系数矩阵：

$$\boldsymbol{C} = \begin{bmatrix} \rho_{11} & \rho_{12} & \cdots & \rho_{1q} \\ \rho_{21} & \rho_{21} & \cdots & \rho_{2q} \\ \cdots & \cdots & \cdots & \cdots \\ \rho_{q1} & \rho_{q1} & \cdots & \rho_{qq} \end{bmatrix} \tag{5-12}$$

定义第 k 中赋权方案的平均一致性程度：

$$\rho_k = \frac{1}{q-1} \sum_{j=1, i \neq k}^{q} \rho_{ki}, k = 1, \cdots, q \tag{5-13}$$

ρ_k 越大，说明第 k 种赋权方案与其他方案的一致性程度越高，因此这种赋权方案在组合赋权过程中所起的作用也应该越大。由此用归一化的 ρ_k 来反映第 k 种赋权方案的相对一致性程度即 β_k，即：

$$\beta_k = \rho_k \Big/ \sum_{i=1}^{q} \rho_i, k = 1, \cdots, q \tag{5-14}$$

（3）组合赋权

综合考虑决策者对赋权方案的偏好和赋权方案之间的一致性程度，通过凸组合的方式集中反映在方案的加权系数 α_k 中，得到组合权重向量：

$$\boldsymbol{W} = \sum_{K=1}^{q} [\theta\lambda_k + (1-\theta)\beta_k] \boldsymbol{W}^{(k)}, 0 \leqslant \theta \leqslant 1 \tag{5-15}$$

式中，θ 反映决策者对于某种赋权方案的偏好程度在确定组合权重时的相对重要性；$(1-\theta)$ 则反映赋权方案与其他赋权方案的一致性程度在组合赋权中的相对重要性。例如，如果认为决策者偏好和赋权方案的一致性程度同等重要，则 $\theta=0.5$。

4. 一级、二级指标权重的计算结果

在实际应用过程中，API 安全管理评估手册（M1）、NOSA 五星评级系统（M2）、ISRS 评级体系（M3）和我国的《危险化学品从业单位安全标准化通用规范》（M4）都采取打分的方法对各个指标进行定量。按照指标认定所涉及的要点，将各个一级指标在上述四种评估方法中的考核要点及其总分值列于表从而得到各指标在该方法中的权重分配，二级指标是根据大量评估方法提供的评估要点设计而来，设计过程更多的是关注指标的全面性和代表性。本书中对于指标权重的计算过程不做详细介绍，具体结果可见表 5-22。

表 5-22　一级、二级指标权重

一级指标	一级指标权重	二级指标	二级指标权重	综合权重
1. 安全文化	0.015	安全理念	0.18	0.00270
		安全氛围	0.35	0.00525
		安全方针	0.47	0.00705
2. 组织结构	0.050	最高管理者	0.34	0.01700
		机构人员配置	0.32	0.01600
		职责划分	0.34	0.01700
3. 目标管理	0.030	目标设定	0.91	0.02730
		目标控制	0.09	0.00270
4. 设备设施与物料管理	0.150	设备设施	0.65	0.09750
		危险物质	0.35	0.05250
5. 作业安全	0.035	工作安全制度	0.21	0.00735
		工作许可	0.16	0.00560
		作业环境管理	0.21	0.00735
		个人防护	0.14	0.00490
		承包商管理	0.19	0.00665
		变更管理	0.09	0.00315
6. 能力与素质	0.175	人力资源管理	0.38	0.06650
		安全培训	0.62	0.10850

一级指标	一级指标权重	二级指标	二级指标权重	综合权重
7. 沟通与交流	0.050	沟通系统	0.54	0.02700
		会议制度	0.23	0.01150
		激励方式	0.23	0.01150
8. 文件管理	0.085	合规保障	0.28	0.02380
		规章制度	0.36	0.03060
		技术文档	0.36	0.03060
9. 事件管理	0.065	报告调查	0.62	0.04030
		统计分析	0.18	0.01170
		跟踪处理	0.20	0.01300
10. 应急管理	0.075	应急准备	0.40	0.03000
		应急计划	0.30	0.02250
		应急演练	0.30	0.02250
11. 风险管理	0.150	风险识别	0.11	0.01650
		风险评价	0.15	0.02250
		风险控制	0.74	0.11100
12. 评审	0.120	绩效评估	0.44	0.05280
		管理评审	0.56	0.06720

复习思考题

1. 安全管理体系的基本内容有哪些？
2. 请简单介绍安全管理体系评估实用工具。
3. 请针对企业安全管理体系评估实用工具的适用性问题谈谈自己的看法。
4. 安全管理体系评估指标设计的原则有哪些？
5. 安全管理体系评估指标体系的构建方法是什么？如何将其量化？

第六章

安全管理方法

安全管理在实施过程中除了有安全管理学理论基础的指导外，还需要一定的方法。根据安全管理的职能——计划、目标、组织、领导、控制、决策等，一系列的管理方法应运而生，这些方法在安全管理中同样适用。

本章主要介绍了安全管理方法的五大组成部分：安全计划管理方法、安全组织管理方法、安全领导管理方法、安全控制管理方法与安全决策管理方法，介绍了安全管理程序与三种较为常见的安全管理工具。

第一节　安全管理方法概述

一、安全计划管理方法

在安全管理决策层确定了安全管理活动的目标后，就要通过安全管理计划使之具体化，并谋求安全管理系统的外部环境、内部条件、决策目标三者之间在动态上的平衡，实现安全管理决策所确定的各项安全目标。因此，计划职能在企业安全管理活动中具有十分重要的地位，它是企业安全管理活动的中心环节。

1. 安全管理计划的含义和作用

（1）安全管理计划的含义

一般来说，计划就是指未来行动的方案。它有以下三个明显的特征：①必须与未来有关；②必须与行动有关；③必须由某个机构负责实施。这就是说，计划就是人们对行动及目的的"谋划"。当今社会，人们为了纷繁复杂的社会生产、生活的正常进行，需要制订各种各样的计划。然而，这里要研究的并不是这种分门别类的具体计划,而是作为安全管理范畴的计划和计划性,或者说是安全管理计划的一般原理。

安全管理计划成为一种安全管理职能是因为:首先,安全生产活动作为人类改造自然的一种有目的的活动,需要在安全工作开始前就确定安全工作的目标;其次,安全活动必须以一定的方式消耗一定质量和数量的人力、物力和财力资源,这就要求在进行安全活动前对所需资源的数量、质量和消耗方式做出相应的安排;再次,企业安全活动本质上是一种社会协作活动,为了有效地进行协作,必须事先按需要安排好人力资源,并把人们实现安全目标的行动相互协调起来;最后,安全活动需要在一定的时间和空间中展开,如果没有明确的安全管理计划,安全生产活动就没有方向,人、财、物就不能合理组合,各种安全活动的进行就会出现混乱,活动结果的优劣也没有评价的标准。

(2)安全管理计划的作用

安全管理计划在安全管理中的作用主要表现在以下三个方面。

1)安全管理计划是安全决策目标实现的保证。安全管理计划为了具体实现既定的安全决策目标,而将整个安全目标进行分解,计算并筹划人力、财力、物力,拟定实施步骤、方法,同时制定相应的策略、政策等一系列安全管理活动。任何安全管理计划都是为了促使某一个安全决策目标的实现而制订并执行的。如果没有计划,实现安全目标的行动就会成为杂乱无章的活动,安全决策目标就很难实现。

2)安全管理计划是安全工作的实施纲领。任何安全管理都是安全管理者为了达到一定的安全目标对被管理对象实施的一系列的影响和控制活动。安全管理计划是安全工作中一切实施活动的纲领。只有通过计划,才能使安全管理活动按时间、有步骤地顺利进行。因此,离开了计划,安全管理的其他职能作用就会减弱甚至不能发挥,当然也就难以进行有效的安全管理。

3)安全管理计划能够协调、合理利用一切资源,使安全管理活动取得最佳效益。当今时代,各行业的生产呈现出高度社会化。在这种情况下,如果活动中任何一个环节出了问题,就可能影响到整个系统的有效运行。安全管理计划工作能够通过统筹安排、经济核算,合理地利用企业人力、物力和财力资源,有效地防止可能出现的盲目性和紊乱,使企业安全管理活动取得最佳的效益。

2. 安全管理计划的内容和形式

(1)安全管理计划的内容

安全管理计划必须具备以下三个要素。

1)目标。安全工作目标是安全管理计划产生的原因,也是安全管理计划的奋斗方向。因此，制订安全管理计划前，要分析研究安全工作现状，并准确无误地提出安全工作的目的和要求，以及提出这些要求的根据，使安全管理计划的执行者事先了解到安全工作未来的结果。

2）措施。安全措施和方法是实现安全管理计划的保证。措施和方法主要是指达到既定安全目标需要什么手段、动员哪些力量、创造什么条件、排除哪些困难，如果是集体的计划，还要写明某项安全任务的责任者，便于检查监督，以确保安全管理计划的实施。

3）步骤。步骤也就是工作的程序和时间的安排。在制订安全管理计划时，有了总时限以后，还必须有每一阶段的时间要求，以及人力、物力、财力的分配使用，使有关单位和人员知道在一定时间内、一定条件下，把工作做到什么程度，以争取主动协调进行。

安全管理计划的三个要素在具体制订时，首先要说明安全任务指标。至于措施、步骤、责任者等，应根据具体情况而定，可分开说明，也可在一起综合说明。但是，不论哪种编制方法，都必须体现出这三个要素。三要素是安全管理计划的主体部分。

除此之外，每份计划还要包括以下内容：一是确切的、一目了然的标题，把安全管理计划的内容和执行计划的有效期限体现出来；二是安全管理计划的制订者和制订计划的日期；三是有些内容需要用图表来表示，或者需要用文字说明的，还可以把图表或说明附在计划正文后面，作为安全管理计划的一个组成部分。

（2）安全管理计划的形式

安全管理计划的形式是多种多样的。按时间顺序划分，可分为长期计划、中期计划和短期计划；按计划的层级划分，可分为高层计划、中层计划和基层计划；按计划管理形式和调节控制程度划分，可分为指令性计划、指导性计划等；按计划的内容划分，可分为安全生产发展计划、安全文化建设计划、安全教育发展计划、隐患整改措施计划、班组安全建设计划等；按计划的性质划分，可分为安全战略计划、安全战术计划；按计划的具体化程度划分，可分为安全目标、安全策略、安全规划、安全预算等。

1）长期、中期和短期计划

长期计划。它的期限一般在 10 年以上，又可称为长远规划或远景规划。其主要考虑以下因素：①为实现一定的安全生产战略任务大体需要的时间；②人们认识客观事物及其规律性的能力、预见程度，制订科学的计划所需要的资料、手段、方法等条件具备的情况；③科技的发展及其在生产上的运用程度等。长期计划一般只是纲领性、轮廓性的计划，以综合性指标和重大项目为主，还必须有中期、短期计划来补充，将计划目标加以具体化。

中期计划。它的期限一般为 5 年左右，由于期限较短，可以比较准确地衡量计划期各种因素的变动及其影响。所以在一个较大的系统中，中期计划是实现安全管理计划的基本形式。它一方面可以把长期的安全生产战略任务分阶段具体化，另一方面又可为年度安全管理计划的编制提供基本框架。中期计划也应列出每个年度的指标，但它不能代替年度计划的编制。

短期计划。短期计划包括年度计划和季度计划，以年度计划为主要形式。它是中期、长期计划的具体实施计划和行动计划。它根据中期计划具体限定本年度的安全生产任务和有关措施，内容比较具体、细致、准确，有执行单位，有相应的人力、物力、财力的分配，为检查计划的执行情况提供了依据。

2）高层、中层和基层计划

高层计划。高层计划是由高层领导机构制订并下达到整个组织执行，同时负责检查的计划。高层计划一般是战略性的计划，它是对本组织事关重大的、全局性的、时间较长的安全工作任务的筹划。

中层计划。中层计划是由中层管理机构制订、颁布，并下达到有关基层执行，同时负责检查的计划。中层计划一般是战术或业务计划。战术或业务计划是实现战略计划的具体安排，它规定基层组织和组织内部各部门在一定时期需要完成什么安全工作任务，如何完成，并筹划出人力、物力和财力资源。

基层计划。基层计划是由基层执行机构制订、颁布，并负责检查的计划。基层计划一般是执行性的计划，主要有安全作业计划、安全作业程序和规定等。

3）指令性计划和指导性计划

指令性计划。指令性计划是由上级计划单位按隶属关系下达，要求执行计划的单位和个人必须完成的计划，其特点如下。

① 强制性。凡是指令性计划，都是必须坚决执行的，具有行政和法律的强制性。

② 权威性。只要以指令形式下达的计划，在执行中就不得自行更改变换，必须保证完成。

③ 行政性。指令性计划主要是靠行政方法下达指标完成。

④ 间接市场性。指令性计划也要运用市场机制，但是，市场机制是间接发挥作用的。由此可见，指令性计划只局限于重要的安全生产领域和重要的任务，范围不能过宽。

指导性计划。指导性计划是上级计划单位只规定方向、要求或一定幅度的指标，下达隶属部门或单位参考制定的一种计划，其特点如下。

① 约束性。指导性计划不像指令性计划那样具有强制性，只有号召、引导和一定的约束作用，并不强制下属接受和执行。

② 灵活性。指导性计划指标是粗线条的，有弹性的，给下属单位以灵活活动的余地。

③ 间接调节性。间接调节性是指主要通过经济杠杆、沟通信息等手段来实现上级计划目标。

3. 安全管理计划指标和指标体系

（1）安全管理计划指标的概念和基本要求

安全管理计划规定的各项发展任务和目标，除了做必要的文字说明外，主要是通过一系列有机联系的计划指标体系表现的。

计划指标是指计划任务的具体化，是计划任务的数字表现。一定的计划指标通常是由指标名称和指标数值两部分组成的，如煤炭企业年平均重伤人数、百万吨重伤率等。计划指标的数字有绝对数和相对数之分。以绝对数表示的计划指标，要有计量单位；而以相对数表示的计划指标，通常用百分比等表示。

由于社会现象和该现象的发生过程是一个有机的整体，因此，计划任务的各项指标也是相互联系、相互依存的，从而构成一个完整的指标体系。一般来说，计划指标体系的设计应遵循系统性、科学性、统一性、政策性以及相对稳定性的基本要求。

（2）安全管理计划指标体系的分类

安全管理计划指标体系是由不同类型的指标构成的，而每一类指标，又包括许多具体指标，这些指标从不同的角度进行划分，大致可以分为以下几类。

1）数量指标和质量指标。计划任务的实现既表现为数量的变化，又表现为质量的变化，计划指标按其反映的内容不同，可分为数量指标和质量指标。

数量指标。数量指标是以数量来表现计划任务，用以反映计划对象的发展水平和规模，一般用绝对数表示，如企业的总产量、安全生产总投入、劳动工资总额等。

质量指标。质量指标是以深度、程度来表现计划任务，用以反映计划对象的素质、效率和效益，一般用相对数或平均数表示，如企业的劳动生产率、成本降低率、设备利用率、隐患整改率等。

2）实物指标和价值指标。实物指标。实物指标是指用质量、容积、长度、件数等实物计量单位来表现使用价值量的指标。运用实物指标，可以具体确定各生产单位的生产任务，确定各种实物产品的生产与安全的平衡关系。

价值指标。价值指标又称为价格指标或货币指标，它是以货币作为计量单位来表现产品价值、安全投入及伤亡事故损失关系的指标。价值指标是进行综合平衡和考核的重要指标。在实际工作中，通常使用的价值指标有两种：一是按不变的价格计算的，可以消除价格变动的影响，反映不同时期产出量的变化；二是按现行价格计算的，可以大体反映产品价值量的变动，用于核算分析产出量、安全投入、事故损失间的综合平衡关系。

3）考核指标和核算指标。考核指标。考核指标是考核安全管理计划任务执行情况的指标，如考核安全学习情况的指标——职工安全学习成绩及格率，考核安全检查质量的指标——隐患整改率。考核指标既可以是实物指标，又可以是价值指标；既可以是数量指标，又可以是质量指标。

核算指标。核算指标是指在编制安全管理计划过程中供分析研究用的指标，只作为计划的依据，如企业中安全生产装备、安全控制能力利用情况，安全生产投入的使用金额，安全生产产生的收益额等。

4）指令性指标和指导性指标。与前面所述指令性计划和指导性计划相对应，指令性指标是企业用指令下达的执行单位必须完成的安全生产指标，具有权威性和强制性。指导性指标对企业安全工作只起指导作用，不具有强制性。

5）单项指标和综合指标。单项指标是安全工作中单项任务完成情况的指标，如某台设备的检修安全任务完成情况指标、某项工程的安全控制情况指标等。

综合指标则是反映安全管理计划任务综合情况的指标。综合指标往往是由多项具体安全工作任务指标组合而成的。

总之，企业安全管理计划指标应随着客观情况的发展、体制的变动、计划水平的提高而不断地进行调整、充实和完善，这是企业安全管理计划科学化的重要内容。

4. 安全管理计划的编制和修订

（1）安全管理计划编制的原则

安全管理计划具有主观性，计划制订得好坏，取决于它和客观相符合的程度。为此，在安全管理计划的编制过程中，必须遵循一系列的原则，这些原则如下。

1）科学性原则。科学性原则是指企业所制订的安全管理计划必须符合安全生产的客观规律，符合企业的实际情况。这就要求安全管理计划编制人员必须从企业安全生产的实际出发，深入调查研究，掌握客观规律，使每一项计划都建立在科学的基础上。

2）统筹兼顾原则。统筹兼顾原则是指在制定安全管理计划时，不仅要考虑系统整体与构成部分的相互关系，而且还要考虑计划对象和相关系统的关系，进行统一筹划。

首先，要处理好重点和一般的关系；其次，要处理好简单再生产和扩大再生产与安全生产的关系；再次，要处理好国家、地方、企业、职工个人之间的关系。一方面要保证国家整体安全和长远安全需要，强调局部利益服从整体利益，眼前利益服从长远利益；另一方面又要照顾到地方、企业和职工个人的安全需要。

3）积极可靠原则。积极可靠原则即制订安全管理计划一是要积极，凡是经过努力可以办到的事，要尽力安排，努力争取办到；二是要可靠，计划要落到实处，而确定的安全管理计划指标，必须要有资源条件做保证，不能留有缺口。

4）留有余地原则。留有余地原则即弹性原则，强调安全管理计划在实际安全管理活动中的适应性、应变能力，包括两方面的内容：一是指标不能定得太高，否则经过努力也达不到，既挫伤计划执行者的积极性，又使计划容易落空；二是资金和物资的安排、使用要留有一定的后备，否则难以应付突发事件、自然灾害等不测情况。

5）瞻前顾后原则。在制订安全管理计划时，必须有远见，能够预测未来发展变化的方向；同时又要参考以前的历史情况，保持计划的连续性。从系统论的角度来说，也就是保持系统内部结构的有序和合理。

6）群众性原则。群众性原则是指在制订和执行计划的过程中，必须依靠群众、发动群众、广泛听取群众意见。只有依靠职工群众的安全生产经验和安全工作聪明才智，才能制订出科学、可行的安全管理计划，也才能激发职工的安全积极性，自觉为安全目标的实现而奋斗。

（2）安全管理计划编制的程序

1）调查研究。编制安全管理计划，必须弄清计划对象的客观情况，这样才能做到目标明确，有的放矢。为此，在计划编制之前，必须按照计划编制的目的要求，对计划对象中的有关方面进行现状和历史的调查，全面积累数据，充分掌握资料。从获得资料的方式来看，调查分为亲自调查、委托调查、重点调查、典型调查、抽样调查和专项调查等。

2）安全预测。进行科学的安全预测是安全管理计划制订的依据和前提。安全预测的内容十分丰富，主要包括工艺安全状况预测、设备可靠性预测、隐患发展趋势预测、事故发生的可能性预测等；而从预测的期限来看，则有长期、中期和短期预测等。

3）拟定计划方案。计划机关或计划者应根据充分的调查研究和科学的安全预测得到数据和资料，审慎地提出安全生产的发展战略目标和阶段目标，以及安全工作主要任务、有关安全生产指标和实施步骤的设想，并附上必要的说明。通常情况下要拟定几种不同的方案以供决策者选择之用。

4）论证和制定计划方案。这一阶段是安全管理计划编制的最后阶段，主要工作大致可归纳为以下几个方向。

① 通过各种形式和渠道，召集有准备的各方面安全专家进行评议会展开科学论证，同时，也可召开职工座谈会，广泛听取意见。

② 修改、补充计划草案，拟出修订稿，再次通过各种渠道征集意见和建议。

③ 比较选择各个可行方案的合理性与效益性，从中选择一个满意的安全管理计划。然后由企业权力机关批准实行。

（3）安全管理计划编制的方法

安全管理计划编制不仅要按照一定原则和步骤进行，而且要采用能够正确核算和确定各项安全指标的科学方法。在实际工作中，常用的安全管理计划编制方法主要有以下几种。

1）定额法。定额是通过经济、安全统计资料和安全技术手段测定而提出的完成一定安全生产任务的资源消耗标准，或一定的资源消耗所要完成安全生产任务的标准。它是安全管理计划的基础，对计划核算有决定性影响。

2）系数法。系数是两个变量之间比较稳定的依存关系的数量表现，主要有比例系数和弹性系数两种形式。比例系数是两个变量的绝对量之比。弹性系数是两个变量的变化率之比。系数法就是运用这些系数从某些计划指标推算其他相关计划指标的方法。系数法一般用于计划编制的匡算阶段和远景规划。

3）动态法。动态法就是按照某些安全指标在过去几年的发展动态来推算该指标在计划期的发展水平的方法。这种方法常见于确定安全管理计划目标的最初阶段。

4）比较法。比较法就是对同一计划指标在不同时间或不同空间所呈现的结果进行比较，以便研究确定该项计划指标水平的方法。这种方法常用于进行安全管理计划分析和论证。在运用该方法时，要注意同一指标诸多因素的可比性问题，简单的类比是不科学的。

5）因素分析法。因素分析法是指通过分析影响某个安全指标的具体因素以及每个因素的变化对该指标的影响程度来确定安全管理计划指标的方法。

6）综合平衡法。综合平衡法是从整个企业安全管理计划全局出发，对计划的各个构成部分、各个主要因素、整个安全管理计划指标体系全面进行平衡，寻求系统整体的最优化。因此，它是进行计划平衡的基本方法。综合平衡法的具体形式很多，主要有编制各种平衡表、建立便于计算的计划图解模型或数学模型等。

（4）安全管理计划的检查与修订

制订安全管理计划并不是计划管理的全部，只是计划管理的开始，在整个安全管理计划的制订、贯彻、执行和反馈的过程中，计划的检查与修订，占十分重要的地位，起着不可忽视的作用。

1）计划的检查是监督计划贯彻落实情况，推动计划顺利实施的需要。通过计划检查，可以及时了解各个子系统内或每一个环节安全管理计划任务的落实情况，各部门、各单位完成计划的进度情况，以便研究和提出保证完成计划的有力措施。

2）计划的检查还可以检验计划编制是否符合客观实际，以便修订和补充计划。计划的编制力求做到从实际出发，使其尽量符合客观实际。当发现计划与实际执行情况不符时，应具体分析其原因，如果会经常出现计划不符合实际的情况，或在执行过程中出现了没有预测到的问题，如重大突发事件、突发重大事故等，就应修订原计划。但修订计划必须按一定程序进行，必须经原批准机关审查批准。

3）计划的检查要贯穿计划执行的全过程。从安全管理计划的下达开始，直到计划执行结束，计划检查要做到全面而深入。检查的主要内容有：计划的执行是否偏离目标；计划指标的完成程度；计划执行中的经验和潜在的问题；计划是否符合执行中的实际情况，有无必要做修改和补充等。

检查的方法有分项检查和综合检查、数量检查和质量检查、定期检查和不定期检查、全面检查、重点检查、抽样检查、统计报表检查、深入基层检查等。

二、安全组织管理方法

组织有两种含义：一方面，组织能代表某一实体本身，如工厂企业、公司财团、学校等；另一方面，组织是管理的一大职能，是人与人之间或人与物之间资源配置的活动过程。安全管理组织是安全管理职能之一，完善的安全管理组织应具备：①有明确的保障生产安全、人与财务不受损失的目的；②由一定的承担安全管理职能的人组成；③有相应的系统性结构，用以控制和规范安全管理组织内成员的行为。本节主要从安全管理组织的构成与设计、安全专业人员的配备和职责、安全管理组织的运行三方面对安全管理组织方法进行阐述。

1. 安全管理组织的构成与设计

要完成具有一定功能目标的活动，都必须有相应的组织作为保障。建立合理的安全管理组织机构是有效地进行安全生产指挥、检查、监督的保证。安全管理组织机构是否健全、安全管理组织中各级人员的职责与权限界定是否明确、安全管理的体制是否协调高效，直接关系到安全工作能否全面展开和职业健康安全管理体系能否有效运行。

（1）安全管理组织的基本要求

事故预防是有计划、有组织的行为。为实现安全生产，必须制订安全工作计划，确定安全工作目标，并组织企业员工为实现确定的安全工作目标努力。因此，企业必须建立安全管理体系，而安全管理体系的一个基本要素就是安全管理组织。由于安全工作涉及面广，因此，合理的安全管理组织应形成网络结构，其纵向要形成一个自上而下指挥自如的安全生产指挥系统；横向要使企业的安全工作按专业部门分系统归口管理，层层展开。建立安全管理组织的基本要求如下。

1）合理的组织结构。为形成"横向到边，纵向到底"的安全工作体系，要合理地设置安全管理部门，科学地划分纵向安全管理层次。

2）明确责任和权利。组织机构内各部门、各层次，乃至各工作岗位都要明确安全工作责任，并对各级授予相应的权利。这样有利于组织内部各部门、各层次为实现安全生产目标而协同工作。

3）人员选择与配备。根据组织机构内不同部门、不同层次、不同岗位的责任情况，选择和配备人员。特别是专业安全技术人员和专业安全管理人员应该具备相应的专业知识和能力。

4）制定和落实规章制度。制定和落实各种规章制度以保证工作安全有效地运转。

5）信息沟通。组织内部要建立有效的信息沟通模式，使信息沟通渠道畅通，保证安全信息及时、准确地传达。

6）与外界协调。企业存在于社会环境中，其安全工作不仅受到外界环境的影响，而且要接受政府的指导和监督等。因此安全组织机构与外界的协调非常重要。

安全管理组织的建立是有法律依据的。《中华人民共和国安全生产法》（以下简称《安全生产法》）对安全管理组织机构的建立和安全管理人员的配备专门做了规范。

① 对矿山、建筑施工单位、道路运输企业和危险物品的生产、经营、储存单位的要求。矿山、建筑施工单位、道路运输企业和危险物品的生产、经营、储存单位，都属于高危险行业，容易发生安全事故。因此，不管其生产规模如何，都应当设置安全生产管理机构或者配备专职安全生产管理人员，以确保生产经营过程中的安全。

② 对其他生产经营单位的要求。对于矿山、金属冶炼、建筑施工单位、道路运输企业和危险物品的生产、经营、储存单位以外的其他生产经营单位，《安全生产法》规定，凡是从业人员超过 100 人的，应当设置安全生产管理机构或者配备专职安全生产管理人员；从业人员在 100 人以下的，应当配备专职或者兼职的安全生产管理人员。

（2）安全管理组织的构成

不同行业、不同规模的企业，安全工作组织形式也不完全相同。应根据上述安全工作组织要求，结合本企业的规模和性质，建立安全管理组织。企业安全管理组织的构成模式如图 6-1 所示，它主要是由安全工作指挥系统、安全检查系统和安全监督系统三大系统构成。

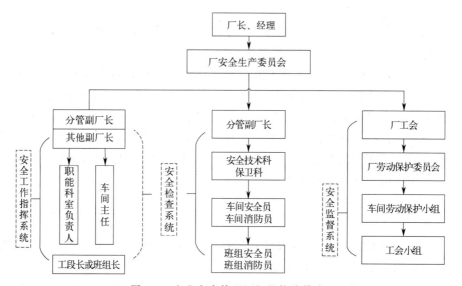

图 6-1 企业安全管理组织的构成模式

1) 安全工作指挥系统。该系统由厂长或经理委托一名副厂长或副经理（通常为分管生产的负责人）负责，对职能科室负责人，车间主任、工段长或班组长实行纵向领导，确保企业职业安全健康计划的有效落实与实施。

2) 安全检查系统。安全检查系统是具体负责实施职业健康安全管理体系中"检查与纠正措施"环节各项任务的重要组织，该系统的主体是由分管副厂长、安全技术科、保卫科、车间安全员、车间消防员、班组安全员、班组消防员组成。另外，安全工作指挥系统也兼有安全检查的职责。实际工作中，一些职能部门兼具双重职责。

3) 安全监督系统。安全监督系统主要是由工会、党、政、工、团组成的安全防线。

（3）安全管理组织的设计

安全管理组织设计的任务是设计清晰的安全管理组织结构，规划和设计各组织部门的职能和职权，确定组织中安全管理职能、职权活动范围并编制职务说明书。

安全管理组织设计的原则有：①统一指挥原则，各级机构以及个人必须服从上级的命令和指挥，保证命令和指挥的统一；②控制幅度原则，主管人员有效地监督、指挥其直接下属的人数是有限的，每个领导要有适当的管理宽度；③权责对等原则，明确规定每一管理层次和各部门的职责范围，同时赋予其履行职责所必需的管理权限；④柔性经济原则，努力以较少的人员、较少的管理层次、较少的时间取得管理的最佳效果。

安全管理组织结构的类型不同，所产生的安全管理效果也不同。一般来说，安全管理组织结构分为以下几种类型。

1）直线型结构。各级管理者都按垂直系统对下级进行管理，指挥和管理职能由各级主管领导直接行使，不设专门的职能管理部门。但这种组织结构形式缺少较细的专业分工，管理者决策失误就会造成较大的损失。所以一般适合于产品单一、工艺技术比较简单、业务规模较小的企业。

2）职能制结构。各级主管人员都配有各种业务的专门人员和职能机构作为辅助者直接向下发号施令。这种形式有利于整个企业实行专业化的管理，发挥企业各方面专家的作用，减轻各级主管领导的工作负担。而它的缺点是由于实行多头领导往往政出多门，易出现指挥和命令不统一的现象，造成管理混乱。因此，在实际中应用较少。

3）直线型职能结构。直线型职能型结构以直线制为基础，既设置了直线主管领导，又在各级主管人员之下设置了相应的职能部门，分别从事职责范围内的专业管理。既保证了命令的统一，又发挥了职能专家的作用，有利于优化行政管理者的决策。因此，这种形式在企业组织中被广泛采用。其主要缺点有：①各职能部门在面临共同问题时，往往易从本位出发，从而导致意见和建议的不一致甚至冲突，加大了上级管理者对各职能部门之间的协调负担；②职能部门的作用受到了较大的限制，一些下级业务部门经常忽视职能部门的指导性意见和建议。

4）矩阵型结构。矩阵型结构便于讨论和应对一些意外问题，在中等规模和有若干种产品的组织中效果最为显著。当环境具有很高的不确定性，而目标反映了双重要求时，矩阵型结构是最佳选择。其优势在于它能够使组织满足环境的双重要求，资源可以在不同产品之间灵活分配，适应不断变化的外界要求。其劣势在于一些员工要受双重职权领导，容易使人感到阻力和困惑。

5）网络结构。网络结构是指依靠其他组织的合同进行制造、分销、营销或其他关键业务经营活动的结构。这种形式具有更高的适应性和更强的应变能力，但是难以监管和控制。

企业可以根据自身的不同情况、不同规模，根据危险源，事故隐患的性质、范围、规模选择适合的安全管理组织结构类型。

2. 安全专业人员的配备和职责

安全专业人员的配备是安全管理组织实施的人员保障。要发展学历教育和设置安全工程师职业制度，对安全专业人员要有具体严格的任职要求。企业内部的安全管理系统要合理配置相关的安全管理人员，合理界定组织中各部门、各层次的职责；建立兼职人员网络，企业内部从上到下（班组）设置全面、系统、有效的安全管理组织和人员网络等。

（1）安全专业人员的配备

根据行业的不同，在企业职能部门中设专门的安全管理部门，如安检处、安全科等，或设兼有安全管理与其他某方面管理职能的部门，如安全环保部、质量安全部等。在车间、班组设专职或兼职安全员。安全管理人员的配备比例可根据企业生产性质、生产规模来定，《注册安全工程师管理规定》规定：从业人员 300 人以上的煤矿、非煤矿山、建筑施工单位和危险物品生产、经营单位，应当按照不少于安全生产管理人员 15％的比例，配备注册安全工程师；安全生产管理人员在 7 人以下的、至少配备 1 名。规定以外的其他生产经营单位，应当配备注册安全工程师或者委托安全生产中介机构选派注册安全工程师提供安全生产服务。安全生产中介机构应当按照不少于安全生产专业服务人员 30％的比例配备注册安全工程师。

安全工程师作为安全专业人员，在安全管理中发挥着重要作用。我国颁布了《注册安全工程师职业资格制度规定》和《注册安全工程师职业资格考试实施办法》，建立了我国注册安全工程师（Certified Safety Engineer）制度，对其执业资格范围、享有的权利和义务等做了详细的规定。《注册安全工程师管理规定》规定，注册安全工程师的执业范围包括：安全生产管理，安全生产检查，安全评价或者安全评估，安全检测检验，安全生产技术咨询、服务，安全生产教育和培训，法律、法规规定的其他安全生产技术服务。

（2）安全专业人员的职责

安全管理组织及专业人员主要负责企业安全管理的日常工作，但是不能代替企业法人代表或负责人承担安全生产法律责任。安全专业人员的主要职责有以下五个方面。

1）定期向企业法人代表或负责人提交安全生产书面意见，针对本企业安全状况编制企业的职业安全健康方针、目标、计划，以及有关安全技术措施及经费的开支计划。

2）参与制定防止伤亡事故、火灾等事故和职业危害的措施，组织重大危险源管理、工伤保险管理及本企业危险岗位、危险设备的安全操作规程，提出防范措施、隐患整改方案，并负责监督实施，以及各种预案的编制等。

3）组织定期或不定期的安全检查，及时处理发现的事故隐患；组织调查和定期检测，制定防止职业中毒和职业病发生的措施，搞好职业劳动健康及建档工作；督促检查职业安全健康法规和各项安全规章制度的执行情况。

4）一旦发生事故，应该积极组织现场抢救，参与伤亡事故的调查、处理和统计工作，向有关部门提出防范措施。

5）组织、指导员工的安全生产宣传、教育和培训工作，开展安全竞赛、评比活动等。对安全管理组织中各部门、层次的职责与权限必须界定明确，否则管理组织就不可能发挥作用。应结合安全生产责任制的建立，对各部门、各层次、各岗位应承担的安全职责以及应具有的权限、考核要求与标准做出明确的规定。

对安全管理人员素质的要求为：①品德素质好，坚持原则，热爱职业安全健康管理工作，身体健康；②掌握职业安全健康技术专业知识和劳动保护业务知识；③懂得企业的生产流程、工艺技术，了解企业生产中的危险因素和危险源，熟悉现有的防护措施；④具有一定的文化水平，有较强的组织管理能力与协调能力。

3. 安全管理组织的运行

经过对安全管理组织的设计，确定其结构、流程，以及安全专业人员的配置后，进一步的工作就是安全管理组织的运行。安全管理组织的运行情况直接影响事故预防的效果、安全目标的实现情况，以及安全资源配置的合理程度等，具有重要的作用。安全管理组织的运行过程，需要以有关的规章制度，进而以更深层次的安全文化进行约束；同时需要以完善和合适的绩效考核，以及合理、充足的安全投入作为保障。

（1）安全管理组织运行的约束

1）安全规章制度约束。安全管理组织的有效运行需要对各个方面的规章制度进行设计和规范，这是长期积累的结果。有关规章制度的制定范围应当包括安全管理组织结构、安全管理组织所承担的任务、安全管理组织运行的流程、安全管理组织人事、安全管理组织运行规范、安全管理决策权的分配等方面。在有关安全生产法律法规体系的指导下，通过安全规章制度的约束作用，把安全管理组织中的职位、组织承担的任务和组织中的人很好地协调起来。

2）安全文化约束。保证安全管理组织的通畅运行及其效率，除了有关规章制度的约束作用外，更深层次的约束作用在于企业的安全文化。企业安全文化体现在企业安全生产方面的价值观以及由此培养的全体员工的安全行为等方面。它是培养共同职业安全健康目标和一致安全行为的基础。安全文化具有自动纠偏的功能，从而使企业能够自我约束，安全管理组织得以通畅运行。

（2）安全管理组织运行的保障

1）绩效考核保障。安全管理组织运行保障中一个重要的内容是建立完善合适的绩效考核，通过较为详细、明确、合理的考核指标指导和协调组织中人的行为。企业制定了战略发展的职业安全健康目标，需要把目标分阶段分解到各部门、各人员身上。绩效考核就是对企业安全管理人员以及各承担安全目标的人员完成目标情况的跟踪、记录、考评。通过绩效考核的方式以增强安全管理组织的运行效率，推动安全管理组织有效、顺利地运行。

2）安全经济投入保障。安全管理组织的完善需要合理、充足的安全经济投入作为保障。正确认识预防性投入与事后整改投入的等价关系，就需要了解安全经济的基本定量规律——安全效益金字塔，即设计时考虑 1 分的安全性，相当于加工和制造时的 10 分安全性效果，而能达到运行或投产时的 1000 分安全性效果。这一规律指导人们考虑安全问题要具有前瞻性；要研究和掌握安全措施投资政策和法规，遵循"谁需要、谁受益、谁投资"的原则，建立国家、企业、个人协调的投资保障系统；要进行科学的安全技术经济评价、有效的风险辨识及控制事故损失测算、保险与事故预防的机制，推行安全经济奖励与惩罚、安全经济（风险）抵押等方法，最终使安全管理组织的建立和运行得到经济上的保障。有了充足的安全投入，安全管理组织才能有足够的资金、人力、物力等资源，才能保证安全管理组织活动的顺利开展和实施。

三、安全领导管理方法

企业的安全生产工作涉及全体人员，从工作性质的角度看，这些人员大致可分为以下三个层面：操作层面、管理层面和领导层面。不同层面的人员在安全工作中的角色、作用和任务是不同的。企业对安全生产的重视与否、保障条件的好坏等，均与领导层面的人员密切相关。企业安全管理层面的人员从事安全管理工作，离不开领导者的作用。

1. 安全领导的含义和作用

（1）安全领导的含义

"领导"一词是外来语，在汉语中使用时，该词有两层含义，即"领导者（人）"和"领导者的领导行为（活动）"，英文相应为"leader"和"leadership"。显然，领导者与领导行为是两个不同的概念。在这里，安全领导仅指"安全领导者的领导行为"。

关于"领导"的含义，目前中外专家的认识还不尽一致。在经典管理学和领导学中比较具有代表性的观点有以下几种。

1）美国管理学家孔茨等对领导的界定是：领导为影响力，这是影响人们心甘情愿地和满怀热情地为实现群体的目标而努力的艺术或过程。

2）坦南鲍姆认为：领导就是在某种情况下，为了达到某个目标或某些目标，通过信息沟通过程所实现的一种人际影响力。

3）泰瑞认为：领导是影响人们自动为达成群体目标而努力的一种行为。

4）施考特认为：领导是一项程序，使人得以选择目标以及在完成目标过程中接受指挥、导向及影响。

5）阿吉里斯认为：领导即有效的影响。为了施加有效的影响，领导者需要对自己的影响进行实地的了解。

6）我国有学者认为：所谓领导，就是在一定的社会组织或群体内，其牵头或为首者为了实现预定目标，运用其法定的职权和自身的影响力，采用一定的形式和方法，率领、引导、组织、指挥、协调、控制其下属，为完成预定的总任务——主要是解放和发展生产力，增强事业发展的实力，促进事业不断发展的活动过程。

本书认为领导应具备以下特征：①领导是一个过程；②领导包含一种影响；③领导出现在一个群体的环境中；④领导包含某种要实现的目标。

安全领导的含义，即安全领导是某个人指引和影响其他个人或群体，在完成组织任务时，实现安全目标的活动过程。安全领导是一个动态的过程，该过程包含了安全领导者、被领导者（个人或群体）及其所处的环境（一定的存在条件）三个因素所组成的复合关系。安全领导是安全管理的基本职能，它贯穿安全管理活动的整个过程，是安全领导用权力或威信对被领导者进行引导或施加影响，以使被领导者自觉地与领导者一起实现群体安全目标的过程。对他人实施影响、致力于实现安全领导过程的人，即为安全领导者。安全领导者是组织中那些有影响力的人员，他们可以是组织中拥有合法职位的、各类安全管理活动具有决定权的主管人员，也可以是一些没有确定职位的权威人士或群体中的"头领"。

（2）安全领导的作用

安全领导者在安全领导活动中所表现出来的行为就是安全领导行为，安全领导行为的影响和作用是以安全领导的功能来体现的。安全领导的作用表现在企业组织安全运行行为的许多方面，可简单地分为组织作用和激励作用两个方面。

1）安全领导的组织作用。实现组织的安全运行目标是安全领导过程的最终目的。围绕这个目的，生产企业的安全领导者必须根据企业的内、外部危险因素和生产条件，安全法规和技术要求，可利用资源等，制定企业的安全目标与决策，建立安全组织管理机构，科学合理地组织使用人力、物力、财力，实现最终安全生产目标。

安全领导者在实施安全领导的过程中，只有通过有效的组织，提供合适的安全工作环境和条件，才能引导和影响被管理者实现安全目标，最终实现企业的效益目标。

为了发挥组织功能，保证安全运营，实现安全目标，安全领导者必须做到如下内容。

① 对企业的生产环境进行科学分析，根据企业或组织危险因素与安全隐患状况、安全生产的要求与可能性，制定与设置组织安全总目标，进行重要的安全决策。

② 根据企业组织的安全总目标，分解二级、三级或四级安全目标，根据安全决策及安全原则考虑安全策略规划，包括安全信息分析、执行方案思考、预期结果设定等。

③ 为实现企业组织的安全目标及安全决策，安全领导者应合理地安排落实和监督使用人力、物力、财力。

④ 通过企业的组织结构对安全生产活动过程进行有效的控制与及时的信息反馈。

⑤ 确保建立健全科学的安全管理体系，如安全组织机构和人员、安全管理制度、安全规章方法、安全信息系统、安全教育系统等。

2）安全领导的激励作用。激励就是调动被管理者的主动性、积极性、创造性的过程。激励是领导的主要作用之一，安全领导也不例外。对于安全领导者而言，组织作用尚可借助他人的知识与能力实现，而激励作用则不能借助于他人能力实现。任何一个真正想开创企业安全生产工作新局面的安全领导者，若不能发挥好安全领导的激励作用，则安全目标制定得再好、安全决策再正确、组织机构再合理、安全管理再科学，也不能很好地实现企业的安全目标。

安全领导的激励作用主要体现在以下方面：①提高被领导者接受和执行安

全目标的自觉程度；②激发被领导者实现企业安全目标的热情；③增强被领导者的安全行为，削弱以至消除被领导者的不安全行为。

2. 安全领导理论的内容和形式

（1）安全领导理论的内容

安全领导是由安全领导者指引和影响个人、团体或组织，在一定条件下，实现所期望的安全目标的行为过程，主要内容包括以下方面。

1）安全领导要研究企业安全生产中带全局性、宏观性或战略性的问题，强调的是确定安全方针、阐明安全形势、构建安全规划、制定安全生产战略等。

2）安全领导者的任务是解决单位或组织中安全与生产之间带方向性的、战略性的、全局性的问题。

3）企业的安全领导者与一般领导者是融为一体的，是在组织或团体中具有权力、地位（职务）或相当影响力的人物，一般是企业的最高领导者或由其委托的其他高层领导者，而安全管理者除了专门从事安全管理工作职能的人员外，还包括各个基层的领导者。

4）安全领导侧重激励和鼓励员工、授权给员工，鼓励他们通过满足自己的需求实现安全生产。

5）安全领导者一般是带着情感进行活动，他们探索的是形成安全的思维和安全文化，而不是做出反应，他们的活动是为企业长期的、高水平的安全发展问题提供更多可供选择的解决方案。

（2）安全领导理论的形式

安全领导的概念和理论研究来源于安全管理，安全领导与安全管理在形式上有着密切的联系。首先，安全领导与安全管理在理念层次上是一致的。其表现在以下方面：①两者的目标都是有效地实现组织安全目标；②两者目标的实现均需要特定的要素，要素之间的组合方式是优化的、理性的；③衡量两者的标准均是安全的效果和企业的整体效益；④两者都是企业安全组织过程的基础；⑤两者均遵循主客体模式，在一定环境中对他人施加作用，以达到企业安全目标。其次，安全领导与安全管理在工具层面上有一部分是一致的，如群体动力模型、激励手段等。这是因为安全领导与安全管理的目标是一致的，职能上存在部分重合。再次，被上层安全领导者视作安全管理的内容，往往成为下层安全管理者实施领导的内容。上层安全领导者从宏观上制定企业的安全目标，确定企业在安全上的基本价值取向，这些成为下层安全管理者制订安全计划，进行人力、财力、物力的组织、指挥、协调、控制的依据。上层安全领导者重在对下层的动员、鼓动、激励，形成群体的合力，以期望他们的管理工作朝向既定的安全目标。

3. 安全激励手段

企业安全领导者常采用的激励手段如下。

1）职工"参与"激励，即将组织安全目标与职工的个人目标（利益、需要、方向）统一起来，实行参与式的民主管理，发动职工参与制定安全目标和安全决策过程，增加企业安全目标与安全决策的透明度，提高职工接受和执行企业安全目标的自觉性与积极性。

2）安全领导者"榜样"激励，即安全领导者以身作则，表现出对安全问题的重视和对安全价值的认识，这对于调动职工的安全生产积极性是至关重要的。

3）职工需要"满足"激励，即合理地满足职工的各层次的多种需要，激发职工实现安全生产。

4）职工安全素质"提高"激励，即在安全领导者的支持、帮助、关心下，职工通过自身素质和安全技能的增强，提高实现组织目标的期望水平，从而激励职工以更安全的方式从事各项工作，甚至将这种安全素质保持到日常生活中。

四、安全控制管理方法

1. 安全管理系统的控制方式

（1）安全系统的控制特性

安全系统的控制虽然服从控制论的一般规律，但也有它自己的特殊性。安全系统的控制有以下几个特点。

1）安全系统状态的触发性和不可逆性。如果将安全系统出事故时的状态值设定为 1，无事故时状态值设为 0，即系统输出只有 0 和 1 两种状态。虽然事故隐患往往隐藏于系统安全状态之中，系统的状态常表现为 0 至 1 的突然跃变，这种状态的突然改变称为状态触发。此外，系统状态从 0 变化到 1 后，状态是不可逆的，即系统不可能从事故状态自动恢复到事故前状态。

2）系统的随机性。在安全控制中发生事故具有极大的偶然性：什么人、在什么时间、在什么地点、发生什么样的事故，这些问题一般都是无法确定的。但是对一个安全控制系统来说，可以通过统计分析方法找出某些变量的统计规律。

3）系统的自组织性。自组织性就是在系统状态发生异常情况时，在没有外部指令情况下，管理机构和系统内部各子系统能够审时度势按某种原则自行或联合有关子系统采取措施，以控制危险的能力。由于事故发生的突然性和巨大破坏作用，因而要求安全控制系统具有一定的自组织性。这就要求采用开放的系统结构，有充分的信息保底，有强有力的管理核心，各子系统之间有很好的协调关系。

（2）安全系统的控制原则

1）首选前馈控制方式。由于安全控制系统状态的触发性和安全决策的复杂性，宏观安全控制系统的控制方式应首选前馈控制方式。前馈控制是指对系统的输入进行检测，以消除有害输入或针对不同情况采取相应的控制措施，以保证系统的安全。前馈控制系统的工作模式如图6-2所示。

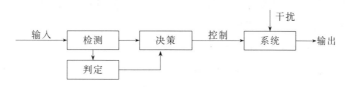

图6-2　前馈控制系统的工作模式

2）合理使用各种反馈控制方式。反馈控制是控制系统中使用最为广泛的控制方式。安全系统的反馈控制有以下几种不同的形式。

① 局部状态反馈。对安全系统的各种状态信息进行实时监测，及时发现事故隐患，迅速采取控制措施防止事故的发生是事故预防的手段。

② 事故后的反馈。在事故发生后，应运用系统分析方法，找出事故发生的原因，将信息及时反馈到各相关系统，并采取必要措施以防止类似事故的重复发生。

③ 负反馈控制。发现某个职工或部门在安全工作上的缺点错误，对其进行批评、惩罚，是一种负反馈控制。合理、适度使用负反馈控制，可以收到较好的效果，但若使用不当，有可能适得其反。

④ 正反馈控制。对安全上表现好的职工或部门进行了表扬、奖励、是一种正反馈控制。使用恰当时可以激励全体职工的积极性，提高整体安全水平，实现巨大的效益。

3）建立多级递阶控制体系

安全控制系统属于大系统的范畴，必须建立较完善的安全多级递阶控制体系。各控制层次之间除了督促下层贯彻执行有关方针、政策、规程和决定外，还要提高下属层次的自组织能力。各级管理层的自组织能力主要体现在：①了解下层危险源的有关事故结构信息，如事故模式、严重度、发生频率、防治措施等；②掌握危险源的动态信息，如已接近临界状态的重大危险源、目前存在的缺陷、职工安全素质、隐患整改情况等；③熟悉危险分析技术，善于用其解决实际问题；④经验丰富，应变能力较强。

4）力争实现闭环控制

闭环控制是自动控制的核心。安全管理工作部署应当设法形成一种自动反馈机制，以提高工作效率。应制定合理的工作程序和规章制度，使信息处理和传递线路通畅。

2. 安全系统控制模型

宏观安全控制系统的结构复杂，一般采用系统方框图的形式建立系统结构模型。其数学模型一般都是采用"黑箱"原理，应用数理统计方法找出系统输出变量与控制变量间的关系式，以此为系统控制的基础。下面介绍在宏观安全管理中的一种安全控制系统模型。

（1）安全控制系统状态方程

输出变量取系统在年度 k 的年度千人负伤率，记为 $Y(k)$，系统输入变量为危险指数 $H(k)$ 和控制作用 $C(k)$，他们之间存在如下关系：

$$\Delta Y(k) = Y(k) - Y(k-1) = -C(k)Y(k-1) + H(k) \tag{6-1}$$

对式（6-1）进一步整理得：

$$Y(k) = [1 - C(k)]Y(k-1) + H(k) \tag{6-2}$$

式（6-2）即为简单宏观安全控制系统的状态方程。

（2）安全控制系统参数辨识

式（6-2）中的 $Y(k)$ 是一个统计变量，每年度的值均可统计得到。$C(k)$ 和 $H(k)$ 是反映系统内部安全特性的参数，他们本身无法通过直接测定或计算得到，因此必须根据系统的输出反推系统参数，这就是所谓参数辨识问题。

当系统的输出比较平稳时，根据历史数据，运用最小二乘法或其他统计分析方法，即可求得 $C(k)$ 和 $H(k)$ 的数值。

安全系统由于受到社会政治、经济的干扰较大，当政治经济形势发生重大变化时，其输出变量也会发生大幅度的变化，因此采样时只能选择社会政治经济形势相对稳定的一个时期的数据进行分析。

为消除状态变量中所包含的干扰，可运用卡尔曼滤波器进行过滤，得到新的数据，然后采用最小二乘法进行参数估计，对参数估计结果的误差再做判断，如果误差太大则重复上述过程。这一方法简称为 LKL 法，其中 L 指最小二乘法，K 指卡尔曼滤波器。

（3）状态方程的解

若在一段时间内 C、H 保持不变，对式（6-1）用 Z 变换法可求得其通解为：

$$Y(k)=\frac{H}{C}+\left[Y(0)-\frac{H}{C}\right](1-C)^{k} \tag{6-3}$$

由于一般 $C>1$，为便于分析讨论，可令 $1-C=e^{-b}$，则式(6-3) 可化为：

$$Y(k)=Y(0)e^{-bk}+\frac{H}{C}(1-e^{-bk}) \tag{6-4}$$

由上述两式可知：

$$\lim_{k\to\infty}Y(k)=\frac{H}{C} \tag{6-5}$$

因此，安全系统输出的企业千人负伤率会随着控制能力 C 的增加和危险指数 H 的减少而降低，但当系统稳定运行相当多年后，会趋向一个稳定值，而不是 0。

五、安全决策管理方法

决策，指决定的策略或办法，是人们为各种事件出主意、做决定的过程。它是一个复杂的思维操作过程，是信息搜集、加工，最后做出判断、得出结论的过程。语出《韩非子·孤愤》："智者决策于愚人，贤士程行于不肖，则贤智之士羞而人主之论悖矣。"而安全决策在对系统以往、正在发生的事故进行分析的基础上，展开相关预测，对系统未来事故变化规律做出合理判断。恰当妥善的安全决策对保障安全生产工作具有重要意义。

1. 安全决策的含义

从词义上讲，安全决策包含两种意义：一种是作名词来使用，是指做出的安全决定，即安全决策的结果；另一种是作动词用，指做安全决定和选择，是一种活动过程。本节讨论的主要是后一种意义上的安全决策。科学安全决策是指人们针对特定的安全问题，运用科学的理论和方法，拟定各种安全行动方案，并从中做出满意的选择，以较好地达到安全目标的活动过程。现代安全管理中所讲的决策，指的就是科学安全决策。

理解安全决策的含义，必须要把握以下几个要点。

① 安全决策是一个过程。在这个过程中，必须要按一定程序并进行一系列的安全科学研究。

② 安全决策总是为了达到一个既定的目标，没有安全目标无法进行安全决策；安全目标不准或错误，会产生安全失策。

③ 安全决策总是要付诸实践，不准备实施，安全决策就是多余的。因此，围绕既定安全目标拟定各种实施方案是安全决策的基本要求。

④ 安全决策的核心是优选。因此，任何一项安全决策必须充分考虑各种条件和影响因素，从多种应对方法中选取满意的作为决策结果。

⑤ 安全决策要考虑在实施过程中情况的不断变化，还要考虑到实现安全目标之后的社会效果。没有应变方案和不考虑社会效果的安全决策是不完整的，缺少了安全决策的科学性。

⑥ 安全决策是指科学安全决策和民主安全决策，而不是指任意的一种安全决定。为此在现代企业安全生产管理中必须运用科学的方法，并尽量集中职工和集体的智慧。

2. 安全决策的作用

安全决策是安全管理的基础。安全决策是从各个抉择方案中选择一个方案作为未来行为的指南。而在决策以前，只是对安全管理计划工作进行了研究和分析，没有决策就没有合乎理性的行动，因而决策是计划工作的核心。因此，从这种意义上说，安全决策是安全管理的基础。一切管理工作都是围绕管理计划、目标进行的，而安全计划的选取要靠安全决策。没有决策，就没有计划，安全管理活动就没有目的性，管理效果就会打折扣。

安全决策能明确目标，统一行动，让组织成员明白安全管理工作的方向和要求。民主的安全决策有助于提高组织的凝聚力，创造良好的企业文化，改进安全管理水平。民主的安全决策由于是大家的共识，更加易于执行，更为有效。安全决策是决定安全管理工作成败的关键。

安全决策是任何安全生产活动进行之前必不可少的一步，而不同层次的安全决策有大小不同的影响。安全决策是各级、各类安全主管人员的重要工作。安全决策不仅仅是"上层主管人员的事"，上至国家领导，下到基层的班组长，均要做出安全决策，只是决策的重要程度和影响的范围不同而已。安全决策是安全管理工作执行的前提。组织在日常的管理工作中，执行力是体现一个组织效益的重要因素，也是衡量一个组织是不是良性发展、有效管理的重要指标。

正确的安全决策是组织在有限的条件下做正确的事、创造最大价值的前提，让安全管理组织少走、不走弯路。安全决策规定了组织在未来一定时期内的活动方向和方式，是任何行动发生之前必不可少的一步，它提供了组织中各种安全管理资源配置的依据，因而在组织活动尚未开始之前决策就已经在一定程度上决定了组织的活动效率，组织行动的成败得失与决策是否正确密切相关。一项成功的重大安全决策可能会使组织转败为胜，而一项错误的安全决策也可能使组织陷入困境。所以说，决策的正确性、合理性对组织的生存和发展是至关重要的。

3. 安全决策的内容

安全决策的内容涉及学科交叉的知识，它既含有运筹学、概率论、控制论、模糊数学等相关的数学方法，也有从安全心理学、行为科学、计算机科学、信息科学引入的各种社会、技术科学的内容。安全决策的内容可以从以下几个方面展开介绍。

（1）发现问题

发现问题是安全决策的起点，一切安全决策都是从发现问题开始的。问题就是安全决策对象存在的矛盾，通常指应该或可能达到的状况同现实状况之间存在的差距。它既包括已存在的现实安全问题，也包括估计可能产生的未来的安全问题。安全决策能够准确、及时地抓住安全问题，并提出切实可行的，对实际安全问题针对性十分强的解决措施和办法，安全决策就会是正确的，有可能取得好的效果。反之，安全决策就不可能正确，就可能给安全工作带来损失。所以安全决策水平的高低与发现现实安全问题和未来安全问题的程度及时期紧密相关。因此，安全管理者在安全管理活动中不要怕有问题，更不要怕暴露问题。

发现问题，搞清问题的性质、范围、程度，以及它的价值等不能停留在一般化的主观直觉上，要分析安全问题的各种有关因素。为此，首先要特别注意调查研究，广泛搜集各方面的安全信息资料，广泛听取广大职工群众的意见，以尽可能详细、全面地掌握安全问题。问题发现之后，紧接着就是要认真分析问题，即找出产生差距的原因，包括客观原因和主观原因，主要原因和次要原因，直接原因和间接原因等。要对这些原因进行一番全面的、立体的分析，既从问题的表面原因入手一层一层地做深入解析，直到弄清不同层次原因之间的关系，找出根本原因；又对同一层次的各种原因及其相互关系进行分析，从中找出主要原因。问题发现了，原因找准了，最后就可以确定急需解决的安全问题。问题确定得准，就会为合理确定目标打下良好的基础。

（2）确定目标

目标的确定，直接决定方案的拟定，影响方案的选择和安全决策后的方案实施。安全决策确定的目标必须具体明确，既不能含糊不清，也不能抽象空洞，否则方案的拟定和选择就会无所适从。一般情况下，确定的目标应符合下列基本要求：

① 目标必须是单一的；

② 必须有明确的目标标准，以检查目标达到和实现的程度；

③ 明确目标的主客观约束条件；

④ 在存在多目标的情况下，应对各个目标进行具体分析，分清主次，把主要的列为目标，次要的降为约束条件。

（3）拟订方案

安全决策的目标确定以后，接下来要做的工作是研究实现目标的途径和方法，也就是拟订方案。任何安全问题的解决都存在着多种可能途径，可以有多种方案。现代企业安全生产决策的一个重要特点就是要在多种方案中选择较好的方案，没有比较就没有鉴别。只拟订一个方案，孤注一掷，寄托在侥幸基础上的安全决策，不是科学决策。因此，拟订方案时应拟订多个方案。在拟订方案时贯彻整体详尽性和互相排斥性这两条基本要求。整体详尽性，就是要求尽可能地把各种可能的方案全部列出。互相排斥性，是指不同方案之间必须有较大的区别，执行甲方案就不能执行乙方案。实现整体详尽性和互相排斥性需要安全决策者在拟订方案的过程中鼓励有关人员进行大胆广泛的寻求和精心的设计。大胆广泛地寻求特别需要勇于创新的精神和丰富的想象力，精心的设计需要有冷静的头脑和坚毅的精神。

制定备选方案既是企业的一项安全管理活动，同时又是一项技术性很强的安全管理活动。无论哪一种备选方案，都必须建立在科学的基础上，方案中的指标要能够进行定量分析。一定要将指标数量化，并运用科学、合理的方法进行定量分析，使各个方案尽可能建立在客观科学的基础上，减少主观性。

（4）方案评估

方案评估就是对所拟订的各种备选方案，从理论上进行综合分析后对其加以评比估价，从而得出各备选方案的优劣利弊的结论。在企业安全决策中，拟订的多个方案会有相对的优劣之分，为此，要经过分析对比，权衡利弊，同时对方案进行设计改进。在评估方案时要对方案的限制因素、协调性、潜在问题等进行系统的分析。具体评估时，还要进行效益和效应分析，主要包括如下几方面。

① 从经济效益分析备选方案，如果属于有经济项目的活动，要从经济效益的角度，对人、财、物等资源的限制因素、客观经济环境和成果等进行认真分析。要通过具体计算，得出定量的分析结果。

② 从社会效益分析安全管理中的决策，不但要对经济效益予以高度重视，而且也应非常重视方案的社会效益。社会效益的分析，主要看方案实施后对社会的公共利益、社会的安定、生态的平衡、人民群众的身体健康等影响如何。

③ 从社会心理效应分析企业安全生产管理决策，总是要涉及不同群体的人的利益，而不同群体的人在心理上对一切事物的反应是有区别的。因此，方

案评估中不能不考虑方案实施会产生什么样的社会心理效应。有的方案虽然经济效益可行，社会效益也较好，但人们心理一时无法承受。那么，这样的方案至少应在具体措施上有解决心理问题的办法才是可行的。评估心理效应可进行一些社会心理的问卷调查，并请一些心理学方面的专家对方案进行社会心理的分析论证。

在对各种方案就以上内容进行分析评估时，要注意各方案之间的差别性。差别性显示出了各种方案的特点，突出地、鲜明地反映了各种方案的优点和不足。安全决策者要善于在评估中通过比较各种方案的差别，启发自己和专家们的思路，拿出更加有力的措施，改进原有的某个方案。

（5）方案选优

方案选优是在对各个方案进行分析评估的基础上，从众多方案中选取一个较优的方案，即通常所说的拍板。在安全决策过程的几个步骤中，如果说前四个步骤是安全决策者领导有关人员一起做工作的话，那么最后一个步骤则主要是安全决策者的职责。前四个步骤需要安全决策者重视发挥职工的作用，重视发挥专业人员的作用，后一步骤则主要靠安全决策者运用决断理论，独立地完成拍板这一决策行动。在完成方案选优的过程中安全决策者要注意以下几个问题。

1）安全决策者要有正确的选优标准。优，只是一个相对的概念，绝对的优在企业实际安全生产中是不存在的。因为人们的认识水平、事物的发展要受到许多因素的限制。所以，只能要求安全决策目标的主要指标达到相对优，以"满意"为原则：两利相衡取其重，两弊相衡取其轻，而不可能要求各项指标均达到十全十美的程度。过分地追求十全十美就可能贻误时机。

2）安全决策者要有科学的思维方法和战略系统的观念。拍板时安全决策者的思维方法一定要正确，必须坚持唯物辩证法，坚持一分为二，善于把握全局与局部、主要矛盾和次要矛盾、矛盾的主要方面和次要方面，抓住重点兼顾一般。当有关安全专业人员把各种备选方案及其背景材料提供给决策者时，安全决策者要用辩证的眼光、系统的观念，仔细地衡量各种方案的优劣利弊，从中选出优化方案，适时做出安全决策。

3）安全决策者要正确处理与专家的关系。现代企业安全生产决策必须有专家从事具体工作，但是他们是在安全决策者委托和指导下参与安全决策，绝不能代替安全决策者进行决策。因为，专家有某一方面的专门知识，对问题钻研得深远，但也往往只从某一方面考虑得多一些，而安全决策是要对安全生产全局负责的。一般情况下，在安全决策的前四个步骤中决策者应特别注意听取各方面安全专家的意见，方案选优时则要在综合各方面安全专家意见的基础上，独立地拿出总揽全局的决策来。

4) 安全决策者要有意地修正自己心理因素。所产生的偏差通常安全决策者对决策后的损益有三种不同的反应：有的对效益的反应较迟钝，而对损失的反应比较敏感，这是一种怕担风险的心理；有的则对损失的反应比较迟钝，而对效益比较敏感，这是一种敢冒风险的心理；有的则完全按损益期望值高低来选择行动方案。而在具体的决策中该冒风险还是谋求保险，应看具体情况、具体事件而定。这就要求安全决策者应当有自知之明，在全面考虑各种因素的前提下扬长避短地进行决断，避免可能产生的偏颇。

以上安全决策步骤是一般安全决策所不能少的，但在企业实际安全工作中，不能机械地理解和教条式地照搬，一般应按顺序进行，有时也可交替结合进行，实行反馈不断修正，使安全决策方案不断完善。安全决策方案选定后，必须付诸实施。在组织实施过程中，要对安全决策执行情况进行监督检查，发现实际执行情况与安全决策目标之间有较大的偏差或安全决策目标无法达到时，要进行追踪反馈，做出新的安全决策，即通常讲的追踪安全决策。从这个角度讲，安全决策过程也是一个连续不断的动态过程。

第二节　安全管理程序

一、操作程序概述

系统化安全健康管理，是把组织的安全健康管理作为一项管理任务，管理时把管理任务分解成多个子任务，每个子任务可以叫做一个"过程"。安全健康管理的操作程序是系统化安全健康管理体系的一部分，程序文件当然也就是体系文件的一部分，它在体系文件中可以作为体系手册的附件出现，也可以单独出现，和手册共同组成体系文件。

每一个程序文件在安全管理体系文件中都是一个在逻辑上独立的内容，程序文件的内容、格式等根据组织的需求确定。程序文件的有效实施才能体现安全管理体系的作用，因此，程序文件的内容和要求要密切结合实际情况。程序文件展开的深度和广度取决于任务的复杂性和工作方法、活动内容和执行活动人员的水平、能力等。安全管理程序在编写形式上应该简洁明了、通俗易懂。如果有些程序太长或过于详尽，也建议对其进行适当的划分，形成几个小的模块或部分，甚至可以分成几个程序。有些组织建议用适当的词语如"必须""应该"等区分强制性的活动和建议性的活动。

二、程序文件内容

为了便于程序文件编制，同时也为了便于其实施和管理，企业安全管理体系的所有程序文件都应按照统一的表达形式进行陈述。常见的程序文件主要包括如下的结构。

（1）目的

应该说明该程序的控制目的、控制要求。推荐使用如下的引导语：

为了……制定本程序。

本程序规定了……

（2）范围

应该指出该程序所规定的内容和所涉及的控制范围，推荐使用如下的引导语：

本程序适用于……

（3）术语（如需要）

应给出与该程序有关的术语及其定义（特别是专用术语）。

（4）职责

应规定实施该程序的主管部门和人员的职责以及相关部门和人员的职能。

（5）工作程序

工作程序主要应规定以下9方面的内容。

①确定需开展的各项活动及实施步骤；②明确所涉及人员；③规定具体的控制要求和控制方法；④确定开展各项活动的时机；⑤给出所需的设备、设施及要求；⑥规定例外情况的处理方法；⑦引出所涉及的相关性文件或支持性文件；⑧明确记录的填写和保存要求；⑨列出所使用的记录表格等。

（6）相关文件

程序文件应列出与本程序有关的相关文件。

（7）相关记录

程序文件应给出有关的记录，如可能，并附上相应的空白表格。

程序文件应得到本活动相关部门负责人的同意和接受，以及相关方对接口关系的认可，经过认可后实施。

三、常用程序文件

根据职业健康安全管理体系指南，应形成相应程序所涉及的文件，当然也可以形成其他更多程序文件。具体程序文件内容要求请参见《职业健康安全管理体系 要求及使用指南》（GB/T 45001）。

第三节　安全管理工具

一、6σ 管理方法

1. 6σ 管理方法的产生

6σ 是一项以数据为基础，追求几乎完美的管理方法。在统计学中，6σ 用来表示标准偏差，即数据的分散程度。对连续可计量的质量特性，用"σ"度量质量特性总体上对目标值的偏离程度。几个 σ 是一种表示质量的统计尺度。任何一个工作程序或工艺过程都可以用几个 σ 表示。6σ 表示每一百万个机会中有 3.4 个出错的概率，即质量的合格率是 99.99966%，而 3σ 的合格率只有 93.32%。

6σ 管理方法的重点是将所有工作作为一种流程，采用量化的方法分析流程中影响质量的因素，找出最关键的因素加以改进从而达到更高的客户满意度。

6σ 在 20 世纪 90 年代中期从一种全面质量管理方法演变成为一种高度有效的企业流程设计、改善和优化技术，并提供一系列同等适用于设计、生产和服务的新产品开发工具，继而与全球化、产品服务、电子商务等战略齐头并进，成为全世界追求管理卓越性的企业最为重要的战略举措。6σ 逐步发展成为以顾客为主体来确定企业战略目标和产品开发设计的标尺，成为追求持续进步的一种质量管理哲学。

2. 6σ 的发展史

6σ 最早作为一种突破性的质量管理战略于 20 世纪 80 年代末在摩托罗拉公司（Motorola）成形并付诸实践，三年后该公司的 6σ 质量战略取得了空前的成功：产品的不合格率从百万分之 6210（大约 4σ）减少到百万分之 32（5.5σ），在此过程中节约成本超过 20 亿美元，平均每年提高生产率 12.3%，因质量缺陷造成的损失减少了 84%。摩托罗拉公司因此取得了巨大成功，成为世界著名的跨国公司，并于 1998 年获得美国鲍德里奇国家质量管理奖。

真正把 6σ 的质量战略变成管理哲学和实践，从而形成一种企业文化的是杰克·韦尔奇领导的通用电气公司（GE）。该公司从 1996 年开始把 6σ 作为一种管理战略列为其三大公司战略举措之首（另外两个是全球化和服务业），在公司全面推行 6σ 的流程变革方法，而 6σ 也逐渐成为世界上追求管理卓越性的企业最为重要的战略举措。GE 由此所产生的效益每年加速度递增：每年节省的成本为 1997 年 3 亿美元、1998 年 7.5 亿美元、1999 年 15 亿美元；利润率从 1995 年的 13.6% 提升到 1998 年的 16.7%。GE 的总裁杰克·韦尔奇因此说："6σ 是 GE 历史上最重要、最有价值、最盈利的事业。我们的目标是成为一个 6σ 公司，这将意味着公司的产品、服务、交易零缺陷。"6σ 管理模式在摩托罗拉和通用电气两大公司推行并取得立竿见影的效果后，立即引起了世界各国的高度关注、各大企业也纷纷效仿、引进并推行 6σ 管理，从而在全球掀起了一场"6σ 管理"浪潮。

3. 6σ 安全管理的执行成员

6σ 安全管理的一大特色是要创建一个实施组织，以确保企业提高绩效活动具备必需的资源。一般情况下，6σ 安全管理的执行成员组成如下：

（1）倡导者（champion）

倡导者由企业内的高层管理人员组成，通常由总裁、副总裁组成，他们大多数为兼职。一般会设 1～2 位副总裁全面负责 6σ 推行，主要职责为调动公司各项资源，支持和确认 6σ 全面推行，决定"该做什么"，确保按时、按质完成安全计划，倡导者管理、领导黑带大师和黑带。

（2）黑带大师（master black belt）

黑带大师与倡导者一起协调 6σ 项目的选择和培训，该职位为全职 6σ 人员。其主要工作为培训黑带和绿带，组织和协调项目、会议、培训，收集和整理信息，执行和实现由倡导者提出的"该做什么"的工作。

（3）黑带（black belt）

黑带为企业全面推行 6σ 的中坚力量，负责具体执行和推广 6σ，同时负责培训绿带。一般情况下一名黑带一年要培训 100 名绿带。该职位也为全职 6σ 人员。

（4）绿带（green belt）

绿带为 6σ 兼职人员，是公司内部推行 6σ 众多基层安全项目的执行者。他们侧重于 6σ 在每日工作中的应用，通常为公司各基层部门的负责人。6σ 占其工作的比例可视实际情况而定。

以上各类人员的比例一般为：每 1000 名员工，应配备黑带大师 1 名，黑带 10 名，绿带 50～70 名。

4. 6σ 安全管理方法的实施原则

（1）真正以顾客为关注焦点

尽管许多公司十分强调以顾客为关注焦点，声称"满足并超越顾客的期望和需求"，但是许多公司在推行 6σ 时经常惊骇地发现，他们对顾客的真正理解少得可怜。

在 6σ 中，以顾客为关注焦点是最重要的事情。举例来说，对 6σ 业绩的测量首先从顾客开始，通过对 SIPOC（供方、输入、过程、输出、顾客）模型的分析来确定 6σ 对象。6σ 管理方法的改进程度是由其对顾客满意度和价值的影响来定义的。因此，6σ 改进和设计是以对顾客满意所产生的影响来确定的，6σ 管理比其他管理方法更能真正地关注顾客。

（2）以数据和事实驱动管理

6σ 把"以数据和事实为管理依据"的概念提升到一个新的、更有力的水平。虽然许多公司在改进安全信息系统、安全知识管理等方面投入了很多注意力，但很多经营决策仍然是以主观观念和假设为基础的。6σ 原理则从分辨什么指标是测量业绩的关键开始，然后收集数据并分析关键变量。这使问题能够更有效地被发现、分析和解决——永久地解决。

说得更实际一些，6σ 帮助管理者回答两个重要问题，来支持以数据为基础的决策和解决方案：①真正需要什么安全数据/信息？②如何利用这些安全数据/信息以使安全最大化？

（3）对过程的关注、管理、提高

在 6σ 中，无论把重点放在安全设施、设备和服务的设计、安全的测量、效率和顾客满意度的提升上还是业务经营上，6σ 都把过程视为成功的关键载体。6σ 活动最显著的突破之一是使领导者和管理者（特别是服务部门和服务行业中的）确信过程是构建向顾客传递价值的途径。

（4）主动管理

主动即意味着在事件发生之前采取行动，而不是事后做出反应。在 6σ 管理中，主动性的管理意味着对那些常常被忽略的安全活动养成习惯：制定有雄心的目标并经常进行评审，设定清楚的优先级，重视问题的预防而非事后补救，询问做事的理由而不是因为惯例就盲目地遵循。真正做到主动管理是创造性和有效变革的起点，而绝不会令人厌烦或认为分析过度。6σ 将综合利用工具和方法，以动态的、积极的、预防性的管理风格取代被动的管理习惯。

（5）无边界的合作

"无边界"是 GE 公司经营成功的秘诀之一。在推行 6σ 之前，GE 公司一直致力于打破障碍，但是效果仍没有让首席执行官杰克·韦尔奇满意。6σ 的推行，加强了自上而下、自下而上和跨部门的团队工作，改进公司内部的协作以及与供方和顾客的合作。

（6）对完美的渴望，对失败的容忍

怎样能在力求完美的同时还能够容忍失败？从本质上讲，这两方面是互补的。虽然每个以 6σ 为目标的公司都必须力求使结果趋于完美，但同时也应该能够接受并管理偶然的挫折。这些理论和实践使全面质量管理一直追求的零缺陷和最佳效益目标得以实现。

6σ 安全管理是一个渐进的过程，它从一个远景开始，接近完美的本质安全和服务以及极高的顾客满意目标。这给传统的全面安全管理注入新的动力，也使依靠安全取得效益成为现实。

5.6σ 安全管理方法的实施步骤

6σ 的安全实质是"零缺点计划"理论和实践，即在安全生产上要求"零事故"。为了达到 6σ，首先要制定标准，在安全管理中随时跟踪考核操作与标准的偏差，不断改进，最终达到 6σ。现已形成一套使每个环节不断改进的、简单的流程模式——定义、测量、分析、改进、控制。

（1）定义

定义即陈述问题。需要黑带大师以市场为导向，以企业现有资源为依据，利用顾客反馈的数据及从与机器直接打交道的员工处获得的信息做出相应的曲线，进行数据比较，从而确定改进目标，如零事故目标等。

（2）测量

测量的目的是识别并记录那些对顾客关键的过程业绩及对安全（即输出变量）有影响的过程参数，量化客户需求，对从顾客中获取的数据进行分类、归组，以便分析使用。了解现有的安全水平，确认顾客、用户，对改进后的预期安全进行评估，此阶段是数据的收集阶段。一旦决定该测量什么，其组成人员就必须制订相应的"数据收集计划"，并计算和量化实际业务中的各种事件。通过过程流程图、因果图、散布图、排列图等方法来整理数据。

（3）分析

分析即对数据分析，找出问题的关键因素。在此阶段中，团队成员要分析过去和当前的安全数据并明确将来应该取得的安全目标，通过分析回答测量阶段的问题，确定关键问题的置信区间，进行方差分析，通过假设检验的方法来获取其需求价值。还可以通过头脑风暴法、直方图、排列图等方法对所采集的数据进行分析，找到准确的因果关系。在此阶段，必须准确分析数据，建立输入与输出数据的数学模型，并追踪和核查解决方案的有效性。

（4）改进

改进是基于分析之上的，针对关键因素确立最佳改进方案。在此阶段，可通过功能展开、策划试验设计、进行正交试验等来对关键问题进行调整、改善，此阶段需注意，应从小入手，找到关键问题逐一解决。所有这些工作都要建立在安全绩效的数学模型基础上，以确定输入的操作范围及设定过程参数，并对输入改进优化。

（5）控制

控制主要对关键因素进行长期控制并采取措施以维持改进结果，要定期监测可能影响数据的变量和因素、制订计划时所未曾预料的事情。在此阶段，要应用适当的安全原则和技术方法，关注改进对象数据，对关键变量进行控制，制订过程控制计划，修订标准操作程序和作业指导书，建立测量体系，监控安全工作流程，并制定一些对突发事件的应对措施。

二、 9S 管理方法

一个良好的工作现场、操作现场有利于企业吸引人才、创建企业文化、降低损耗和提高工作效率，同时可以大幅度提高全体人员的素质和敬业爱岗精神。9S 安全管理法作为一种科学的管理思想、管理方式，目前在发达国家应用广泛，被认为是一种最基本、最有效的现场管理方法。9S 管理方法是企业提高生产效率、降低成本，树立竞争优势的关键，也是防止事故的基础。

1. 概述

（1）9S 管理方法的产生和发展

9S 管理方法是由 5S 管理方法演化而来的，9S 是 5S 的深入拓展和升华。5S 管理方法起源于日本，是整理（Seiri）、整顿（Seiton）、清扫（Seiso）、清洁（Seiketsu）、素养（Shitsuke）五个项目的整合，因日语的拼音均以"S"开头，简称 5S 管理方法。5S 管理方法是指对生产现场的各种要素进行合理配置和优化组合的动态过程，即令所使用的人、财、物等资源处于良好的、平衡的状态。1955 年，日本 5S 的宣传口号为"安全始于整理，终于整理整顿"。当时只推行了前两个"S"，其目的仅仅为了确保作业空间的安全。后因生产和品质控制的需要又逐步提出了 3S，也就是清扫、清洁、素养，进一步拓展了其应用空间及适用范围。

日本企业将 5S 作为管理工作的基础，推行各种品质管理手法，使其产品品质得以迅速提升。到了 1986 年，日本企业的 5S 相关著作逐渐问世，这对整个现场管理模式起到了冲击作用，并由此掀起了 5S 管理方法热潮。同时，在日本丰田公司的倡导推行下，5S 管理方法对于塑造企业的形象、降低成本、准时交货、安全生产、高度的标准化、创造令人心旷神怡的工作场所、现场改善等方面发挥了巨大作用，逐渐被各国的管理界所认可。随着世界经济的发展，5S 管理方法已经成为企业管理的一股新潮流。近年来，人们对这一活动的认识不断深入，对 5S 中的素养进行分解与扩展，增加了 4 个"S"，称其为 9S。9S 不仅包含了 5S 的全部内容，而且还通过增加 4 个"S"，即节约（Saving）、安全（Safety）、服务（Service）和满意（Satisfaction），使得 5S 的核心思想得到了升华。9S 既讲究个体素养的培养和提高，又强调相互间的团结协作，促进组织方方面面的满意。

　　9S 运动在我国也甚为流行。9S 的精神在我国很早就有体现，从古人对修身养性的教诲中便能看出，如"千里之行始于足下""一屋不扫何以扫天下""勿以善小而不为，勿以恶小而为之""愚公移山，锲而不舍"等。9S 运动就是对这些思想的继承和演绎，使其理论化、系统化，并用于企业经营活动，进而上升为企业的管理理念。因此，9S 管理方法在我国的应用将会有光明的前景。

　　9S 的具体含义如表 6-1 所示。

表 6-1　9S 的具体含义

9S	具体含义
整理（seiri）	移走不必要的物件，腾出现场的空间
整顿（seiton）	对现场必要的物件进行有序摆放
清扫（seiso）	对工作现场进行彻底的清扫
清洁（seiketsu）	巩固前三项成果，持续维护现场整洁
节约（saving）	排除一切浪费的活动
安全（safety）	排除一切安全隐患
服务（service）	为企业外部客户、内部客户服务
满意（satisfaction）	检视各方不满意来源，提高满意程度
素养（shitsuke）	员工养成良好的职业习惯

　　（2）9S 的内涵

　　1）整理。整理是彻底把需要与不需要的人、事、物分开，再将不需要的人、事、物加以处理，这是改善生产现场的第一步。整理的关键是对"留之无用，弃之可惜"的观念予以突破，必摒弃"好不容易才做出来的""丢了好浪费""可能以后还有机会用到"等观念。整理的要点如下。

　　① 对每件物品都要经过这样的思考："看看是必要的吗？""非这样放置不可吗？"

　　② 如果是必需品，也要适量，将必需品的数量降低到最低限度。

　　③ 如果是在哪儿都可有可无的物品，则不管是谁买的，有多昂贵，都应坚决处理掉。

④ 如果是非必需品，即在这个地方不需要的东西但在别的地方或许有用，并不是"完全无用"，则应寻找它合适的位置。

⑤ 要区分对待马上要用的、暂时不用的、长期不用的。

⑥ 当场地不够时，不要先考虑增加场所，要先整理现有的场地。

整理的目的有：改善和增加作业面积；现场无杂物，行道通畅，提高工作效率；减少磕碰的概率，保障安全，提高质量；消除管理上的混放、混料等差错事故；有利于减少库存，节约资金，改变作风，提高工作情绪。

2）整顿。整顿是把需要的人、事、物加以定量和定位，对生产现场需要留下的物品进行科学合理布置和摆放，以便在最快速的情况下取得所要之物，在最简洁有效的规章、制度、流程下完成事务。简言之，整顿就是人和物放置方法的标准化。

整顿是研究提高效率方面的科学，它研究怎样才可以立即取得物品，以及如何能立即放回原位。整顿可以将寻找的时间减少为零，使异常（如丢失、损坏）马上被发现，能让其他人员明白要求和做法，即其他人员也能迅速找到物品并能将其放回原处，使其标准化。

整顿的目的包括：工作场所一目了然；整齐的工作环境；减少找寻物品的时间；消除过多的积压物品；有利于提高工作效率，提高产品质量，保障生产安全。

3）清扫。清扫是将工作场所、环境、仪器设备、材料、工具等上的灰尘、污垢、碎屑、泥沙等脏东西清扫、擦拭干净，创造一个一尘不染的环境。

清扫过程是根据整理、整顿的结果，将不需要的部分清除掉，或者标示出来放在仓库之中。清扫活动的关键是按照企业的具体情况确定清扫对象、清扫人员、清扫方法、准备清扫器具、实施清扫的步骤，做到自己使用的物品，如设备、工具等，要自己清扫，而不要依赖他人，不增加专门的清扫工，而且设备的清扫要着眼于设备的维护保养。

清扫的目的包括：改善环境质量，消除脏污，保持职场内干净、明亮；稳定品质；排除异常情况的发生，减少工业伤害。

4）清洁。清洁是在整理、整顿、清扫之后，认真维护、保持环境的最佳状态，即形成制度和习惯。清洁是对前三项活动的坚持和深入，以消除安全事故根源、创造一个良好的工作环境为目的，使员工能愉快地工作，有利于企业提高生产效率，改善管理的绩效。

清洁活动实施时，需要秉持三个观念：①只有在清洁的工作场所才能生产出高效率、高品质的产品；②清洁是一种用心的行动；③清洁是一种随时随地的工作。清洁活动的要点有：坚持"3不要"的原则——"不要放置不用的东西，不要弄乱，不要弄脏"；不仅物品需要清洁，现场工人同样需要清洁，工人不仅要做到形体上的清洁，而且要做到精神上的清洁。

在产品的生产过程中，永远会伴随着无用物品的产生，这就需要不断加以区分，随时将其清除，这就是清洁的目的。

5）节约。节约是指减少企业的人力、空间、时间、库存、物料消耗等因素，就是对时间、空间、能源等方面合理利用，以发挥其最大效能，从而创造一个高效率的、物尽其用的工作场所。

节约的目的包括：避免场地浪费，提高利用率；减少物品的库存量；减少不良的产品，减少动作浪费，提高作业效率；减少故障发生，提高设备运行效率等。

6）安全。安全是指为了使劳动过程在符合安全要求的物质条件和工作秩序下进行，防止伤亡事故、设备事故及各种灾害的发生，保障劳动者的安全健康和生产、劳动过程的正常进行而采取的各种措施和从事的一切活动。

在作业现场彻底推行安全活动，即制定正确的作业流程，配置适当的工作人员监督；对不合安全规定的因素及时举报消除；重视员工安全教育，培养员工的安全意识。让员工对安全用电、确保消防通道畅通、佩戴安全帽、遵守搬用物品的要点养成习惯，建立有规律的作业现场，那么安全事故次数必定大大降低。

安全的目的是清除隐患，排除险情，预防事故的发生。同时还有对员工的培养，员工建立了自律的心态，养成认真对待工作的态度，必能极大地减少由工作马虎而引起的安全事故。

7）服务。服务是指要经常站在客户（外部客户、内部客户）的立场思考问题，并努力满足客户要求。作为一个企业，服务意识必须作为对其员工的基本素质要求来加以重视，每一个员工也必须树立自己的服务意识。企业的品牌和形象来源于产品的质量、服务。员工要通过各项专业技术知识学习，从实践中获取本职技能，同时不断地向同事及上级学习，提升自己的综合素质，爱企如爱家，完善产品，服务生产，有职业奉献精神。

许多企业都非常重视对外部客户的服务，却忽视对内部客户（后道工序）的服务，甚至认为都是同事，谈什么服务。而在9S活动中，尤其是工厂管理中，需注意内部客户（后道工序）的服务。

服务的目的是让服务意识深入企业的方方面面，让员工从内心接受"客户就是上帝"的观念并身体力行，而不是停留在口头上。

8）满意。满意是指客户（外部客户、内部客户）接受有形产品和无形服务后感到需求得到满足的状态。满意活动是指企业开展一系列活动以使各有关方满意。

① 投资者的满意。通过 9S，使企业达到更高的生产及管理境界，投资者可以获得更大的利润和回报。

② 客户满意。客户满意表现为高质量、低成本、交货期准、技术水平高、生产弹性高等特点。

③ 员工满意。效益好，员工生活富裕，人性化管理使每个员工可获得安全、尊重和成就感；一目了然的工作场所，没有浪费、勉强、不均衡等弊端：明亮、干净、无灰尘、无垃圾的工作场所让人心情愉快，不会让人疲倦和烦恼；人人都亲自动手进行改善，在有活力的一流环境中工作，员工都会感到自豪和骄傲。

④ 社会满意。企业对社会有杰出的贡献，热心公众事业，支持环境保护，这样的企业会有良好的社会形象。

9）素养。素养就是培养全体员工良好的工作习惯、组织纪律和敬业精神，提高人员的素质，营造团队精神。这是 9S 管理方法的核心，也是各项活动顺利开展、持续进行的关键。在开展 9S 活动中，要贯彻自我管理的原则，具体应做到：①学习、理解并努力遵守规章制度，使它成为每个人应具备的一种修养；②领导者的热情帮助与被领导者的努力自律相结合；③有较高的合作奉献精神和职业道德；④互相信任，管理公开化、透明化；⑤勇于自我检讨、反省，为他人着想，为他人服务。

（3）9S 活动的目的

9S 活动可以改善提高企业形象；促进工作效率的提高；减少直至消除故障，保障品质；保障企业安全生产；降低生产成本；改善员工的精神面貌，增强组织活力；革除马虎之心，使员工养成凡事认真、遵章守纪的习惯；使员工养成文明礼貌的习惯，形成良好企业文化等。总之，推行 9S 的根本目的就是通过规范现场、现物，营造一目了然的工作环境，培养员工良好的工作习惯，最终提高人的品质，达到提高企业效率的目的。9S 活动的目的如图 6-3 所示。

综上所述，9S 管理方法一个重要的目的是实现安全生产，安全是一切工作的前提。以实现安全为最终目的的 9S 管理方法称为 9S 安全管理法，它主要针对危险行业，例如，煤矿行业、化工行业等。目前，有部分企业正在接受这一管理方法，但实施的广泛性和效果有待增强，所以 9S 安全管理法的知识有待普及和推广。

2. 9S 的效用

成功的管理模式必须得到全体员工的充分理解，并亲自参与进去，使之成为该系统中的成员，管理模式才能奏效。9S 管理方法简单明了，每一位员工

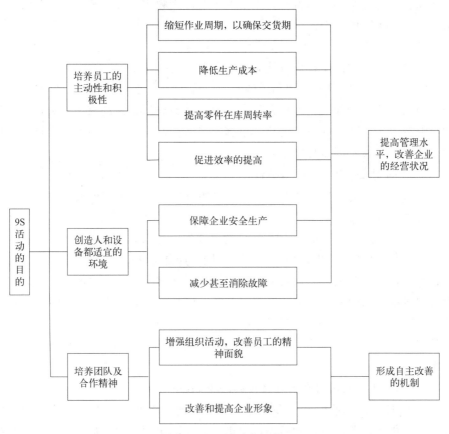

图 6-3　9S 活动的目的

都能理解，为安全、效率、品质以及减少故障提出了简单可行的解决方法。9S 的效用可以归纳为 5 个 "S"，即 sales（销售）、saving（节约）、safety（安全）、standardization（标准化）、satisfaction（满意）。

（1）9S 是最佳推销员（sales）

9S 管理方法可以提高企业的管理水平，是一种基础的管理方法，是企业其他管理方法运用和实现的根本。它使企业具有干净整洁的环境，这样一方面使顾客对企业更有信心，乐于下订单，而且能不断提高企业的知名度和口碑，扩大企业的声誉和产品的销路；另一方面，一个良好的工作现场、操作现场有利于企业吸引人才，使企业具有广阔的发展空间。

（2）9S 是节约家（saving）

1）9S 活动大大降低了很多材料及工具的浪费，在进行"整理"活动时，要区分需要和不需要的东西，不需要的东西要及时清除掉，而对于需要的东西要保存。同时还必须进行调查，主要调查其使用频率，以此来决定其日常使用量，避免了无谓的浪费。

2）9S节省了工作场所，在区分出不要的东西之后，对其进行清理，这样腾出了更多的空间用于存放其他必需的东西。

3）减少工件的寻找时间和等待时间，降低了成本，提高了工作效率，缩短了加工周期。例如，仓库中存放了很多规格的螺母，混乱放在一起，逐个查找会浪费很多时间。在对其进行"整理"之后，对每个规格的螺母进行分类标示，节省了寻找时间，提高了效率。

（3）9S对安全有保障（safety）

1）推行9S的场所，要宽广明亮、视野开阔，这样可降低设备的故障发生率，减少意外的发生。

2）全体员工根据9S的要求，自觉遵守作业标准，就不易发生工作伤害。

3）有些设备和操作本身就带有危险性，这是无法避免的。运用9S管理方法，养成良好的习惯，采取必要的防护措施，在容易发生危险的地方设置安全警告牌或提前采取安全措施，可以大大降低事故的发生概率。例如，在生产企业会经常进行高空作业，其危险性不言而喻。按照9S管理方法的规范管理，佩戴安全帽，系好安全带，地面再增加人员进行保护，就会大大减少事故的发生。

（4）9S是标准化的推动者（standardization）

9S管理强调作业标准的重要性，规范了现场作业，使员工都正确地按照规定执行任务，养成良好的习惯，促进企业标准化的进程，从而增强了产品品质的稳定性。同时由于在制定标准时，经过了管理者与作业人员的反复思考，结合现场操作中可能存在的问题及如何在操作中加以解决来制定，这就最大限度地减少了操作过程中问题的发生。

（5）9S可以形成令人满意的职场（satisfaction）

1）"人造环境，环境育人"，员工对动手营造明亮、清洁的工作场所有成就感，能造就现场全体人员积极改善的气氛，整个企业的环境面貌也随之改善。

2）明朗的环境可使人工作时的心情愉快，员工有被尊重的感觉，工作更加有精神，效率也会提高，工作质量也会得到提升。

3）员工的归属感增强，使员工真正积极地完成每一份工作，人与人之间、主管和部属之间均有良好的互动关系，促进工作顺利开展。

4）全员通过参与9S活动，使环境更加整洁有序，素质提高，为塑造企业文化形象奠定了基础。

3. 9S 的推行步骤

掌握了 9S 的基础知识，并不意味着也具备了推行 9S 活动的能力。因推行步骤、方法不当而事倍功半，甚至中途夭折的事例并不少见。因此，掌握正确的步骤、方法是非常重要的。9S 活动的推行有如下十个步骤。

（1）成立推行组织

开展如下工作：①成立推行委员会及推行办公室；②确定组织职能；③确定委员的主要工作；④划分编组及责任区。

建议由企业主要领导者出任 9S 活动推行委员会主任职务，以示对此活动的支持。具体安排可由副主任负责。

（2）拟定推行方针及目标

方针制定：推行 9S 管理时，制定方针作为导入的指导原则。方针的制定要结合企业具体情况，要有号召力，一旦制定，就要广为宣传。

目标制定：先预设期望目标，作为活动努力的方向以及便于活动过程中进行成果检查。

（3）拟定工作计划及实施方法

相关流程如下：

①拟定日程计划作为推行及控制的依据；②收集资料，借鉴其他企业的做法；③制定活动实施办法；④制定要与不要的物品区分方法；⑤制定 9S 活动评比的方法；⑥制定 9S 活动奖惩方法；⑦制定其他相关规定（9S 时间等）。

大的工作一定要有计划，以便大家对整个过程有一个整体的了解。项目责任人应清楚自己及其他担当者的工作是什么及要何时完成，相互配合，造就一种团队作战精神。

（4）教育

每个部门应对全员进行教育，包括：9S 的内容及目的，9S 的实施方法，9S 的评比方法，新进员工的 9S 训练。

教育非常重要，让员工了解 9S 活动能给工作及自身带来好处从而主动地去做，这与强迫员工去做的效果是完全不同的。教育形式要多样化，如讲课、放录像、观摩其他厂案例等。

（5）活动前的宣传造势

9S 活动要全员重视并参与才能取得良好的效果，活动前的宣传造势包括最高主管发表宣言（晨会、内部报刊等），海报、内部报刊宣传，宣传栏宣传等。

（6）实施

①前期作业准备，包括方法说明、道具准备等；②工厂"洗澡"运动（全

员上下彻底大扫除）；③建立地面画线及物品标识标准；④定点摄影；⑤做成"9S日常确认表"，并将其实施等。

（7）查核

查核包括：现场查核；9S问题点质疑、解答；举办各种活动及比赛（如征文活动等）。

（8）评比及奖惩

依照9S活动竞赛办法进行评比，公布成绩，实施奖惩。

（9）检讨与修正

各责任部门依据缺点项目进行改善，不断提高。适当地导入一些实用的方法，使9S活动推行得更加顺利、有成效。

（10）纳入定期管理活动中

①标准化、制度化的完善；②实施各种9S强化月活动。

需要强调的一点是，企业因其背景、架构、企业文化、人员素质的不同，推行时可能会有各种不同的问题出现，推行办公室要根据实施过程中所遇到的具体问题，采取可行的对策，才能取得满意的效果。

4. 9S管理实施时应注意的地方

9S管理的成功应用将给企业的各方面绩效带来显著改善，包括塑造企业的形象、降低成本、准时交货、安全生产、高度标准化，以及创造令人赏心悦目的工作场所等方面。一些企业在实施9S管理方法时，常会出现"虎头蛇尾"甚至"不了了之"的情况，最终以失败告终。因此，在实施9S管理方法的过程中，要对9S管理有全面的认识，其中要注意如下几个方面的问题。

① 9S管理活动是一种品性提高、道德提升的"人性教育"运动，其最终目的在于修身，在于提高员工素质。9S管理强调细节，并不代表它是小事。摒弃"9S管理是大扫除"的观念，从树立形象的高度宣传和推动9S管理比较有效，把9S管理提升到企业形象的高度有利于全员彻底地展开活动，也更有利于检验效果。

② 大家都是工作现场的管理者，每个人都要和自己头脑中的习惯势力做斗争。现场的好坏是自己工作的一部分，并且要做到相互提醒、相互配合、相互促进。尽快完成变被动为主动、从"要我做"向"我要做"的转变。

③ 9S管理源于素养，始自内心而形之于表，由外在表现至塑造内心。9S管理贵在坚持，一时做好不难，长期做好不容易，而长期坚持依靠的是全体员工素养的提高，9S活动要不断地创新和强化。

④ 要充分调动员工的积极性，做到全员参与。9S管理是一种管理活动，

需要各个环节相互配合，缺一不可。因此，必须全员发动，才能使活动得到推行，进而不断改善，真正提高企业各项工作的管理水平。

⑤ 推行 9S 管理不能急于求成，必须建立正确的、可达到的目标。目标的设定要结合本企业的 9S 管理基础，切合实际，遵从循序渐进、定期、定量的原则，逐步提高和完善。

5. 9S 管理的延伸升华

9S 管理在推行和实际运用中得到了进一步的延伸和升华，具体体现在以下两方面。

（1）个人素质的提升

9S 活动的最终目的是个人素质的提升，同时也是企业加固根基、永续经营的根本。随着社会的进步和发展，作为企业领导者应考虑如何营造和谐的管理氛围并培养年轻员工形成良好的行为模式；作为年轻员工也应从身边的点点滴滴做起，养成良好的行为习惯。

（2）9S 管理是一种思维方式

一般谈到 9S，多指工作现场方面，但 9S 管理也是一种思维方式，可以拓展到多个方面。例如，在沟通的时候，可以从 9S 管理的角度来训练员工的语言沟通能力，使其语言简洁，把要谈的重点内容按层次先后来谈，便于他人理解。

三、安全标杆管理

我国有句古训，"以铜为鉴，可正衣冠；以古为鉴，可知兴替；以人为鉴，可明得失"。在管理企业的过程中，只有明得失、找差距，才能进步。这就说明了比较参照的作用。在现代企业管理中，这种思想体现于西方管理学界三大管理方法之一的标杆管理。标杆管理的实质是模仿创新，是一个有目的、有目标的学习过程。企业要生存，要获得竞争能力，就要全面实施标杆管理。随着我国社会主义市场经济体制的不断发展和完善，标杆管理必将成为企业管理活动的日常工作。在安全领域内，以安全为主要目标的标杆管理就是安全标杆管理。

1. 概述

（1）标杆管理的产生与发展

标杆管理是 20 世纪 70 年代末由施乐公司首创的，随后，美国生产力与质量中心将其系统化和规范化。1976 年以后，一直保持着世界复印机市场实际垄断地位的施乐公司遇到了来自国内外，特别是日本竞争者的全方位挑战。施乐公司最先发起向日本企业学习的活动，开展了广泛、深入的标杆管理。通过全方位的集中分析、比较，施乐公司弄清了这些公司的运作机理，找出了与佳能等主要竞争对手的差距，全面调整战略、战术，改进了业务流程，很快收到了成效，把失去的市场份额重新夺了回来。成功之后，施乐公司开始大范围地推广标杆管理，并选择 14 个经营同类产品的公司逐一考察，找出了问题的症结并采取措施。

但是对于分销、行政、服务部门，很难直接模仿产品管理的做法，于是这些非生产部门开始在公司内部开展标杆管理活动。例如，公司在不同地区的分销中心和后勤部门就地区间生产率、生产存货管理、仓储管理进行比较。而后推广到公司外部，包括对于同行竞争者的管理和跨行业的非竞争对手的管理。

随后，摩托罗拉、IBM、杜邦、GE 等公司纷纷效仿，实施标杆管理，在全球范围内寻找业内经营实践最好的公司进行标杆比较和超越，成功地获取了竞争优势。因此，西方企业开始把标杆管理作为获得竞争优势的重要工具，通过标杆管理来优化企业实践，提高企业经营管理水平和市场竞争力。

由于标杆管理的广泛适用性，人们不断地开发新的应用领域，例如安全领域。安全是与人的生命直接相关的，是继人温饱需要之后的第二需要。因此，认识并在企业广泛开展安全标杆管理对企业的持续发展具有重要的意义。

（2）标杆管理的定义和内涵

标杆管理的英文是 benchmarking，作为一种新的管理技术，汉语有许多不同的翻译，诸如"标杆制度""竞争基准""标杆瞄准"定点超越"等。本书认同翻译为"标杆管理"，它是通过衡量比较来提升企业竞争地位的过程。

"标杆"最早是指工匠或测量员在测量时作为参考的标记，弗里德里克·泰勒（Frederick Taylor）在他的科学管理实践中采用了这个词，其含义是衡量一项工作的效率标准，后来这个词渐渐衍生为基准或参考点。标杆管理方法产生于企业的管理实践，目前对于标杆管理还没有统一的定义。下面是一些权威学者和机构对标杆管理的诠释。

施乐公司的罗伯特·开普是标杆管理的先驱和著名的倡导者，他将标杆管理定义为："一个将产品、服务和实践与最强大的竞争对手或是行业领导者相比较的持续流程。"

坎普（Camp）提出"标杆管理是组织寻求导致卓越绩效的行业最佳实践的过程"。这个定义涵盖如此广泛以至于包括所有不同水平和类型的标杆管理活动，应用于跨国度、跨行业的产品、服务以及相关生产过程的可能领域。该定义简单、易于理解，可运用于任何层次以获取卓越绩效。此定义被国际标杆管理中心采用。

美国生产力与质量中心（American Productivity and Quality Center，APQC）对标杆管理给出了如下定义："标杆管理是一项系统的、持续性的评估过程，通过持续不断地将组织流程与全球行业领导者相比较以获得协助改善营运绩效的信息。"该定义得到了100余家大型公司的认可。

瓦兹里（Vaziri）对标杆管理给出了如下的定义："标杆管理是将公司关于关键顾客要求与行业最优（直接竞争者）或一流实践（被确认在某一特定功能领域有卓越绩效的公司）持续比较的过程以决定需要改善的项目。"该定义强调标杆管理与内部顾客和外部顾客的满意相关。

综合以上各个定义的精髓，本书认为，标杆管理是企业将自己的产品综合以上各个定义服务生产流程、管理模式等同行业内或行业外的优秀企业做比较，借鉴、学习他人的先进经验，改善自身的不足，从而提高竞争力，追赶或超越标杆企业的一种良性循环的管理方法。

标杆管理的内涵可归纳为四个要点：①对比；②分析和改进；③提高效率；④成为最好的。标杆管理是一种模仿，但不是一般意义上的模仿，它是一种创造性的模仿。它以他人的成功经验或实践为基础，通过定点超越获得最有价值的观念，并将其付诸自己企业的实践。它是一种"站在别人的肩上再向上走一步"的创造性活动。

标杆管理本质上是一种面向实践、面向过程、以方法为主的管理方式，它的基本思想是系统优化、不断完善和持续改进。标杆管理可以突破企业的职能分工界限和企业性质与行业局限，它重视实际经验，强调具体的环节、界面和流程。同时，标杆管理也是一种直接的、中断式的、渐进的管理方法，其思想是企业的业务、流程、环节都可以解剖、分解和细化。企业可以根据需要，或者寻找整体最佳实践，或者发掘优秀"片段"进行标杆比较，或者先学习"片段"再学习"整体"，或者先从"整体"把握方向，再从"片段"具体分步实施。通过标杆管理，企业能够明确产品、服务或流程方面的最高标准，然后做必要的改进以达到这些标准。

2. 标杆管理的类型与作用

（1）标杆管理的类型

标杆管理的应用范围极其广泛，从原则上讲，凡是带有竞争性的活动都可以应用标杆管理方法，而且新的管理方法仍然被不断创造出来。根据标杆管理应用的层次和范围，可以将其分为以下四类。

1）内部标杆管理（internal benchmarking）。内部标杆管理是以企业内部操作为基准的标杆管理，是简单且易操作的标杆管理方式之一。辨识内部绩效标杆的标准，即确立内部标杆管理的主要目标，可以做到企业内信息共享。辨识企业内部最佳职能或流程及其实践，然后推广到组织的其他部门，是企业提高绩效最便捷的方法之一。但是单独执行内部标杆管理的企业往往持有内向视野，容易产生封闭思想。因此，在实践中，内部标杆管理应该与外部标杆管理结合起来共用。

2）竞争标杆管理（competitive benchmarking）。竞争标杆管理是以直接竞争对手为基准的标杆管理。它的目标是与有相同市场的企业在产品、服务和工作流程等方面的绩效与实践进行比较，直接面对竞争者。这类标杆管理的实施比较困难，原因在于除了公共领域的信息容易接近外，其他关于竞争企业的信息不易获得。

3）职能标杆管理（functional benchmarking）。职能标杆管理是以行业领先者或某些企业的优秀职能作为基准进行的标杆管理。这类标杆管理的合作者常常能相互分享一些技术和市场信息，标杆的基准是外部企业（非竞争者）及其职能或业务实践。由于没有直接的竞争者，所以合作者往往比较愿意提供和分享技术与市场资讯。不足之处是费用高，有时难以安排。

4）流程标杆管理（procedural benchmarking）。流程标杆管理是以最佳工作流程为基础进行的标杆管理，其对象是类似的工作流程，而不是某项业务与操作职能或实践活动。这类标杆管理可以在不同类型的组织中进行。虽然这类标杆管理被认为有效，但进行有一定的难度。它一般要求企业对整个工作流程和操作有详细的了解。

（2）标杆管理的作用

标杆管理为企业提供了一种可行、可信的奋斗目标以及追求不断改进的思路，企业可以通过实施标杆管理不断发现自身同目标企业的差距，寻找缩小差距的工具和手段。标杆管理的重要特征是它具有合理性和可操作性。首先，它会让企业形成一种持续学习的文化，让企业认识到"赶""学""超"的重要性。企业的运作业绩永远是动态变化的，只有持续追求最好，才能获得持续的竞争力，才能始终立于不败之地。其次，标杆管理为企业提供了优秀的管理方法和管理工具。

国外企业特别是众多的全球知名企业，如 IBM、摩托罗拉、杜邦等，已将标杆管理这管理工具充分运用，认为标杆管理是一种形成创造性压力的最佳途径，也是真正创新的先决条件。标杆管理的作用及影响具体表现在以下几个方面。

1）标杆管理是企业绩效评估的工具。标杆管理是一种辨识世界上最好的企业实践并进行学习的过程。通过辨识最佳绩效及其实践途径，企业可以明确自身所处的地位、管理运作以及需要改进的地方，从而制定适合的、有效的发展战略。标杆管理通过设定可达到的目标来改进和提高企业的经营绩效。目标有明确含义，有达到的途径，使企业坚信绩效可以提高到最佳。研究表明，标杆管理可以帮助企业节省 30%～40% 的开支，为企业建立一种动态测量各部门投入和产出现状及目标的方法，达到持续改进薄弱环节的目的。

2）标杆管理是企业增长潜力的工具。企业通过标杆管理能克服不足，增进学习，使企业成为学习型团队。树立基准，经过一段时间的运作，任何企业都有可能将注意力集中于提高内在潜力，形成固定的企业文化。通过对各类标杆企业的比较，不断追踪把握外部环境的发展变化，从而能更好地满足最终用户的需要。

3）标杆管理是衡量企业管理工作好坏的工具。标杆管理已经在世界范围内展开且变化迅速，不同企业的标杆管理者已经或正在结为一体，形成知识网络，相互体验标杆管理的方法以及成功与失败的经验教训。标杆管理通过对企业产品、服务及工作流程严格检验，达到对管理工作的高度满意，进而产生巨大成就感。企业要想知道其他企业为什么或者是怎样做得比自己好，就必然要遵循标杆管理的概念和方法。

3. 标杆管理的应用

标杆管理的具体实施内容要区别行业、企业的差异，因为不同行业、企业有不同的衡量标准。企业要根据自身所处行业的发展前景，结合企业发展战略，考虑成本、时间和收益来制订企业标杆管理的计划，一定要注重实施的可操作性。但标杆管理的思路大致一样，企业应用标杆管理方法的过程大致可分为四个阶段，即规划阶段、数据收集及分析阶段、实施阶段和提升阶段。

（1）规划阶段

规划阶段的工作包括成立标杆管理小组确定标杆管理的内容，选择标杆管理的"基准"目标，建立企业竞争力评价指标体系。

1）确定标杆管理的内容。标杆管理的内容是指企业需要改善或希望改善的方面，标杆管理的内容有产品标杆管理、过程标杆管理、管理标杆管理和战略标杆管理四种。标杆管理是一个将自身情况和本组织内部最佳部门、竞争对手或者行业内外的最佳组织进行比较，并向它们学习，吸收它们的成功经验和做法的过程。因此，标杆管理的前提是了解企业自身的情况，确定需要改进、能够改进的产品、流程、管理或者战略。一般来说，要选择一些对利益至关重要的环节进行标杆管理。不同企业由于其性质不同，因此盈利的关键环节也有所不同，如影响制造类企业的首要环节是产品质量，而影响服务类企业的首要环节则是客户满意度等。因此，一个组织需要根据自己的实际情况选择标杆管理的内容。

2）选择标杆管理的"基准"目标。企业确定了标杆管理的内容后就要选择标杆管理的"基准"目标。标杆管理的"基准"目标，即标杆管理的"杆"，是企业想要模仿和超越的对象，它可以是本企业内部的最佳组织，也可以是竞争对手或者行业内外的最佳组织。产品标杆管理中，"基准"目标多为竞争对手，在某些情况下，为本行业的领袖企业。过程、管理、战略标杆管理的"基准"目标可以是竞争对手，也可以是行业内外部的企业。

3）建立企业竞争力评价指标体系。企业竞争力评价指标体系是标杆管理之"标"，是竞争产品（服务）和企业竞争力量比较的基础。在确定指标体系内容时，应在力求反映影响企业及产品（服务）竞争力要素全貌的基础上突出重点，尽量精简，以减少工作量和复杂程度，但选择保留的指标至少应涵盖该产品（服务）的所有关键成功因素。例如，我国某家电企业在进行标杆管理的过程中，确定数字高清晰度电视为竞争产品，建立了一个包含10个大类指标、68项子指标的企业竞争力评价指标体系。

（2）数据收集及分析阶段

在完成规划阶段的工作后，企业的标杆管理工作就进入了数据收集及分析阶段，通过这个阶段的工作，寻找企业标杆管理项目与"基准"目标之间的差距，提出企业标杆管理所要达到的目标以及未来工作的标准。本阶段的具体工作包括收集数据、数据处理及信息分析。

1）收集数据。在完成规划阶段指标体系内容后，需要开展调研，以收集支持指标体系内容的数据。收集数据是标杆管理的重要环节，是进行信息分析的重要基础。收集数据之前，必须明确几个问题。首先，必须确定收集哪方面的信息以及所需信息的具体程度，从而在众多的数据中识别有用信息。其次，必须确定信息源，这样才能快速、有效地收集到所需数据。通常信息来源至少有三个渠道，即企业内部信息、公开披露的信息和企业外部非公开信息。再次，要根据具体情况确定收集数据的途径。收集数据一般可通过实地调查、文献资料检索、网络检索等途径进行。数据收集之后，应该以合理的格式和易于处理的方式进行保存。

2）数据处理。收集完数据后，需要进行数据处理。数据处理的具体工作包括对所收集数据的鉴别、分类、整理、计算、排序等，还包括利用收集到的数据对各项指标的计分工作。在整体计分的情况下，需要按照调查表中的计分原则，将数据转化成无权重状态下相应的分值。由于各指标对产品竞争力影响程度不同，所以还需要对各大类指标和各项子指标加权重，以准确评判各指标分值对竞争力的影响。数据处理是信息分析的前期工作。

3）信息分析。信息分析是标杆管理的关键环节，只有通过对收集到的信息进行全面深入的分析，才能真正认识"基准"目标的运作为什么比本企业更好，好到何种程度，现在或预期以后采用何种最优实践，企业应如何学习或创新才能达到或超过"基准"目标的水平。信息分析的工作包括利用数据处理的结果确定标杆管理项目与"基准"目标绩效的差距，找出产生差距的原因以及"基准"目标取得最佳绩效的关键成功因素，识别本企业的优势及劣势，从而达到标杆管理预期的目标。信息分析的方法有比较分析、SWOT分析和关键成功因素分析等。

（3）实践阶段

标杆管理实践阶段包括制订计划、实施计划和监控及调整计划。

1）制订计划。标杆管理小组应根据本企业现阶段的具体情况，包括企业文化因素、资金因素、技术因素、人员因素等，结合信息分析的结果，形成可操作的计划方案，有针对性地确定行动。计划内容应包括标杆管理所要达到的发展目标、具体的改进对策、详细的工作计划和具体的措施、计划实施的重点和难点、可能出现的困难和偏差、计划实施的检查和考核标准等。

2）实施计划和监控及调整计划。计划制订出之后，接下来就是对计划的实施。标杆管理项目的进行需要企业领导者和员工的积极参与和配合。因此，标杆管理小组应利用各种途径，将信息分析的结果、拟订的方案、所要达到的目标告知企业内的各个管理层及有关员工，争取他们的理解和支持，使其在计划实施过程中保持目标一致、行动一致。在实施标杆管理计划的过程中，需要不停地对这种实施进行监控和评价。监控是为了保证实施按计划进行，并随时按照环境的变化，对计划进行必要的调整。而评价则是为了评价标杆管理实施的效果。如果无法取得满意的效果，就需要返回以上环节进行检查，找到原因并重新进行新的标杆管理项目。

（4）提升阶段

企业通过实施某一标杆管理项目在一定时期及范围内提高了竞争力，取得了竞争优势，并不意味着企业标杆管理工作的彻底结束。一方面，企业应及时总结经验、吸取教训；另一方面，企业应针对环境的新变化或新的管理需求，持续进行标杆管理活动，确保对"最佳实践"的跟踪。此时，标杆管理工作就进入了提升阶段，这一阶段的工作通常包括总结经验和再标杆两项。这一阶段的工作有利于企业保持持续的竞争优势，本节开始介绍的施乐公司就是一个典型的例子。

4. 标杆管理实施中应该注意的问题

（1）提高标杆对象选择范围的广泛性

标杆的选择应站在全行业，甚至更广阔的全球视野上，打破传统的职能分工界限和企业性质与行业局限，重视实际经验，强调具体的环节界面和流程，可以寻找整体最佳实践，也可以发掘优秀"片段"进行标杆比较。例如，美孚石油公司在选择标杆对象时，首先通过调查分析，确定了三种顾客需求，简称为"速度""微笑"和"安抚"。接着选择了潘斯克（Penske）公司、丽思卡尔顿酒店、"家庭仓库"公司这三个企业性质截然不同的公司。Penske 公司为"印地 500 大赛"提供加油服务，以速度见长；丽思卡尔顿酒店号称全美国最温馨的酒店，每位员工都将招牌般的微笑带入工作；美国公认的回头客大王"家庭仓库"公司，一贯奉行支持一线员工，强调对直接与客户打交道的员工的培训。美孚石油公司在此次标杆管理活动中，整体绩效有了长足的提升。

（2）注重数据的收集

标杆管理是一种面向实践、面向过程以方法为主的管理方式。数据只是实践结果的反映，因此对于企业及标杆对象的实践、流程的分析应放在重要的位置。

（3）树立瓶颈思想

复旦大学华宏鸣教授指出，"标杆"来源于水利工作中水位的标记，代表的是整个水域中水平面的高度。标杆管理原意是不断地找出最低水坝的位置，并将它提高到所需要高度的过程或方法。企业的运作水平虽然与多种因素相关，但其中必然有几个因素是影响企业整体水平的关键因素，只有找到这些关键因素并将它提高，才能提高整体水平。这类似于约束理论中的瓶颈思想。任何企业要想有效地发展，在现有资源环境条件限制下，必须找出关键因素，将有限的资源用于消除薄弱环节才能有效地提高自己的经营水平。

（4）要将标杆管理同市场分析结合起来使用

随着产品寿命周期的缩短，标杆管理的有些缺陷就暴露出来，其中最大的缺陷就是缺乏市场预测能力。为了解决这一问题，企业必须将标杆管理方法同市场分析方法结合起来，从而达到不断地满足顾客需求的目的。

（5）意识和观念的提升

首先，要有系统优化和持之以恒的思想。标杆管理的成功很大程度上取决于持续改进的企业文化和追求"更好"的价值观，而我国的部分企业，特别是有些中小民营企业公司大多持有安于现状、小富即安的价值观，这是企业文化中存在的较大问题。此外，企业需要在不同的发展阶段、发展水平下，选择最适合的标杆。标杆目标的实现很少能一步到位，而是一个多次反复的循环过程。其次，要培养学习和创新的精神。标杆管理的本质是学习和创新，各个企业要不断结合本企业的实际情况，在分析优秀企业或优秀"片段"的同时适时调整策略，进行永续标杆的循环，走一条不断发展、持续提升绩效的路。因此必须树立两大观念："重在潜学，贵在渐变"。

5. 安全标杆管理案例

安全标杆管理即以事故预防、确保生产生活安全为目标的标杆管理。安全标杆管理遵循标杆管理的原理，是该管理方法在安全领域中的应用。在工业生产中，可以某行业整体安全效益最佳的企业为标杆，也可以同类竞争对手中安全目标实现较好的作为标杆进行比较。有些国内集团公司、企业选择行业内国际先进企业，有些则选择国内业内安全绩效最好的分公司甚至部门等作为安全标杆，在各自的范围内开展以持续保证安全、改善环境等为目标的标杆学习、评比活动，以安全绩效好的部门带动和提高整体事故预防、安全健康的水平。

以石油行业为例，BP 公司是一家由英国石油、阿莫科、阿科等多家"老牌"石油公司组合而成的大型跨国石油公司，集团总资产市值约 2900 亿美元，生产经营活动遍布全球 100 多个国家，2020 年在"世界财富 500 强"中排名第八，在全球石油行业举足轻重，并有显著的安全业绩。BP 公司安全管理的最大特点之一，就是牢固树立 HSE 管理体系为主线的管理方针，并全力推行落实。虽然在当今世界石油石化企业中，建立和推行 HSE 管理体系已经十分普遍。但在这"十分普遍"的管理方式之中，BP 公司有着与众不同做法，这就是他们能够取得"与众不同"管理业绩的根本所在。

有着 200 多年历史的杜邦公司一直保持着骄人的安全记录，超过 60％的工厂实现了"0"伤害率，杜邦每年因此而减少了数百万美元支出。成绩的背后是杜邦 200 多年来形成的安全文化、理念和管理体系。杜邦要求每一位员工都要严守十大安全信念：一切事故都可以防止；管理层要抓安全工作，同时对安全负有责任；所有危害因素都可以控制；安全地工作是雇佣的一个条件；所有员工都必须经过安全培训；管理层必须进行安全检查；所有不良因素都必须马上纠正；工作之外的安全也很重要；良好的安全创造良好的业务；员工是安全工作的关键。

中国电网公司某年发布的 12 个标杆单位，年年实现三个百日安全无事故记录，未发生员工人身死亡和重伤事故，未发生主要设备严重损坏事故，未发生五类电气误操作事故，未发生重大交通事故，未发生重大火灾事故，未发生农村触电死亡事故。

南方航空集团出台了一部安全"法典"——《安全审计手册》，它用"以过程为导向"的先进模式取代了过去以"结果为导向"的安全检查模式，体现

"安全第一、预防为主"的指导思想，在国内同行中率先应用 10SA 安全标杆。

宝钢集团以标杆管理作为技术创新管理工具，选定了包括安全指标在内的 164 项生产经营指标作为标杆定位的具体内容，选择了 45 家世界先进钢铁企业作为标杆企业。确定了实施标杆管理之后，宝钢在企业内广泛宣传将世界最先进钢铁企业作为标杆的意义，统一思想。紧接着，从技术创新专利、技术创新研发基地建设、未来科技前沿性战略发展研究项目、装备技术、信息技术建设等方面实施了多层次的标杆管理，从各个领域确立了具体先进的榜样，解剖其各个指标，不断向其学习。宝钢发现并解决了企业自身的问题，取得了非常好的管理成效。

将安全绩效较好的企业、部门等作为安全标杆，企业可以通过对安全标杆的学习、模仿，从安全组织管理、安全设施改进、科学制定安全管理制度、优化员工不安全行为、提升安全文化等方面着手，不断创新，持续改进，结合本企业自身的情况进行事故预防与控制，提高其职业安全健康水平。

复习思考题

1. 安全管理方法包含哪些内容？
2. 安全管理程序通常包含哪些内容？常用的程序文件有哪些？
3. 请介绍 6σ 管理方法的定义与实施原则。
4. 请介绍 9S 管理方法的内涵。
5. 结合一种安全管理工具，谈谈自己的体会与理解。

第七章

安全文化建设

　　安全文化建设有利于促进安全管理制度的完善和落实，消除安全隐患，纠正习惯性违章，确保安全操作规程的落实，提升企业安全管理水平、实现企业本质安全，因此对于安全文化建设的研究是十分有必要的。

　　本章主要针对安全文化的基本概述、安全文化的建设理论、安全文化的建设内容与方法、安全文化元素及内涵、安全文化的测量与评价、安全文化建设载体系统设计展开了相关内容的介绍。要求学生深入理解安全文化的含义与价值，明白安全文化建设的基本思路、内容与方法、安全文化测量与评价方法以及安全文化建设载体的基本设计思路。

第一节　安全文化的基本概述

一、安全文化的定义

　　要对安全文化下定义，首先需要引用文化的概念。目前对于文化的定义有100余种。显然，从不同的角度，在不同的领域，为了不同的应用目的，对文化的理解和定义是不同的。第二是对"安全"定义，安全的定义与文化的定义一样，也有许多种。为了有助于企业安全文化的建设，推荐如下定义。

　　安全：安全是人类防范生产、生活风险的状态和能力。风险包括来自人为、自然或人为自然组合的事故、灾害、突发事件等因素。实现人类生产、生活的安全状态和提高安全保障的能力，可以预防、避免和降低事故或灾害对人民生命财产的危害，控制和减少事故灾难或突发事件对社会安定和社会经济的影响。

　　文化：文化是人类活动所创造的精神价值与物质价值的总和。

1988 年以后，安全文化的研究呈现特别热烈的状态。表 7-1 是部分学者、机构提出的安全文化的定义。

表 7-1　安全文化的定义

序号	文献信息	定义
1	尤塔（Uttal）	组织内部共同的价值观和信仰
2	考克斯（Cox）	员工对安全问题的共同态度、信仰、知觉与价值
3	英国工业联盟	组织内部所有人员对风险、事故和职业病所持有的共同观点和信仰
4	皮金（Pidgeon）	安全文化是信念、规范、态度、角色及社会性与技术性组合体
5	麦当娜（McDonald）	安全文化是信念、标准、态度、角色以及社会和技术实践的集合
6	库博（Cooper）	引导组织所有成员的注意力、行动方向
7	奥斯特罗姆（Ostrometal）	组织的信念与态度反应
8	英国健康安全委员会	安全文化是个体和全体的价值观、态度、感知、胜任力以及行为方式的产物
9	盖勒（Geller）	组织内每位成员视安全为自身的责任，并在每日之工作与生活中实践
10	澳大利亚矿业协会	安全文化指企业内正式的安全观，包括对管理、监督、体系和组织的感知
11	于广涛、王二平	安全文化有两种主要内容：(1)由组织政策、程序和管理行为决定的框架；(2)个体与群体的集体反应，如价值观、信念、行为等。具体表现为人工产物、制度、精神、价值规范等 9 个层次。其中，价值规范是最重要的，其他各层的目的就是使每个个体形成良好的价值规范，不仅有"安全第一"的观念，还要在各种组织程序中自上而下地考虑安全问题，在日常工作中表现出良好的安全行为习惯
12	徐德蜀	安全文化是企业（行业）在长期安全生产经营活动中形成的，或有意识塑造的被全体职工接受、遵循的，具有企业特色的安全思想和意识、安全作风和态度、安全的规章制度与安全管理机制及行为规范；企业安全生产的奋斗目标和企业安全进取精神；保护职工身心安全与健康而创造的安全舒适的生产和生活环境和条件；防灾避难应急的安全设备和措施以及企业安全生产的形象；安全的价值观、安全的审美观、安全的心理素质、企业的安全风貌、习俗等企业安全物质财富和精神财富的总和
13	方东平	安全文化是对安全的理解和态度或是处理安全问题的模式和规则
14	应急管理部（原国家安全生产监督管理总局）	安全文化是安全生产在意识形态领域和人们思想观念上的综合反映，包括安全价值观、安全判断标准和安全能力、安全行为方式等

续表

序号	文献信息	定义
15	罗云	安全文化是人类为防范(预防、控制、降低或减轻)生产、生活风险,实现生命安全与健康保障、社会和谐与企业持续发展,所创造的安全精神价值和物质价值的总和
16	李勇	安全文化是对安全的理解和态度或是处理安全问题的模式和规则,是指一个组织或企业的安全意识、安全目标、安全责任、安全素养、安全习惯、安全价值观、安全科技、安全设施、安全检查和各种安全法律法规以及规章制度的总和
17	毛海峰、贺定超等	企业安全文化是企业的员工群体所共享的安全价值观、态度、道德和行为规范组成的统一体
18	李毅中	第一要素就是安全文化,过去叫安全意识
19	傅贵	安全文化就是企业安全管理所需要的理念,即指导思想
20	曹琦	安全文化是安全价值观(理念)、安全行为准则(规范)和安全行为素质(表现)的总和
21	吴超、王秉	安全文化是人类在存在过程中为维护人类安全(包括健康的生存和发展所创造出来的关于人与自然、人与社会、人与人间的各种关系的有形无形的安全成果

由表 7-1 可看出,关于安全文化的定义,国内外已经有很多讨论,但到目前为止,有共识的定义依然没有形成。由于这一情况,安全文化建设的内容、目的、目标、方法及评估标准的设计十分困难。下面对国内外的安全文化定义做一个分析,确定本书所使用的定义,并作为进一步讨论的基础。

实际上,"维基百科"对安全文化的定义已经梳理得非常系统,可以知道安全文化自 1991 年正式提出到目前的数十种定义。

将维基百科上的各种定义概括起来得知,在国外,安全文化被定义为"组织的全体成员和组织整体所拥有的与安全有关的元素",这些元素是"关于安全的性格特点、态度、能力、信仰、感觉、观念、价值观、重视程度、行为方式等"。

国内的安全文化定义,表 7-1 的后半部分是比较系统的梳理。我国的《"十一五"安全文化建设纲要》、《企业安全文化建设导则》与《企业安全文化建设评价准则》等政府文件和曹琦、徐德蜀、罗云、吴超、傅贵等主要安全文化学者对安全文化的定义在表中都已经提到。国内这些定义所共同包含的与安全相关的元素是"关于安全的价值观、判断标准、能力、行为方式、态度、道德、观念、认知、制度、安全体系、精神、观念、物态、理念、思维程度"等,认为其中的一个或几个或全部的总和就是安全文化。我国的这些安全文化定义基本上是从 1995 年开始出现的。

根据国内外安全文化定义总结安全文化的特点如下。

1. 安全文化是组织层面的问题

安全文化是从切尔诺贝利核电站事故原因分析中提出来的，该核电站是企业也是社会组织（简称"组织"，下同），所以探讨这次事故的文化原因，就是探讨核电站这个组织的安全文化。组织是由组织成员组成的，这就一定会涉及组织成员个人的安全文化。事实上，组织的文化及安全文化是由组织的每个成员来共同表现的，组织全体成员所共同拥有的安全文化就是组织的安全文化，这一点在国外、国内的安全文化定义中都未阐明。因此，没有必要再区分个人的安全文化、组织或企业整体的安全文化。提到安全文化，一定是由组织成员个人表现、组织全体人员共同拥有、组织整体的安全文化。此分析的结论是，安全文化是一个组织层面上的问题，而不是个人层面上的问题。不属于任何组织的个人只是组织的一种特殊形式，即只有一个人的组织，如"流浪汉"。

2. 安全文化是组织安全业务的指导思想

无论是国外的安全文化定义还是跟踪研究所得到的国内的安全文化定义，其所包含的与安全相关的元素都基本相近。国内有学者把安全文化定义为上面提到的各种安全元素的"总和"（表 7-1 中有好几处），笔者不赞成这一说法，原因是这种"总和"的说法不能体现"与安全相关的元素"间的相互层次关系，因此也不能表达各个与安全相关的元素对组织安全业绩所起的积极作用，毕竟组织建设安全文化的目的是减少其事故发生也即提高其安全业绩。同时笔者认为，需要将与安全相关的行为方式、物的安全状态（简称为"物态"，下同）从国内外（国外安全文化定义中的安全元素基本没包括"物态"）的安全文化定义中"分离"出去而不将其视为安全文化的内容元素，把行为方式、物态看作是安全文化其他元素的作用结果，这 2 个作用结果正是影响组织事故发生与否的直接原因。这样，安全文化定义中的其余安全元素就基本上是组织安全业务（即安全工作）的"指导思想"了，尽管这些"指导思想"的各个表达形式的含义非常难以明确地定义，也因此彼此间不能够完全独立，但它们的作用是十分相近的，都是指导企业安全业务的思想。

3. 把安全文化"分离"为安全业务的指导思想更有利于安全业务行政管理和组织（企业）安全文化的工作分工

如果把安全道德（道德其实很难定义）、价值观、行为方式、安全体系、安全制度、安全物态（物态由技术解决，所以其实是技术问题）等都理解为安全文化，那么这样一个包含所有安全工作的综合体，归政府或者组织或者企业的哪个部门管理和协调呢？显然非常难以分工。但是如果把安全文化理解为"安全理念"或者安全工作的"指导思想"，那么就很简单，它们只能归安全部门制定，因为安全部门知道制定什么样的指导思想对事故预防有利，它们可以归宣传部门进行宣传，因为宣传部门知道怎样宣传、用什么手段宣传能够把"指导思想"印在组织成员的心里、刻在大脑里、应用在行动（行为）上。"总和"观点的安全文化中的其他内容，如安全管理体系、安全技术、安全法律规章等目前在政府（安监局）和企业中都已经各有部门分管了。此外，如果把安全文化定义为"与安全相关的各种工作的总和"，安全文化就等于安全工作了，这样安全文化的这个定义就完全没有必要了，叫做"安全工作"就可以了，而"安全工作"这个词已经存在了，没必要赶"时髦"再多一个让人费解的"安全文化"的概念。

4. 安全文化是一个专业术语，其整体性不能拆分

国内外的安全文化定义都没有明确区分其专业性与泛指性。前已述及，安全文化一词最早出现在国际核安全咨询委员会（International Nuclear Safety Advisory Group，INSAG）的核电站事故报告中，这说明使用这个词是为了专业地研究组织内安全事故的原因及其预防的，即这里的安全文化是一个专业术语，它和日常用语中使用的类似"安全文化教育"，描述某人"有文化""没文化"时使用的"文化"一词的含义是不一样的。日常用语中使用的"文化"的含义是"泛指性"的一般意义，而研究企业事故原因及预防时使用的"安全文化"是一个专业术语，不能采取词汇拆分方法分别理解"安全""文化"，再合起来理解具有整体性、很强的专业性的"安全文化"。专业性的"安全文化"一词的含义是非常确定的，而绝不是"渊源在于数千年人类文明"、难以说清楚的"文化"的含义。研究安全文化，重点在于"安全"，而不在于"文化"，因此也基本不用在乎组织或者企业的文化传统，文化传统和"安全文化"不是一回事。目前现实中存在两种研究安全文化趋势，一是较宽的科普、宣传，重在使人们了解一切安全知识（如灭火器的使用、过马路的安全常识等），用这些知识减少事故。由于这些安全知识"量大面广"，深入程度十分有限，效果也就非常有限和很不确定（如果不是完全没有效果）。另一种是具体的安全文化科学研究（属于安全学科），通过研究安全文化与事故率的定量关系研究其元素组成及加深其理解、应用的水平，按照事故致因链（如"2-4"模型）一步一步地改善组织和个人的行为方式，达到少出事故的目的。由于这种方式是逻辑严谨、内容确定地改变组织整体、员工思想深处的安全专门知识、行为方式，所以事故预防的效果是持久的和"刻骨铭心"的。上述两种趋势放在一起，几乎没有共同语言，也没有任何"PK"意义。前一种趋势就是来自安全

文化的定义中的"泛指性""总和"思想，后一种趋势则是来自"专业性"的"分离"思想（即将"指导思想"部分、"物态"、"行为方式"等分离清楚）。"分离"思想在安全业务行政管理、科学研究、安全文化建设实践上更具有可操作性。

二、安全文化的起源

人们普遍认为，1986 年 4 月，苏联的切尔诺贝利核电站爆炸事故引发了安全文化的研究。这次核电站事故非常严重，爆炸使发电机组完全损坏，8 吨多强辐射物质泄漏，尘埃随风飘散，致使俄罗斯、白俄罗斯和乌克兰等许多地区遭到核辐射的污染。该事故引起了国际社会的高度重视，各方面反复进行了多年的持续研究与分析。INSAG 在 1988 年的总结报告中首次提出了安全文化的概念，指出组织失误和操作者违反操作规程造成了这次灾难，并在 1991 年 INSAG-4 报告即《安全文化》中进一步阐述了安全文化的概念。此后，安全文化这一术语逐渐出现在各种安全管理研究与事故调查报告中。安全文化还被认为是随后发生的其他行业事故的潜在原因。

安全文化伴随着人类的产生而产生，伴随着人类社会的进步而发展。但是人类有意识地发展安全文化，还仅仅是近二十年的事情。1986 年，INSAG 在其提交的《关于切尔诺贝利核电厂事故后的审评总结报告》中首次使用了"安全文化"一词，标志着核安全文化概念被正式引入核安全领域。1988 年，国际原子能机构又在其《核电厂基本安全原则》中将安全文化概念作为一种重要的管理原则予以确定，并渗透到核电厂以及核能相关领域中。随后，在 1991 年编写的《安全文化》（即 INSAG-4 报告）中，首次定义了安全文化的标准，并建立了一套核安全文化建设的思路和策略。

中国核工业总公司紧随着国际核工业安全的发展趋势，不失时机地把国际原子能机构的研究成果和安全理念介绍到国内。1992 年《核安全文化》一书的中文版出版；1993 年劳动部部长李伯勇同志指出，要把安全工作提高到安全文化的高度来认识。在这一认识基础上，国内安全科学界把这一高技术领域的思想引入到传统产业，把核安全文化深化到一般安全生产与安全生活领域的思想引入到传统产业，把核安全文化深入到一般安全生产与安全生活领域，从而形成了一般意义上的安全文化。安全文化从核安全文化、航空航天安全文化到企业安全文化，逐渐拓宽到全民安全文化。

统筹发展和安全，增强忧患意识，做到居安思危，是我党治国理政的一个重大原则。坚持总体国家安全观，实施国家安全战略，统筹传统安全和非传统安全，把安全发展贯穿国家发展各领域和全过程，有助于防范和化解影响我国现代化进程的各种风险。安全文化是一个社会、组织或企业的发展基石。随着我国经济飞速发展，人口和财富高度密集的同时，风险也高度聚集。因此，提高全民安全文化素养，加强安全文化教育和创新，对于统筹好安全和发展，防范和化解各领域重大风险，推进国家治理体系和治理能力现代化具有重要意义。

三、安全文化的发展

安全文化作为安全管理的基本思想和原则，其产生与核能界安全管理思想的演变和发展息息相关，一脉相承，是安全管理思想发展的必然结果，同时也是现代企业管理思想和方法在核能界的具体应用和实践。从演变和发展过程来看，核电厂安全管理思想的发展经过了三个有代表性的阶段。

第一阶段：20世纪70年代核安全管理集中于设计、安装、调试和运行各个阶段技术的可靠性，及设备和程序质量。即在设计方面考虑设备的冗余性和多样性，以及防止事故的发生并限制和减少事故的后果。

第二阶段：在程序方面，所有工作都制定作业程序，按安全程序办事。作业程序的推行降低人为失误的可能性。这一阶段主要体现出规范、标准化管理。

第三阶段：安全文化作为安全管理的基本原则，是核能界核安全管理思想发展的必然结果和要求，是对20世纪70年代和80年代行之有效的安全管理，再加上坚持不懈地推进安全文化建设，才能保持并持续地提高核电厂的安全水平，使其向着最高的安全目标迈进。

伴随着人类的生存与发展，人类的安全文化可以分为四大发展阶段。

17世纪前，人类的安全观念是宿命论，行为特征是被动承受型，这是人类古代安全文化的特征。

17世纪末期至20世纪初期，人类的安全观念提高到经验论水平，行为方式具有事后弥补的特征，这种由被动的行为方式变为主动的行为方式，由无意识变为有意识的安全观念，不能不说是一种进步。

20世纪50年代，随着工业社会的发展和技术的进步，人类的安全认识论进入到系统论阶段，从而在方法论上能够推行安全生产与安全生活的综合对策，进入了近代的安全文化阶段。

20世纪50年代以来，人类对高新技术的不断应用，如宇航技术的利用、核技术的利用、信息化社会的出现，人类的安全认识论进入到本质论阶段，超前预防型成为现代安全文化的主要特征，这种高技术领域的安全思想和方法论推进了传统行业和技术领域的安全手段和对策的进步。

四、安全文化的范畴

安全文化是一个抽象和综合的概念，它包含的对象、领域、范围是广泛的。也就是说，安全文化的建设是全社会的，具有"大安全"的意思。但是企业安全生产主要关心的是企业安全文化的建设。企业安全文化是安全文化最为重要的组成部分。企业安全文化与社会的公共安全文化既相互联系，又相互作用，因此，人们要从更大范畴来认识安全文化。

安全文化的范畴可从如下两个角度划分。

1. 安全文化的对象体系

文化是针对具体的人来说的，是对某一特定的对象来衡量的。对于企业安全文化的建设，一般来说有五种安全文化的对象：法人代表或企业决策者，企业生产各级领导（职能处室领导、车间主任、班组长等），企业安全专职人员，企业职工，职工家属。显然，对于不同的对象，所要求的安全文化内涵、层次、水平是不同的。例如，企业法人的安全文化素质强调的是安全观念、态度、安全法规与管理知识，对其不强调安全的技能和安全的操作知识，一个企业决策者应该建立的安全观念文化有：安全第一的哲学观，尊重人的生命与健康的情感观，安全就是效益的经济观，预防为主的科学观等。不同的对象要求不同的安全文化内涵，其具体的知识体系需要通过安全教育和培训来建立。

2. 安全文化的领域体系

从安全文化建设的空间来讲，就有安全文化的领域体系问题，即行业、地区、企业由于生产方式、作业特点、人员素质、区域环境等因素，造成的安全文化内涵和特点的差异性及典型性。因此，从企业安全文化建设的需要出发，安全文化涉及的领域体系分为企业外部社会领域的安全文化，如家庭、社区、生活娱乐场所等方面的安全文化；企业内部领域的安全文化，即厂区、车间、岗位等领域的安全文化。例如，交通安全文化的建设就有针对行业内部（民航、铁路内部等）的安全文化建设问题，也有公共领域（候机楼、道路等）的安全文化建设问题。从整体上认识清楚安全文化的范畴，对建设安全文化能起到重要的指导作用。

五、安全文化与安全管理

1. 安全文化与安全管理的关系

随着安全管理理论与技术的不断发展深化，安全文化也必将随之得到升华。为实现持久的生产、生活与生存安全，需深入研究安全文化，进一步探索安全文化与安全管理的关系，力争实现两者的互为支撑与相互促进，为安全生产保驾护航。

根据安全文化的定义可以看出，安全文化具有意识和现实两种形态，这两种形态在安全管理中都得到了很好的体现。安全文化与安全管理有内在的联系，但不可相互取代，两者相辅相成，又互相促进。

首先，安全文化对安全管理有影响和决定作用，安全文化的水平影响安全管理的机制和方法，安全文化的氛围和特征决定安全管理的模式。尤其是对企业来说，安全文化是企业安全生产的灵魂，贯穿企业的日常安全管理工作的全方位、全过程。企业的安全文化对企业搞好安全管理工作的意义重大。其次，安全文化是安全管理的"软"手段，在日常安全管理工作中，起着提高人的安全意识、规范人的行为的作用；同时文化管理也是一种新的管理方式，运用灵活、全面、能动的手段，充分发挥安全文化在安全管理中的信仰凝聚、行为激励、行为规范、认识导向等作用。

再次，安全管理是安全文化的一种表现形式，是以往安全文化思想与成果在现实形态中的体现，其进步与发展，虽然具有一定的相对独立性，却也丰富了安全文化，为塑造、培育安全文化提供了必要手段。作为安全工作中的管理者，要懂如何利用已形成的安全文化去引领、约束并规范人们的安全管理。安全管理模式的创新，需要安全文化的不断创新与发展。

总之，安全文化能够促进安全管理的理论与机制创新，安全管理的改进与提高反过来又能激励安全文化的传承与发扬。正确处理安全文化与安全管理的关系，无论是对安全文化的培育、优良安全文化氛围的营造，还是对搞好日常安全管理工作，实现安全的生产、生活与生存，都有十分深远的意义。

2. 安全"三双手"与安全生产"五要素"

我国安全专家提出了实现安全"三双手"和安全生产"五要素"。

实现安全"三双手"是指看得见又摸得着的手——安全机器装备、工程设施等，看不见但摸得着的手——安全法规、制度等，既看不见又摸不着的手——安全文化、习俗等，其中安全文化是最重要的手。

安全生产"五要素"是指安全文化、安全法制、安全责任、安全科技、安全投入。根据"五要素"的内容、排序和对安全生产发挥的作用，不难看出搞好企业安全文化建设对企业的安全生产有重要的作用。安全文化作为安全生产的第一要素，是企业安全生产的核心，是安全生产的灵魂。特别在当前伤亡事故出现了频发高涨的趋势，探索新的应对方法，树立新的理念，是非常必要的。相关调查统计显示，80％乃至更多的事故都与人的不安全行为有关。因此，提升决策者、管理者及劳动者的安全文化理念和科技素质，是预防事故、提升安全生产水平的重要举措。只有把安全生产工作提高到安全文化的高度来认识，并不断提升全社会成员的安全文化及科技素质，安全生产形势才会有根本性的好转。

倡导、弘扬、创新和塑造具有企业特色的安全文化，让劳动者和生产经营者都理解安全生产，具有安全价值观、安全生命观，坚定不移地树立"安全第一、人命关天，珍惜生命、尊重人权"的理念，同时给员工创造培训、深造的机会，使企业员工的安全科技文化素质达到同当代工业发展与时俱进的水平。通过安全文化的物质层面、制度层面、行为层面及价值观念层面潜移默化的影响，使企业员工形成现代工业生产所需的安全意识、安全思维、安全价值观、安全行为规范及安全哲学观。通过安全文化功能与作用的发挥及氛围的熏陶，才能培养并塑造适应市场经济发展、具有安全文化素质的劳动者。安全文化作为"五要素"之首，是安全生产的基础、核心与灵魂。

第二节 安全文化的建设理论

一、安全文化建设的目的

安全是生产的前提条件，进一步完善安全文化建设，才能实现安全文化的诸多功能，发挥安全文化的作用。促进社会安全文明发展，保障职工群众的基本利益，指导企业安全管理。安全文化建设的目的可以归纳为以下几方面内容。

① 加速安全科学技术进步，努力发展安全科学技术，充分发展安全科技的第一生产力作用，解放生产力，发展生产力，保护生产力，建立安全科技事业，发展和繁荣安全文化事业。

② 加强安全与减灾法治建设，在全国、全社会强化安全意识，树立全民安全文明道德，规范公众的行为风尚，形成"安全第一、预防为主"的自觉行动准则。

③ 倡导和发展安全文化，加速提高全民的安全文化素质，人人都学会自救、互救并具有保护公众和国家安全的预警和应急能力，以减少意外事故和灾害带来的巨大损失。

④ 把"尊重人民、爱护人民、善待生命、珍惜人生、防灾避难、保护人民的身心安全与健康"作为从事一切活动的指导方针，作为经济持续发展、社

会平安、国家稳定的重要方针。

⑤ 国家应加大对安全文化公益事业（包括安全科技、教育、宣传、社团、慈善公益等）的投入，促进、扶植、兴办安全文化生产，使人民更加健康、长寿、幸福。

⑥ 加强安全与灾害的综合管理，树立"共建安全文化"观点，联合一切安全与减灾的社会力量，发挥安全科学技术及减灾、环保等学科渗透及交叉的优势，通过国家实行全面综合管理，以科技进步、全民参与、政府决策来实现"共建安全文化"，形成最科学、最广泛的安全与减灾统一行动的体制。

企业安全文化建设，应以企业安全生产经营活动为中心，增强企业安全意识，提高全体员工的安全素质，在提倡"以人为本、珍惜生命、关心人、爱护人"的基础上，把"安全第一"作为企业生产经营的首要价值取向，形成与时俱进的安全文化氛围，普及安全文化培训教育，健全安全管理制度，使安全生产政令畅通。

安全文化建设的核心目标是建立安全的"自律机制"和"自我约束机制"，让安全成为一种习惯。习惯是把双刃剑，它既是世界上最可怕的力量之一，也是世界上最宝贵的财富。首先，安全习惯的养成需要外界润物无声的安全文化环境的陶冶，更需要行为人自身不断学习和自我修养。其次，安全意识的形成是安全习惯养成的前提，安全是一种高度自觉和下意识的行为，潜意识中的安全要素会引导人的安全行为。第三，安全责任的觉醒是安全习惯养成的基础，一个有安全责任心的人爱自己，更爱他人，保护自己和他人不受伤害是安全责任的根本体现。最后，安全习惯不是一朝一夕就能养成的，需要不断的学习和磨炼。只有自觉主动遵守安全行为规范并养成习惯，才能助推安全文化的形成。

二、安全文化建设的原理

通过学者、企业的不断研究，安全文化的本质不断被发掘，与安全文化建设有关的原理也逐渐成熟，其中较为著名的安全文化建设理论有：文化力场原理、PDCA 原理、球体斜坡力学原理、理论和价值观收敛原理、偏离角最小化原理、马斯洛需求层次原理、细胞核原理等。这些理论都有其独到之处，而本文着重介绍文化力场原理、PDCA 原理以及球体斜坡力学原理，这三个理论可以明确地阐述绝大部分企业安全文化建设的注意事项和完善、提升的过程。

1. 文化力场原理

安全文化的构建过程，就是要形成一种安全的氛围，文化力场原理虽然经常被用于阐述文化作用力的发生原理，但是如果从企业安全文化构建的角度来看，该模型清楚地表明了安全文化建设的各种注意事项。

企业安全文化构建过程中：首先要考虑的问题是力源，以理念为核心，以标准、法规、技术规范、管理制度、作业程序为外延，保证安全文化建设的合理性。随后考察安全文化建设的实用性、科学性、认同和一致性，通过多种多样的安全文化建设方式和方法，积极主动地推进安全文化落地工程，将安全文化的影响力施于文化受体上，这就是安全文化构建的完整过程。

2. PDCA 原理

PDCA 来源于管理学，是安全文化建设的常用模型，从杜邦安全文化布拉德利曲线中，我们可了解到安全文化并不是一成不变的，而是一种动态的、具有活力的氛围，是随企业成长而成长的。一个企业在创立了自身的安全文化以后，仍旧可以依照循环过程对安全文化进行优化，让整个企业的安全文化水平螺旋上升。

3. 球体斜坡力学原理

安全文化建设的"球体斜坡力学原理"的内涵是，安全状态就像一个停留在斜坡上的"球"，为了保持这个"球"处于一个平稳的状态，需要物体本身固有的安全性质、组织中的人力保护资源、组织中的安全防护设备以及组织中的安全规章和安全管理制度来共同作用，对"球"形成一种基本的支撑力，使得安全的效用可以发挥。然而，仅仅依靠这一支撑力无法使"球"一直处于稳定状态，无法保持应有的水准。这是因为，系统中还存在着一种下滑力，下滑力会使"球"向下，在组织安全中，这种下滑力主要由安全事故的复杂性和多样性、人性的趋利主义（追求绩效，轻视安全）、人的惰性和习惯的复杂性构成，使"球"的稳定处于一种不平衡的状态，呈现"下滑"倾向。

三、安全文化建设的作用

安全文化作为文化的重要组成部分，必然体现在企业的点滴之中，如同地球的引力场作用于地球上的每个人一样，安全文化一旦形成，就会弥漫于整个运转过程，产生出一种文化力场，人人都要受到"场"力的吸引。这是一种无形的力量，看不见，摸不着，安全文化的氛围，时时刻刻、无处不在地控制着每个人的言行，就像一只看不见的手，当企业中的任何一个个体有脱离安全的行为时都会被其拉回到安全的轨道。首先，安全成为风气领导要引领，企业的领导层要有安全的视野、安全的理念，以及重视安全的价值观。其次，安全成为风气高层要引导，管理干部要严格要求，安全的要素蕴含在干部的作风之中。最后，安全成为风气员工要自律，仅仅依靠制度的约束、他人的监督这些外在的力量，不足以形成良好的风气，唯有每个职工的积极参与，将自己的行为自然地用安全文化进行规范，自省自律，养成良好的行为习惯，才能共同为企业安全建设做贡献。安全发展是构建和谐社会的重要前提和基本保障，安全发展、和谐发展，正在成为企业新的竞争优势，成为一家企业的立根之本。员工在平安稳定的企业中工作、学习、生活，才能为企业创造更大的价值。

一方面，安全文化的普及代表着员工综合素质的完善，还纠正了人们曾经不负责任的态度问题；另一方面，维持了生产过程有序进行，促进企业成员情感转移，一起协助管理层制订符合本公司特征的安全计划。在制定策略的环节中常常思考管理哲学，通常很多让人手足无措的问题，都可以通过哲学思考指导实践。企业的最终目标是大幅降低事故的发生率，安抚受到身心伤害的员工，保证安全文化作为一种精髓文化始终穿插在企业的生产运营过程之中。科学的管理方式是实现人员和企业的一体化管理，安全文化在其中构筑思维价值体系，规范行为标准，提高员工的自觉性，是安全生产在企业中所发挥的巨大作用。

安全文化建设就是一杆平衡意外和常规的秤，当这杆秤向危险一方倾斜时，就要在象征安全的一方加足筹码重新获取重量优势。当出现安全事故时，社会对此原因进行讨论时总是提到事故承担者不具有强烈的安全意识。这里的安全意识就是指个人对自身安全的责任，个体根据该责任来认识自身工作岗位的必要性和正确价值。在不同的工作环境中，每个员工的应对方式可能有所不同，当具有足够的安全意识后，他们会认识到安全生产的必要性。当员工遭遇了安全事故，所造成的身心损失很可能是不易恢复的，这就极大破坏了正常个体的劳动成本、物理成本和时间成本。通过把安全意识提升到整体价值观的高度来让员工认识到它的重要性，这不仅能够起到鼓励员工努力工作的作用，还能够充分激发人的工作创造力，提升企业的现代化竞争力。

四、安全文化建设的基本思路

自从我国加入世界贸易组织后，我国制定了《企业安全文化建设导则》（AQ/T 9004），此文件成为我国相关企业建设安全文化体系的指导性文件。安全文化体系建设的基本思路如下。

1. 领导统筹策划

企业策划者在企业的安全文化建设中起到总体把控的作用，也是企业运作的核心能动力。因而想要加强企业安全文化建设，首先就要求企业领导者有足够的安全意识，从而才能保证具体安全行为的实施。管理者应当在事故发生之前就要有危机意识，做到防患于未然，才能够在企业中树立"安全生产，人人有责"的自觉意识，安全生产才会有最基本的保障。

2. 制定安全管理方针

安全管理需要管理者通过多个流程，制定相应的安全管理方针和质量安全管理计划，把计划目标和具体措施落到实处，把执行的最终结果和预期的计划进行对比分析，发现问题，查明原因。将存在安全隐患的问题进行排除，总结经验，纳入标准，从而强化管理，增强队伍对企业文化的认同感。适时地做好安全宣传、培训，让每个人都掌握好安全防范知识，把安全培训的效果体现在每个人的身上，做到"0"事故。

3. 落实安全文化建设方针

在工作时，坚决"安全第一"的生产方针以防范事故的发生。只有健康的身体才能为自己、为企业、为社会创造更多的财富，因而在工作环境中提升自己的安全意识，对于突发安全事故处理方法的学习是非常有必要的。而企业也应当对安全给予足够的重视，为员工提供一个安全的工作环境以及大力开展相关安全知识的活动。通过将安全学习融入员工的生活当中，使得他们在不知不觉中重视安全问题甚至推动他们主动学习，以贯彻始终坚持"安全第一、预防为主、综合治理"的安全生产方针。决策者仅仅能起到统筹规划的作用，发号施令之后如果没有得到具体的实施，那么将起不到任何作用。因此安全文化建设要求全员参与，让相关的安全文化建设措施及相关活动真正得到开展。公司里面需要有专员负责落实相关文件规定等，并且切实传达文件精神。

4. 进行安全文化总结

最终管理者应当要对企业员工及现场一线施工者的安全教育培训结果、安全文化建设落实情况进行抽查，并对其抽查结果进行整理和分析，对不足以及思想上面有偏颇的地方，提出有效的改进措施以及改进计划，从而确保企业安全文化建设在具体项目实施中能够有效、持续地进行。

五、安全文化建设的层次理论

安全文化是文化的组成部分。由于安全文化分为安全物质文化和安全精神文化，在阐述安全文化的结构时，也必然有不同观点，但总的来说，当代多数人倾向于将安全文化分为四个层次。

第一，器物层次，它包括人类因生产、生活、生存和求知的需要而制造并使用的各种安全及防护、保护人类身心安全（含健康）的工具、器具和物品。在一般情况下，通过对器物层次的考察就能直观而外在地反映当时的安全文化整体水平。安全器物层次通常又被称为安全物质文化。

第二，制度层次。它包括安全生产、劳动安全与卫生、交通安全、减灾安全、环保安全等方面的一切制度化的社会组织形式以及人和人的社会关系网络。安全文化制度层次的变化对安全文化整体的充实、更新和发展往往能起决定性的影响，因为它具有实现社会凝聚和社会控制的功能。

第三，精神智能层次。它包括安全哲学思想、宗教信仰、安全审美意识（安全美学），包括安全文学、艺术、安全科学、安全技术以及关于自然科学的、社会科学的安全科学或安全管理方面的经验和理论。安全文化的器物层次和制度层次都是精神智能层次的物化层或对象层。而文化系统的第四个层次——价值规范层次，则是安全文化精神智能层次长期作用形成的心理思索的产物。由此看来，精神智能层次在社会群体的文化结构中占有至关重要的地位。

第四，价值规范层次。它包括人们对安全的价值观念和行为规范。所谓价值观念，就是人们对什么是真的和什么是假的（鉴定认知），什么是好的和什么是坏的（鉴定功用），什么是善的和什么是恶的（鉴定行为），什么美的和什么是丑的（鉴定形式）等方面的问题所作出的判断。价值观念反映在人际关系上，则形成公认的价值标准，存在于人们内心，制约着人们的行为，这就是所谓行为规范。行为规范具体表现为道德、风俗、习惯等。价值规范层次处于文化系统的深层结构之中，是文化中最不易变更的成分，价值规范层次被视为它所属的文化系统的特质和核心。

第三节　安全文化的建设内容与方法

一、安全文化建设的核心内容

安全文化建设的问题，归根结底是安全价值观念塑造的问题。因此，安全文化建设的核心内容就是安全观念文化的建设。安全观念文化是人们长期的生产实践活动过程中所形成的一切反映人们安全价值取向、安全意识形态、安全思维方式、安全道德观等精神因素的统称。安全观念文化是安全文化发展的最深层次，是指导和明确企业安全管理工作方向和目标的指南，是激发全体员工积极参与、主动配合企业安全管理的动力。有关安全生产的哲学、艺术、伦理、道德、价值观、风俗、习惯等都是它的具体表现。

安全管理的实践经验表明，受科学技术发展水平的限制，百分之百地保证系统、设备或原件的绝对安全是不可能的，而依靠严格的安全管理、完善的法规制度、健全的监管网络，仍然无法杜绝事故的发生。面对这样的形势及安全发展的要求，只有超越传统的常规方法，通过安全观念文化的培养和熏陶，使员工从内心深处形成"关注安全、关爱生命"、自发自觉保安全的本能意识，才能最终实现本质安全。安全观念文化无疑是企业安全文化建设的核心内容。

海尔集团创始人张瑞敏在分析海尔经验时曾说过："海尔过去的成功是观念和思维方式的成功。企业发展的灵魂是企业文化，而企业文化的核心内容是价值观。"对企业来说，企业安全价值观是企业安全观念文化的集中体现，而安全观念文化是人们关于安全工作以及安全管理的思想、认识、观念、意识等，这种思想、认识、观念、意识将时时处处指导和影响员工的行动方向和行动效果。

无论是高危企业还是其他任何在经营、生产行为中都有可能出现安全事故的单位，都应该明确企业安全文化建设的核心内容，科学系统地建立、健全企业全体员工能认同、理解、接受、执行的先进安全价值观念，并倡导全体员工乃至企业外部人员认同、理解、接受、执行这种安全价值观念。

二、安全文化建设的形态体系

从文化的形态来说，安全文化的范畴包含安全观念文化、安全行为文化、安全制度文化和安全物质文化。安全观念文化是安全文化的精神层，安全行为文化和安全制度文化是安全文化的制度层，安全物质文化是安全文化的物质层。

1. 安全观念文化

安全观念文化主要是指决策者和大众共同接受的安全意识、安全理念、安全价值标准。安全观念文化是安全文化的核心和灵魂，是形成和提高安全行为文化、制度文化和物质文化的基础和原因。当代，需要建立的安全观念文化是：预防为主的观念，安全也是生产力的观点，安全第一的观点，安全就是效益的观点，安全性是生活质量的观点，风险最小化的观点，安全超前的观点，安全管理科学化的观点等，同时还有自我保护的意识，保险防范的意识，防患未然的意识等。

2. 安全行为文化

安全行为文化指在安全观念文化指导下，人们的安全伦理观念、安全行为准则、职业道德标准和风俗习惯等的表现。行为文化既是观念文化的反映，又可以改变观念文化。它包括员工对安全的价值观和安全行为规范。企业安全行为规范表现为安全伦理观念、安全的行为准则、职业道德标准、科学的习俗和风貌，甚至包括企业安全生产对社会应担负的道德责任等。它是企业安全精神融于企业员工的思维和行动之中，形成企业的安全价值取向和安全行为准则。安全价值观制约着人的安全行为。安全价值观的形成通过企业认同，就可把企业及员工的安全价值观念及不同的追求统合于一个整体，使企业员工的安全行为发生深刻的变化。

3. 安全制度文化

安全制度文化指企业为了安全生产及其经营活动，长期执行较为完善的保障人和物安全而形成的各种安全规章制度、操作规程、防范措施、安全教育培训制度、安全管理责任制以及遵章守纪的自律安全的厂规、厂纪等，也包括安全生产法律、法规和有关的安全技术标准。它是企业安全生产运作的保障机制的重要组成部分，具有科学性、原则性、规范性和时代性特点，是企业安全观念文化的物化体现和结果，是物质文化和精神文化遗传、优化的实用安全文化。它对社会组织和组织人员的行为产生规范性、约束性影响和作用，集中体现观念文化和物质文化对领导和员工的要求。

4. 安全物质文化

指整个生产经营活动中所使用的保护员工身心与健康的工具、原料、设施、工艺、仪器仪表、护品护具等安全器物。安全物质文化是安全文化的表层部分，它是形成观念文化和行为文化的条件。从安全物质文化中往往能体现出组织或企业领导的安全认识和态度，反映出企业安全管理的理念和哲学，折射出安全行为文化的成效。所以说物质是文化的体现，又是文化发展的基础。

三、安全文化建设的基本方式

安全文化建设可以采取以下六种方法和手段。

1. 安全管理手段

采用安全管理的方法更有效地发挥安全文化的物质财富和精神财富的作用，保护员工在安全生产经营活动中的安全与健康。一方面改善人文环境，树立科学的人生观和安全价值观，在建立和突出员工的安全的意识、理念的基础上，形成企业安全文化的氛围和人文背景；另一方面，通过安全管理的手段调节"人—机—环境"之间的关系，建立一种与安全文化相和谐的安全生产运行机制，达到安全管理的期望目标。

2. 行政手段

行政手段要充分发挥企业安全制度文化的作用，规范员工的行为，使其遵章守纪，防止违规现象，保护自己，保护他人，保障安全生产。

3. 科技手段

依靠科学技术进步，推广先进安全技术和成果，不断改善安全生产条件，实现生产过程的本质安全化，不断提高生产技术和安全技术的水平。利用安全文化的物质文化和安全文化物化的技术、材料、设备、保护装置，维护安全生产，保护员工在劳动过程中的安全与健康。

4. 技术经济手段

保障安全生产，不仅是保护员工在生产经营活动中的身心安全和健康，也不仅是减少意外伤亡事故导致的经济损失，还表现在生产技术与安全技术的能动作用产生的经济正增长。采用科学而合理的方法，适应企业的安全文化和经济背景，以最小的安全投入，取得最大的效益。当科技进步的程度，经济基础的强弱，大众文化需求的水平达到某一状态时，技术经济学和安全经济学的理论与实践可以为应用经济手段提供科学依据。

5. 安全法制手段

充分利用安全生产的法律、法规及国家的有关政策规范员工的安全生产行为，以及规定其要遵守安全法规的义务。安全的行为、安全的道德、安全文明生产已成为安全文化及企业安全制度文化的基础。

6. 安全宣传教育手段

安全教育是一种传播安全文化、传递安全生产经验、灌输安全科学知识、保障社会秩序稳定的重要途径，也是普及安全与健康的科技与文化，促进社会文明的重要手段。宣传和教育是培养和造就高安全文化素质人才的必由之路。企业的全员安全教育必须常抓不懈，不断提高和升华，以适应安全科学技术的进步和现代安全管理的需要。

四、安全文化建设的不同模式

根据系统工程的思想可以设计出安全文化建设的系统工程模式，即从建设领域、建设目标、建设方法三个层次的系统出发，将一个企业安全文化建设所涉及的系统分为企业内部和外部。只有全面进行系统建设，企业的安全生产才有文化的基础和保障。不同行业的安全文化建设情况不同。例如，交通、民航、石油化工、商业与娱乐行业，安全文化就不能仅仅只考虑在企业或行业内部进行，必须考虑外部或社会系统建设问题。因此企业安全文化建设系统工程如图 7-1 所示。

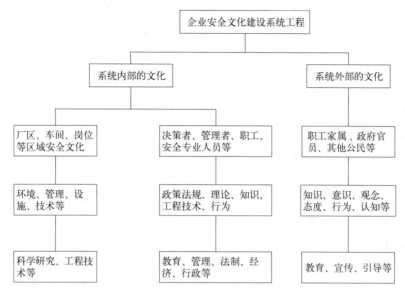

图 7-1　企业安全文化建设系统工程

上述安全文化建设的模式主要是针对企业或者行业而言的。如果从政府推动安全文化的建设与发展角度，则应考虑全社会的文化建设，把建设安全文化、提升全民素质，作为开拓我国安全生产新纪元重大战略发展来认识。为此，在社会层面可以从以下方面开展工作，以加强安全文化的系统工程建设：组建中国安全文化发展促进会，以有效组织全社会的安全文化建设；建立"安全文化研究和奖励基金"，为推进安全文化进步提供支持；在研究试点的基础上，推广企业安全文化建设模式样板工程和社会安全文化建设模式样板工程，加快我国安全文化的发展速度；在学校开设安全知识辅导课，提高学生安全素质；有效组织发展安全文化产业，即向社会和企业提供高质量的安全宣教产品，组织和办好安全生产周（月）活动等，改善安全教育方法、统一安全生产培训教育模式，规范安全认证制度，发展安全生产中介组织等。

第四节　安全文化元素及内涵

一、安全文化的元素

安全文化是组织安全业务的指导思想，是组织层面的问题，是专业名词，和通常使用的"文化"截然不同。但是要使安全文化真正起到降低组织事故率的作用，仅有定义是不够的，还需要将安全文化即安全理念的内容进行具体化，也就是需要找到安全文化的组成元素即理念条目。国内外很多学者，从1980 年开始就进行了大量的研究，目标是找到安全文化的具体内容，即安全文化元素，并建立其数值与组织的事故率之间的明确数量关系以预防事故。这方面的研究已经持续了多年，但如按照以往研究路线，预计在未来 10～20 年内仍难达成共识，仍难形成一致认可的安全文化元素列表。

加拿大斯图华特（Stewart）形成安全文化元素表的方法是值得推荐的做法之一。他所使用的方法是企业定量、定性观察法，他研究了北美地区 10 个安全业绩很先进的企业和 5 个安全业绩很差的企业，得到的结论是，安全业绩先进企业都共同拥有一些安全文化元素，而且企业员工对这些元素的理解程度都很高，而安全业绩较差的企业员工的理解程度却很低，由此形成了包含 26 个元素的安全文化元素表。本书为能继续使用斯图华特的测量数据做对比研究，根据中国的实际对其安全文化元素表只略做修改（但对其测量量表却做了符合东方文化背景的大量修改），将元素列表增加到了 32 个元素（表 7-2）。当然，表 7-2 所列并不是安全文化唯一的元素集合，它们只是研究进程中的一个进展而已。然而，表 7-2 所列的确实是对企业安全业绩有关键影响的要素，可以作为企业在现阶段进行安全文化建设的明确内容。

表 7-2　安全文化元素列表

元素号码	元素	元素号码	元素	元素号码	元素	元素号码	元素
1	安全的重要度	9	安全价值观形成	17	安全会议质量	25	设施满意度
2	一切事故均可预防	10	管理层的负责程度	18	安全制度形成方式	26	安全业绩掌握程度
3	安全创造经济效益	11	安全部门的作用	19	安全制度执行方式	27	安全业绩与人力资源的关系
4	安全融入管理	12	员工参与程度	20	事故调查的类型	28	子公司与合同单位安全管理
5	安全主要决定于安全意识	13	安全培训需求	21	安全检查的类型	29	业余安全组织的作用
6	安全的主体责任	14	直线部门负责安全	22	关爱受伤职工	30	安全部门的工作
7	安全投入	15	社区安全影响	23	业余安全管理	31	总体安全期望值
8	安全法规的作用	16	管理体系的作用	24	安全业绩的对待	32	应急能力

注：表中所列的是 32 个安全文化元素，测量时，测量组织的成员对每个元素的认识，认识程度越高，分数越高

二、安全文化元素的含义和作用

本节将逐条给出每个元素对安全绩效的作用，包括各元素的作用原理。元素的名称可能比较简短，但对元素的内容给出了明确的解释。

1. 安全的重要度

安全的重要度就是对安全的重视程度，就是组织成员对安全与生产之间关系的理解，也就是对我国安全生产方针"安全第一、预防为主、综合治理"的理解程度，理解程度越高，越会在工作、决策之前重视安全。我国许多重、特大事故就是由"轻安全、重效益，没有首先考虑安全问题"导致的。在实践中，相当一些人对安全、质量、效率、产量、效益等指标之间的关系认识不清。他们认为生产的最终目的是效益最大化，一切应向"钱"看，追求经济效益，而可以暂时不考虑安全。其实，没有了安全、生命和自由，效益再多都没有用。所以在做任何事前必须考虑安全，不安全是不能工作的。侥幸心理要不得，记住墨菲定律，"凡是可能发生的就一定会发生"！

2. 一切事故均可预防

此条理念还可表达为"零事故是可以实现的"等多种形式的"零"事故理念。其作用原理是，员工如果认识到一切事故都是可以预防的，那么他就会重视细节、扎实工作，尽一切努力去预防，兢兢业业做好一切预防工作。根据安全累积原理，微小事情做得好意味着重大事故发生的概率在降低。所以该条理念对事故预防来说可谓十分有效。培训中的解释方法可有：

① 海因里希、美国杜邦等机构提出绝大部分事故是由人的不安全动作所引起的，而根据"2-4"模型等事故致因理论，人的动作是可以控制的，所以事故是可以预防的。

② 举出大量的事故案例来说明事故的可预防性，如：2008 年 4 月 28 日胶济铁路火车相撞事故，不超速驾驶就可以预防；2008 年汶川地震过程中，桑枣中学叶志平校长主持的房屋加固、应急演练等措施减少了地震伤亡，他学校的师生都在地震中存活了下来；2003 年开县的中石油钻场，如果工程师不拆掉钻具上的回压阀、改变钻具组合就不会发生导致人员死亡的井喷事故。其实，几乎所有事故的原因分析中都有"如果"，去掉这些"如果"，几乎所有事故都不会发生，所以说，"一切事故均可预防"不是不可信的。

③ 如果员工对本条理念仍存怀疑，则可以请他们举出不能预防的事故的真实实例。没人能举得出来，举不出来，那就只能相信"一切事故均可预防"。

在实践中存在的一个难点是，有的高层管理人员也不愿意接受本条理念，

201

更不愿意向员工灌输这个思想。原因是如果认为一起事故可以预防，那么出了事故意味着管理者没能预防事故，责任大、压力大。其实不灌输这条理念，根据它的作用原理，反倒更容易出事故，而出了事故，无论如何管理者也脱不了干系，责任更大，还不如灌输它，降低出事故的概率。而且，一切事故都可以预防，并不是说今天明天就可以实现零事故，"零事故"是一个长期的努力过程。

3. 安全创造经济效益

本条理念的作用原理是，如果认为"安全创造经济效益"，那么员工就会主动创造安全业绩、积极预防事故。否则，赔本的买卖是没人主动去做的。"主动"二字对于安全工作来说是非常重要的。解释方法是：①批驳这样的观点，即安全状况很差时，安全投入可大幅减少事故，大幅降低生产成本，投入产生净收益；安全状况提高到一定程度时，安全投入继续增加，事故率降低是有限的，节省的资金已经不能抵偿投入的资金，安全投入产生负的净收益。有人还画出了坐标图来表达这个思想，即从收益角度来说，安全投入存在最佳值。其实，到目前为止，所画出的坐标图都仅限于没有数据的"定性坐标图"，没人曾经给出有数据的"定量坐标图"，所以最低点事实上人们是找不到的，也就是说不顾人的生命而依据净效益确定安全投入是一个荒唐做法。②阐述安全业绩节省事故损失的事实，如据加拿大统计，每起大小伤害事件大约损失5.9万加元的直接经济损失。③阐述安全创造收益的几个积极方面，如改善安全状况能通过提高劳动生产率产生经济效益，能降低工伤保险费率和保费总额，能为企业赢得更多订单、有助于进入国际市场等，所以安全（业绩）就是效益，安全创造经济效益不是一句空话。我国各个企业实行的"风险抵押"做法，实际是安全创造效益的一种体现。

4. 安全融入管理

这条理念中的"管理"二字，实际就是"做事情"的意思，既包括组织的管理，也包括个人的管理。其作用原理是，做任何事情首先考虑安全，就能够实现安全。一切事情都定下来后再考虑安全，就已经不能回头。我国的"三同时"制度所反映的就是这一原理。

5. 安全主要决定于安全意识

"安全意识"指的是"发现危险源、及时处理危险源的能力"。意思是说，安全主要决定于人的知识水平（有知识才能发现危险源、有知识才能知道不及时处理的危险）、行为方式，而主要不是决定于物或硬件设施、技术水平。所以预防事故的重点是要解决人的习惯性行为和操作动作，其次才是解决物的不安全状态。

6. 安全的主体责任

这一条主要是说，无论是单位还是个人，安全工作是自己的事而不是别人的事。如果不把安全当作自己的事情来做，那么安全就做不好。或者说，安全做不好，很大部分原因是没把安全当作自己的事情来做。对于企业来说，政府是外部，对于企业内各部门来说，上级领导和安全部门是外部，对于员工个人来说，他的领导和别人是外部。外部的监察、检查等是外因，外因必须通过内因而起作用，内部没有做安全工作的积极性，无论安全制度多好，要求多么严格，安全也是做不好的。我国安全生产法规定企业负责人是安全生产第一责任人，就是要求企业切实负起安全责任，保护自己的员工，而且企业知道自己的安全措施需求，能够调动自己的资源，和自己的员工有更密切的日常感情，知道自己的员工对企业的发展的重要性，有保护自己员工的积极性，能够把安全工作做好。对于企业内的各部门、员工个人也是同样道理。重要的是，"外部"怎样使"内部"认识到这一条理念，认识得越深，安全业绩越好。美国杜邦公司说，安全是每个人的责任，所以其安全业绩就好。

7. 安全投入

安全投入是指在预防事故方面所投入的一切费用，主要包括：安全设备仪器、安全培训、安全活动和安全奖励资金等各项费用。我国政府对于煤矿等行业有安全投入规定，执行规定是最基本的，是实现安全的必要条件，但不是充分条件。安全投入认识应该以风险为基础，不管已经投入了多少，只要有危险，就应该继续投入，直至安全条件具备为止，此时才能实现作业安全。

8. 安全法规的作用

本条理念的含义是，安全法规是实现安全的必要条件而不是充分条件，要实现安全，安全条件必须超出法规的要求。安全法规是教训换来的，必须不折不扣地得到遵守和执行，否则不能实现安全。一次违法（章）就可能出现大事故。认识到这些，对实现安全有帮助。

9. 安全价值观形成

价值观，就是关于事项的重要看法。安全价值观是关于安全问题的重要看法。组织安全价值观的形成，就是组织的员工对安全相关问题的重要看法的一致性。一致性越高，工作越容易开展，安全业绩就会越好。如安全违规罚款，罚款的人是为保证被罚款的人的安全而罚款，如果被罚款的人不这样认为，罚款执行就有困难。

10. 管理层的负责程度

管理层越负责，越以身作则，安全就越好。虽然每个人都是管理者（一线员工是自己和自己的工作的管理者），但这里主要指组织的管理层。管理层掌握资源，管理层是团队领导，是员工的榜样，所以管理层的举动是有影响力的，这和古代元帅带兵打仗，元帅必须身先士卒是同一个道理。

11. 安全部门作用

安全部门在安全方面起"顾问、组织、协调、咨询"作用，其他部门保证安全的责任是各个部门自己，不是安全部门。传统企业可能这样划分安全责任，如果安全部门没有发现隐患而导致事故，安全部门负责；安全部门发现了隐患，业务部门没有妥善处理，业务部门负责。这将导致安全部门压力大，最终导致企业不安全。把安全部门比作医院或者医生可能比较恰当，得了病（出事故）不能怪医生（安全部门）。

12. 员工参与程度

员工参与程度指员工参与安全决策的程度。员工参与对安全的好处是，安全规定更加合理、全面，员工充分理解安全规章的好处、作用和缘由，遵守规章的积极性更高，更有利于安全。

13. 安全培训需求

安全培训、训练的作用是在个人层面上解决"2-4"模型中事故的间接、直接原因的，其作用不言自明。本条理念可以反映以往培训工作的有效性，原因是培训越有需求，说明以往的培训工作越有效，否则则是无效的。蕴含的道理是，越有知识的人越知道知识缺乏，知识越少的人越没有学习的主动性。

14. 直线部门负责安全

此条理念与第 6 条"安全的主体责任"、第 30 条"安全部门的工作"相关。各个部门、各个子公司等的安全要靠自己负责，责任不在安全部门。各部门越主动做好自己的安全工作，安全业绩才会越好，外因通过内因才会起作用。

15. 社区安全影响

社会组织的业务活动总会对社区安全健康造成影响，如施工活动产生的粉尘污染农作物，交通会威胁周边居民的交通安全，还可能造成化学物质污染等。关注社区安全，一是反映了企业的社会责任，二是反映了组织员工的安全意识。认识到了，说明安全意识高，有利于安全。

16. 管理体系的作用

管理体系的作用，在"2-4"模型中已经表达为事故的根本原因，所以建立它、彻底执行它的作用已经很明显。但是很多传统企业的管理者及安全管理者并没有深刻认识到它的作用，总是努力寻找"灵丹妙药"。其实"仙丹"并不存在，如果说存在，那么它就是按照管理体系的要求扎实做好每件日常工作。管理体系要求，按照体系文件的要求工作，工作的实际做法要写入管理体系文件，体系执行要有记录，要求用方针、目标、程序来系统化地管理企业安全，这样才能实现持续改进。企业能够认识到体系的作用，就会有好的安全管理体系，就能持续提高事故预防效果。

17. 安全会议质量

此条理念的原理和第 13 条"安全培训需求"相近，会议质量越好，人们越是有需求。会议的多少，会议中安全事务的地位，反映了对安全的重视程度，也反映安全业绩的优劣。

18. 安全制度形成方式

本条理念反映的是安全制度的形成方式。如果是以系统性的文件形式形成，则质量较高，如果只靠口头讲话，则不可能形成完整的安全制度，安全状况也不会好。此条与第 16 条"管理体系的作用"相关、相近。

19. 安全制度执行方式

本条主要是说，安全制度的执行必须具有一致性。例如罚款，只要情况相近，罚款标准就要一样。如果按照人际关系的亲疏远近差别执行，则安全业绩就不会好。

20. 事故调查的类型

本条理念反映的是安全累积原理。很多企业只调查有人员死亡的大事故，而对小事故、事件则忽视，这就不利于安全。如果一切事故都调查，对于安全业绩的提升是很有好处的。

21. 安全检查的类型

安全检查如果是系统化、有准备进行的，则对安全业绩有帮助；随意检查，则不利于安全。

22. 关爱受伤职工

关爱受伤员工，更能使他们认识到生命、健康的价值，可使人们更加重视安全，有利于安全业绩的提高。而且，关爱受伤员工，尽快使他们返回工作岗位，本身也是安全工作、安全业绩的一部分。

23. 业余安全管理

人力资源是组织最宝贵的资源，涉及组织的经营业绩。业余中的员工也需要受到保护。更加重要的是，业余中员工的行为方式、安全意识与工作中的行为方式和安全意识是相互影响的，事故致因也是相同或者相近的。某安全工作做得好的员工在旅行中、家里都表现了很高的安全意识，具体做出了安全动作，可想而知，反过来也是一样的。目前我国的绝大多数企业对员工业余安全还没有给予充分的重视。关于业余安全，仅仅告诉员工"注意安全"是不够的，要有具体的事故、人员的活动规律、危险源等统计工作和数字，有具体的安全忠告，和工作安全一样管理才能取得好的效果。安全业绩好的企业，往往对家庭安全也十分重视。

24. 安全业绩对待

安全业绩要有实质性的奖惩措施对应，这样才有利于安全业绩的提高。企业经常的做法是发奖金、罚款等，但很少有企业以安全业绩决定员工的职级（安全专业人员除外），职级才是实质性的鼓励措施。

25. 设施满意度

此条理念与第 31 条"总体安全期望值"相似。组织员工对于设施的安全性越不满意，则安全意识越高，安全需求越大，安全业绩就会越好。

26. 安全业绩掌握程度

组织员工掌握本组织、同行业、国内、国外的安全业绩程度不同，组织的安全业绩也会不一样。了解越多，能力越强，了解越多，安全期望也越高，安全工作动力越大，安全业绩就会越好。

27. 安全业绩与人力资源的关系

依据安全能力决定新员工雇用，依据安全业绩决定老员工的职级提升，有利于安全业绩的提高。

28. 子公司与合同单位安全管理

子公司、合同单位的安全也是组织安全业务的一部分。在法律上，安全责任有基本界定，但是在实践上，对子公司、合同单位要实行相同标准。一方面，组织的任何部分的安全都相互影响；另一方面，子公司、合同单位的安全业绩统计也是本单位的一部分。

29. 安全组织的作用

安全组织指的是组织部分员工自发形成的各种非正式组织，例如安全学习小组等。这些业余组织会对组织的安全起到一定的帮助作用。但是这些组织的活动需要有本组织安全专业人员的指导，以免脱离本组织的管理思想和安全科学轨道。业余组织的活动，组织得越好，安全业绩越高。

30. 安全部门的工作

安全部门相当于医院或者医生，居民得病不能怪医生，但是医生也要有较高的医术才利于居民健康。各部门出了事故不能责怪安全部门，但是安全部门也必须具有较高业务水平，必须能够提供高质量的顾问、组织、协调、咨询服务才有利于企业安全。

31. 总体安全期望值

总体期望值越高，安全业绩会越好。

32. 应急能力

应急能力是组织员工安全能力的综合反映，应急能力强，则安全状况会好。按照事先计划处理应急，说明应急预案及其执行有效。

第五节　安全文化的测量与评价

一、安全文化测量工具

安全文化定量测量是安全文化建设的定量跟踪手段。安全文化测量一般通过量表进行，多用 Likert 五级测量量表。本节首先介绍量表的开发状况，然后介绍一种量表测量实施手段——安全文化定量测量系统 SCAP（Safety Culture Analysis Program）。

国际上的测量量表很多。Stewart 安全文化元素表进行改进后，形成了一套测量量表，并先后在全国 40 多家煤矿等实施，形成了测量结果数据库。安全文化量表的开发、形成是在安全文化概念的基础上进行的，即首先得给出安全文化的定义，然后才能确定安全文化的元素，再之后才能给出安全文化的测量量表。表 7-3 是后期开发出来的测量量表，量表中的每一个问题对应一个安全文化元素，每个问题的每个选项都有固定的权重，最后算出总分。

表 7-3　安全文化测量量表

元素号码	题目设计	回答选项	测量的认识内容
1	你认为下列哪项对单位运营影响程度最大？	A. 产品或业务的质量；B. 市场定位；C. 成本或工作效率；D. 产量或业务量；E. 安全状况	对安全重要性的认识
2	你认为伤亡事故可以避免吗？	A. 都可以避免；B. 几乎都可以避免；C. 很多可以避免；D. 一些可以避免；E. 几乎没法避免，要生产就必然会有所牺牲	对事故可预防性的认识
3	你认为在安全方面花钱对企业经济效益的影响是：	A. 永远增加经济效益；B. 有可能会永远增加经济效益；C. 不会永远增加但也不会减少经济效益；D. 可能永远减少经济效益；E. 肯定永远减少经济效益	对安全创造经济效益的认识
4	在进行一项新工作时你认为应该何时考虑安全问题比较合适？	A. 应该一开始就考虑；B. 涉及较危险业务时应该一开始就考虑；C. 主要问题考虑完了以后再考虑安全；D. 所有问题都考虑好后考虑安全也不晚；E. 遇到安全问题时再考虑安全	安全融入日常工作的程度
5	你认为企业安全状况一般主要决定于：	A. 安全意识；B. 安全工作方法；C. 员工素质；D. 技术装备；E. 生产过程的危险性	对事故人因的重要性的认识
6	关于上级来安全检查，你认为：	A. 来检查前，肯定会有些紧张的，安全责任很大。B. 我不希望来检查，因为准备工作总觉得会有些不周到；C. 来不来检查无所谓，反正安全工作不能松懈；D. 来检查也好，或许能查出我们的不足，以便改进；E. 我希望来检查，以便为一些不太清楚的问题找到解决方法	是否把安全当成自己的责任和义务
7	关于安全投入的多少，你认为应该怎样决定：	A. 根据经营状况、盈利状况决定；B. 执行规定，达到标准；C. 需要超过法规规定标准；D. 尽可能多投入，以防止出现事故；E. 可以设置危险水平，如有超过这个危险水平的情况，不管资金紧缺与否都得投入	对安全投入标准的认识
8	在安全管理过程中，你认为：	A. 规章也不是都有用的；B. 规章很严格，全部执行根本不可能；C. 打些折扣执行规章也不见得就出事故；D. 规章必须完全执行才不会发生事故；E. 必须超出规章要求才能预防重大事故	对安全法规作用的认识

元素号码	题目设计	回答选项	测量的认识内容
9	假如目前你专职做安全工作,你是否愿意改做待遇类似的其他工作?	A. 很不愿意;B. 不太愿意,但也可以换;C. 无所谓;D. 愿意换;E. 早就想换	安全价值观的形成程度
10	如果你是领导,考虑你的下级部门负责人的职级提升时,你认为该做哪项考虑:	A. 如果他在任职期间,他的部门有严重事故发生,他基本不再有希望提职;B. 职级提升,安全业绩是一个重要方面,但经营业绩也需考虑;C. 安全是一个方面,但主要还是应该看总体业绩;D. 职级提升是很复杂的,涉及因素很多;E. 安全为生产服务,职级提升时不必单独考虑安全	领导对安全的负责程度
11	如一个非安全业务部门出了一个安全问题,那么你认为责任应该怎样分摊?	A. 该部门应该负全责;B. 该部门应该负大部分责任,安全部门负少部分责任;C. 该部门和安全部门都应该承担一半责任;D. 该部门负少部分责任,安全部门负大部分责任;E. 安全部门负全责	对安全部门作用的认识
12	关于公司的安全,你作为单位的一员应该:	A. 大量提建议;B. 应该提些建议;C. 提不提建议无所谓,执行就行了;D. 不必提建议,那不是我的本职工作;E. 根本不必提建议	员工参与程度
13	根据过去两年的情况,你对安全或职业病方面培训的需求是:	A. 需要效果更好的培训;B. 需要更大量的培训;C. 无所谓;D. 培训已经有点多了;E. 不用再培训了,够多的了	安全培训需求
14	对于公司的安全工作,你认为谁该关注呢?	A. 安全部门该关注,因为它主管安全;B. 安全、生产等与安全关系密切的部门应该关注;C. 安全、生产及一些相关管理部门应该关注;D. 安全、生产甚至其他部门也应该关注;E. 所有部门都完全应该关注	对直线部门负责安全的认识程度
15	你公司各业务方面是否可能对用户、社区造成危险?	A. 很可能有,需要注意;B. 可能有,需注意;C. 不知道;D. 没有;E. 不可能有	社区安全影响
16	关于职业安全健康管理体系,我感觉:	A. 有没有都无所谓;B. 应该有管理体系,但无需了解其具体内容;C. 应该有管理体系,对其内容有大概了解;D. 不但该有管理体系,还应该执行它;E. 没有管理体系,就无法进行安全健康管理	对管理体系重要作用的认识
17	你认为一个单位:	A. 应该有专门安全例会;B. 应该经常开专门安全会议;C. 在遇到安全问题时应该开专门安全会议;D. 在生产会议上讲安全就可以了;E. 根本没必要为安全问题而开会	对安全会议有效性的认识

元素号码	题目设计	回答选项	测量的认识内容
18	你认为安全生产管理制度:	A. 应该完整地写成文件形式,再反复讲解;B. 应该写成文字材料,再讲解;C. 可以成文,也可以是领导讲话;D. 没必要成文,领导或者上级讲出来就可以;E. 没必要预先制定,遇到问题解决好就行了	对安全制度形成方式的认识
19	对于违章情况的处理方式。你的看法是:	A. 对违章不要以处罚形式处理;B. 有些违章可以不采取处罚方式处理;C. 对违章情况,可以具体情况具体分析,也可以进行不同处罚;D. 对严重违章情况进行处罚,但同类违章处罚也可能不同;E. 对所有的违章都要进行处罚,同类违章处罚要相同	安全制度执行的一致性
20	调查的事故类别。你的看法是:	A. 死亡事故需要调查;B. 死亡、重伤事故需要调查;C. 死亡、重伤或轻伤事故需要调查;D. 死亡、重伤、轻伤及财产损失事故需要调查;E. 所有事故都需要调查	事故调查的类型
21	安全检查的内容包括安全管理、工作环境、整改措施的落实、作业方式、安全装备等。你的看法是:	A. 检查内容可以根据经验和现场具体情况确定;B. 多数检查内容可以根据具体情况定,少数可预先写好;C. 一半内容可根据具体情况确定,一半内容预先写好;D. 少数情况可以根据具体情况确定,多数内容预先写好;E. 全部检查内容都需要预先写好	安全检查的类型
22	关于受伤员工的岗位轮换。你认为:	A. 需要根据伤情安排合适岗位;B. 一般情况下应该根据伤情安排合适岗位;C. 不必要有固定做法,个案个论;D. 可以保持原来的岗位不变;E. 只能保持原岗位	对受伤员工关爱的认识
23	关于业余时间的安全管理,你认为:	A. 应该和上班时间的安全管理方式完全相同,由公司完全管理(如统计分析等);B. 单位只要充分提醒就可以;C. 员工可以自己管理自己的安全;D. 可以主要由社会管理(如街道、居委会等负责管理);E. 不必管理	对业余安全管理重要性的认识
24	某单位(如一个企业或者一个车间等)如果安全业绩出色,你认为下列哪种情况可能发生?	A. 安全负责人以此作为硬条件顺利得到提拔;B. 安全负责人无可争议地得到大笔奖金;C. 安全负责得到表扬,记入档案,还有不错的奖金;D. 安全好了,整体业绩好了,安全人员减轻了压力;E. 安全好了,整体业绩好了,安全人员也得到奖励	对安全业绩的实质性对待方式
25	你认为本单位设备设施(如工具、机械设备、厂房等)的总体安全性:	A. 有很多需要改进的方面;B. 有需要改进的方面;C. 还可以;D. 基本没什么需要改进的;E. 已经很安全了,不必改进	设施满意度

续表

元素号码	题目设计	回答选项	测量的认识内容
26	你对公司外安全状况掌握的情况是：	A. 了解国际、国内、同行业及情况相近的其他公司的情况；B. 了解国内、同行业及情况相近的其他公司的情况；C. 了解同行业及情况相近的其他公司的情况；D. 了解同行业的其他公司的情况；E. 只了解本公司的情况	对安全业绩的掌握
27	你认为招聘及提职时：	A. 无必要考虑其安全业绩和技能，因为之后要进行安全培训；B. 无多大必要考虑其安全业绩及技能；C. 考虑不考虑都行，不重要；D. 有必要考虑其安全业绩和技能；E. 很有必要考虑其安全业绩和技能	对安全业绩与人力资源关系的认识
28	假设你公司雇用其他公司施工时出了一个安全问题，你认为处理方式应该是：	A. 你公司作为负责方进行调查；B. 你公司一般性参加调查；C. 你公司不参加调查，施工方将调查结果送至你公司；D. 你公司不参加调查，一般调查结果也不送至你公司；E. 完全由施工的合同公司负责，你公司不管	对子公司、合同单位安全管理的认识
29	你认为单位的安全委员会、安全小组等安全活动形式的工作方式应该是：	A. 在开会时提出及解决问题；B. 在工作过程中提出及解决问题；C. 在业余时间提出及解决问题；D. 在同伴间交流解决问题；E. 如果有问题就讨论	业务安全组织的有效性
30	你认为单位设置安全部门或安全专业人员对于预防事故：	A. 是很有帮助的；B. 是有帮助；C. 没什么影响；D. 帮助不大；E. 没有什么帮助	对安全部门工作的满意度
31	公司安全状况与家里的安全状况对比：	A. 公司应该更安全；B. 应该差不多；C. 没对比过；D. 家里应该更安全；E. 肯定是家里更安全	安全期望的高低
32	发生紧急情况时，你认为：	A. 可以观察周围环境，随机寻找疏散方式，无需固定路线；B. 根据经常出入的路线疏散就可以了；C. 应该根据应急程序图上的标识疏散到指定集合地点；D. 应该按照曾经演习过的疏散路线到达指定集合地点；E. 应该按照定期演习的疏散路线到达指定集合地点	应急能力

目前企业进行安全文化测量大多采取现场发放或者邮寄纸质量表的方式进行，回收后进行统计和数据分析，这种方法的工作量很大。就在线安全文化测量系统来说，英国健康安全局开发的健康安全文化调查工具（Health and Safety Climate Survey Tool，HSCST）、Robert Gordon 大学开发的计算机处理量表（Computerized Safety Climate Questionnaire，CSCQ）以及香港职业安全健康局开发的建筑业安全氛围指数调查软件等，都对企业安全文化测量有

一定的帮助。

企业安全文化在线分析系统 SCAP 是国内一款可进行企业文化测量的在线分析系统，SCAP 基于 B/S 架构设计，包括服务器端应用程序、客户端硬件系统以及客户端人机互动电脑界面三个部分。通过硬件设备将数据发送至服务器，由服务器应用程序进行计算后，再通过人机互动界面展示给用户。适合高等院校、科研单位及企业用于安全文化测量教学实验、科学研究和改善安全文化水平之用。

安全文化在线分析系统（见图 7-2）目前可以实现：安全文化测量、数据分析（能给出安全文化的 49 个结果分析图和全国平均水平的对比图）等，可在室内使用，也可在室外使用。系统采用无线数据传输、体积较小、便于携带，一般能同时测量 100～150 人的样本（一般在管理层、专业人员、班组长、一线员工中分别随机抽取 10 人、20 人、20 人、50 人组成 100 人的样本进行测量，各类人员不分开测量）。

图 7-2　安全文化在线分析系统的软件登录界面

二、安全文化评价方法

安全文化评价是安全文化体系可持续发展的关键，我国制定了《企业安全文化建设评价准则》（AQ/T 9005）。通过安全文化评价有利于企业发现安全文化建设中的问题，从而采取针对性的改进措施。对安全文化评价的研究也始于国外。最早，国际原子能机构（IAEA）在对全球安全文化快速发展趋势进行分析之后，提出要明晰安全文化定义，明确安全文化评价方法，在此基础上制定出安全文化评估指南——《ASCOT 指南》。IAEA 下属的国际核安全咨询组（INSAG）也制定了一套定性的核电站安全文化评价指标体系，从安全承诺、程序的制定、报告文化、决策的制定等七个方面对安全文化进行评价，但是在评价过程中需要通过问卷、关键事件、访谈等方法获取评价数据，并且具体评价指标过于专业化，致使其应用范围受限，不便于直接用于其他企业。随后，很多学者开始着手通用的、易操作的安全文化评估指标体系及评价方法。

在安全文化评价方法方面，国内外学者主要采用等级打分法、模糊综合评价、BP 神经网络、平衡计分卡、数据包络分析等方法对安全文化水平进行评价。相关资料显示，有关安全文化评价方法的研究数量较少，还处于起步阶段。

国外学者在安全文化评价时主要采用简单的等级打分法，该方法将安全文化评价指标设置成若干等级，每一等级赋予相应的分值，评价人员对照企业的安全文化实际情况，确定相应等级，并对对应的分值进行简单加总，得出评价得分。该方法简单、易用。模糊综合评价方法是国内研究者采用最多的一种安全文化评价法。有学者在运用 ANP 确定指标权重的基础上，通过模糊综合评价对某企业安全文化水平进行定量分析；将模糊概率综合评价模型用到电力企业安全文化评价中，并验证了该方法的有效性；以煤矿安全文化为评价对象，建立了层次分析和模糊综合评价模型等。国外学者穆罕默德（Mohamed）引入经济学中的平衡计分卡对安全文化进行评价，但是只是提出一些概念和方法。相关学者建立安全文化的平衡计分卡评价模型，以某矿井为实例，验证了该种评价方法的合理性和实用性。近几年，BP 神经网络方法、数据包络分析被研究者引入到安全文化评价中，成为安全文化评价研究中采用较多的方法。例如，有学者将粗糙集、人工神经网络方法应用于航空安全文化评价研究中，构建了航空安全文化评价模型；利用主成分分析法和 BP 神经网络相结合的数学模型对供电企业安全文化状况进行评价；采用数据包络分析的方法评价相同投资力度下的不同煤炭企业安全文化建设效果。此外，我国学者还采用了灰色关联分析、模糊结构元、二元语义等方法开展安全文化评价研究。例如，以施工企业为研究对象，运用灰色关联分析构建企业安全文化评价模型；采用模糊结构元方法，建立了煤矿安全文化评价模型等等。

第六节　安全文化建设载体系统设计

一、安全文化建设载体设计目的及功能

1. 安全文化载体设计目的

安全文化建设的目的在于使企业全体员工大幅度提高对安全文化要素的理

解，从而使管理人员在管理工作过程中，一线员工在作业操作中，能够把安全文化要素转变为优秀的操作实践，进而创造安全业绩。具体来讲，安全文化载体设计的目的，有以下几点。

（1）展示安全承诺，创造安全氛围

通过安全文化载体，向社会大众及企业全体员工明确传达管理层对安全的承诺。展示企业的安全目标，创造一种和谐的安全生产环境，激励企业员工安全生产的积极性，增强其安全意识，从而为安全生产创造良好的文化氛围。

（2）展示安全管理水平，树立企业安全形象

通过安全文化载体，向社会大众及企业全体员工展示本企业现阶段的安全管理状况，明确下一阶段的安全生产目标以及进一步安全生产水平的要求。树立企业良好的安全形象，增强企业的竞争力。

（3）宣传安全文化理念，降低事故率

通过安全文化载体，向企业全体员工宣传安全文化理念，帮助其理解安全文化元素的含义，从思想和行为上影响、改变其不安全的工作态度。同时，增加员工安全知识、增强员工安全意识，改变员工不安全习惯等，最终达到减少不安全行为发生、降低事故率的目的。

总之，安全文化载体设计的目的是以精练、全面、便于理解、易于接受为原则，达到用安全文化感染企业员工的效果，增强企业员工的安全意识，规范员工的不安全行为，最终降低事故率，实现生产安全及员工人身安全，提高企业的安全业绩。

2. 安全文化载体应具备的功能

基于对当前安全文化载体存在的问题以及安全文化载体设计的目的，安全文化载体应该具备安全教育功能、安全导向功能、安全规范功能、安全激励功能以及安全辐射功能等。

（1）安全教育功能

安全文化载体本身包含丰富的安全知识和精神文化，企业员工通过学习安全文化，能够掌握安全知识，进一步了解安全规程，在学习的过程中提高自身的安全素质。

（2）安全导向功能

企业安全文化具有强烈的导向功能，因为企业安全文化载体中蕴含着企业的安全目标、安全思想，体现着企业的安全管理水平，在这样的安全文化环境中能够有效引导企业员工形成正确的安全价值观，从而在生产过程中自觉规范

自己的行为。

（3）安全规范功能

安全文化载体中蕴含安全规章制度、安全生产规范、条例等，企业员工在学习安全文化的过程中能够进一步明确生产规范与操作规程，从而有效地减少不安全行为的发生。

（4）安全激励功能

良好的企业安全文化载体是企业中亮丽的风景，能创造一种和谐的氛围。在这样的环境中员工才会具备较强的安全感，从而有效激发员工安全生产的积极性，有效地降低企业的事故率，保障企业安全目标的实现。

（5）安全辐射功能

随着科技与信息的快速发展，良好的企业安全文化会在短时间内传播，其他企业甚至其他行业会借鉴、吸收其精髓，从而提升自己的安全文化水平，从而推动社会安全文化水平的提高。

二、安全文化建设载体设计思路

安全文化载体内容设计的基本思路，即首先确定安全文化载体的面向对象，其次以"工作—就餐—休息—娱乐活动"为主线进行安全文化载体展示单元和展示空间的选择与划分，最后确定安全文化载体的内容与形式。

1. 安全文化载体设计的面向对象

安全文化载体设计的面向对象主要是企业的全体员工，因为企业员工与企业接触的时间最长，企业的安全生产与各个员工息息相关，离不开企业员工的共同努力。另外，还要包括员工家属、企业外来人员。其中，员工家属是保障企业安全生产的坚实后盾，因为只有获得了企业员工家属的支持和关心，企业员工才能全身心地投入安全工作之中。另外，员工家属通过了解企业的安全文化，能够对企业更加了解，从而帮助员工理解安全文化，掌握安全文化。外来人员对企业安全文化的了解和传播，能够提升企业形象，提高企业的竞争力，还能够发挥安全文化载体的辐射作用，推动整体安全文化水平的发展。

2. 安全文化载体设计的单元及空间选择

安全文化载体面向的对象主要是企业的全体员工，因此安全文化载体设计单元的选择可以根据企业工业广场的建筑功能选择企业的办公楼、员工食堂、员工宿舍以及企业的社区广场四个单元进行安全文化载体布置。因为这四个单元分别是办公（一线员工也会接触）、就餐、休息和娱乐活动的主要场所，受众接触多。另外，通过选择这几个单元作为安全文化载体布置的场所，可以有效地将安全文化信息充分融入企业员工的工作、休息和娱乐活动之中，员工可以潜移默化地接受安全文化的熏陶和洗礼。

工业广场建筑物一般包括外部空间、导入空间、通行空间、办公空间、交流空间以及服务空间几种类型，各个空间具有各自的特点和功能。根据上述载体空间特点，安全文化载体展示空间主要选择办公楼正门左右两侧及上部的空白空间、门厅空白空间、电梯的外部空间、电梯的内部空间、楼道内部空间、办公室内部空间、厕所和洗漱池空白空间为载体布置空间；员工食堂主要选择正门左右两侧及上部的空白空间、门厅空白空间、电梯的外部空间、电梯的内部空间、楼道内部空间、食堂内部空间、厕所和洗漱池空白空间；员工宿舍主要选择正门左右两侧及上部的空白空间、门厅空白空间、电梯的外部空间、电梯的内部空间、楼道内部空间、宿舍内部空间、厕所和洗漱池空白空间；社区广场主要选择广场的空地区域建设安全文化长廊，用展板、灯光、音乐等进行展示。

3. 安全文化载体设计的内容

安全文化载体主要通过文字、图片或漫画进行展示，部分安全文化载体搭配音乐、知识介绍等声音。文字内容主要以安全文化构成要素为基础，对各个要素对比分类，提炼出简单易懂的安全文化语句，并附上简单、精练的解释，便于安全文化载体受众理解和接受；载体上的图片或漫画主要根据企业的性质、经营类型来定，要具备各自企业的特点；搭配音乐和知识介绍等声音部分主要以讲解安全文化构成要素为主，主要目的是便于员工理解和接受安全文化信息，加深印象。

4. 安全文化载体设计的形式

人类获取信息的最佳途径是视觉，其次是听觉，因此安全文化的传播应该主要以视觉传播和听觉传播的形式为主。在进行安全文化载体设计时主要采取挂画、橱窗、LED屏、展板以及安全文化长廊的形式，通过文字、图画和声音进行安全文化宣传。挂画、展板能够通过文字和图片进行安全文化宣传，传播效果不错，造价较低；橱窗、LED屏能够通过文字、图片以及声音进行安全文化信息传播，既能够吸引受众的注意力，又能加深受众对安全文化信息的记忆；安全文化长廊主要布置在安全文化广场中，安全文化广场是企业员工、家属进行娱乐、体育活动的主要场所，也是有效的交流空间，通过外形新颖的安全文化长廊（通过展板、灯光、音乐等展示）展示企业安全文化，不仅能够有效传播安全文化，还能够美化企业环境，增加企业员工及家属的舒适度和安全感，激发员工的责任心和自信心，易于形成融合，增强企业的凝聚力，在潜移默化之中更新员工的观念，规范员工的行为。

复习思考题

1. 安全文化的定义是什么？安全文化与安全管理之间存在什么联系？
2. 安全文化建设的基本思路有哪些？建设的基本方式是什么？
3. 安全文化元素包含哪些内容？其基本含义是什么？
4. 生活中还有哪些常见的安全文化载体？请举例说明。
5. 请针对某行业，简要介绍安全文化建设载体的设计思路。

第八章

安全管理综合应用

理论唯有在实践中才能发挥其应有的价值。本章为安全管理综合应用模块，主要针对事故致因模型构建、安全管理体系建设、安全管理行为实施以及安全管理状态分析开展介绍。要求学生学以致用，挖掘理论与实践之间更深层次的内在关联。

第一节　事故致因模型构建

一、事故致因模型构建方法

事故是复杂的系统涌现现象，事故致因理论建模涉及多种建模理论，如模型论、相似理论、系统论和系统辨识理论等基本理论，还有复杂系统理论、自组织理论、网络理论、定性理论等。基于安全科学方法学的视角，事故致因模型的构建方法大体分为以下几种类型：相似比较法、概率分析法、推理归纳法、组合改进法、因果分析法。

相似比较法是按照所要研究的安全科学问题的性质和目的，突出主要因素、主要矛盾和主要关系，抓住原型关键属性，从而建立与原型具有本质上相似性的安全模型。对原型所处的状态、环境和条件进行分析比较，做出合理的简化与假设，以便能够运用已有的科学知识和科学工具，用低层次事物和比较简单的模型去解释高层次复杂性安全问题。

概率分析法是运用统计学、概率论等方法，通过对一般事故致因因素、随机事件、时间、空间等的统计与归纳，得出事故发生与发展，以及事故后果等的一般性规律，构建事故致因理论模型。概率分析法常使用概率预测分析不确定因素对结果的影响，研究和计算各种影响因素的变化范围，以及在此范围内出现的概率和期望值。

归纳推理是一种由个别到一般的推理。由一定程度的关于个别事物的观点过渡到范围较大的观点，由特殊具体的事例推导出一般原理、原则的解释方法。自然界和社会中的一般，都存在于个别、特殊之中，并通过个别而存在。一般都存在于具体的对象和现象之中，因此，只有通过认识个别，才能认识一般。在安全领域中，推理归纳法首先要确定安全模型的类别，然后用归纳法辨识和确定模型参数与结构。根据安全系统的一般原理、定律、系统结构和参数等的具体信息和数据，进行从一般到特殊的演绎推理和论证，建立面向子系统的安全模型。利用实际安全系统的输入或输出的观测数据与统计数据，运用记录或实验资料，进行特殊到一般的归纳和总结，建立系统的外部等效模型。

组合改进法根据事故分析与调查需求，分析不同事故致因模型的应用范围、条件、优劣等，将不同的事故致因模型按照"取长补短"的原则组合起来，构建满足事故分析需求的组合型事故致因模型。分析现有模型的缺陷，运用新的安全科学理论、事故分析理论，改进已有事故致因模型（改进型事故致因模型）。对于关系和层次复杂的系统，可按属性结构分层并在确定聚合特性的基础上，将系统分解为若干子系统，根据子系统的具体情况，采用相应的方法和粒度，建立各系统局部的子模型；其次，根据子系统之间的定性、定量、静态、动态的相互影响、相互联系，建立各子系统之间的关系模型，利用各种关联关系，将子模型联合起来，构成系统的全局的总模型。

因果分析法是事故致因理论建模的最基本方法，即分析事故的原因（直接原因、间接原因、基本原因、根本原因、根源原因等），并理清这些事故致因之间的层次与逻辑关系，构建事故致因模型。因果分析法逐步寻找事故发生的原因，由于在实际工程管理过程中，产生事故问题的原因是多方面的，而每一种原因的作用又不同，这往往需要在考虑综合因素时，按照从大到小、从粗到细的方法，逐步找到产生问题的根源。

二、事故致因模型构建案例

事故模型是人们对事故产生机理及演化规律的抽象表达，是人们尝试以形式化的方式分析和认识事故的工具。对事故模型的研究，可以帮助研究人员发现事故的发生根源、演化路径，并提出防范、遏制事故的策略。事故致因模型构建涉及的行业众多，而针对不同的研究对象开展的事故致因模型构建过程存在一定的互通互适性。下文以公路工程施工安全事故致因模型构建、矿山透水事故致因模型构建与基于"2-4"模型的液化石油气爆炸事故致因模型构建为例，开展其事故致因模型构建的介绍。

1. 公路工程施工安全事故致因模型构建

公路交通作为交通运输体系的重要组成部分，正以它独特的方式影响着中国经济的发展和城市化的进程。城市的发展也影响着公路工程建设，近年来我国公路总里程数和公路网密度都实现了巨大的飞跃。与此同时，我国对公路工程建设的投入也越来越大，但公路工程的高速发展也带来了更多的安全事故。公路工程项目施工点多线长，项目环境复杂，过程涉及高难度作业区域，人员和机械流动性大，其过程充满风险、未知和不确定性，因此相关研究对于公路工程施工的致因机理探究不明。

事故致因"2-4"模型，将事故发生归结为直接原因、间接原因、根本原因、根源原因4个方面。本案例将以"2-4"模型和"4M"理论为基础，对公路工程施工安全事故进行致因因素分析和模型框架构建，运用 Apriori 算法对因素间关联规则进行挖掘，以此构建公路工程施工安全事故致因模型，模型能够帮助管理者和决策者科学有效地进行事故分析，找出预防事故发生的关键点，制定更加具有针对性的措施，确保公路施工的安全进行。

（1）事故致因因素分析

随着经济的高速发展，公路工程施工项目规模越来越大，施工难度越来越高，项目所处的环境也越来越复杂，为了有效反映事物组成部分之间的关系以及系统发展规律且能适应人的思维决策模式，根据"4M"理论将公路施工事故致因一级因素分为人的因素、物的因素、环境因素、管理因素。人的因素指的是导致事故发生的与人有关的致因因素，具体来说，就是指由人的原因造成人员伤亡、财产损失、环境破坏等，致使公路施工系统无法正常运转等事件的违背设计和操作规程的不安全行为或人的失误。物的因素指的是施工设备和施工材料由产生故障或管理不当等原因进而导致安全事故发生的不安全状态。环境因素包括施工现场的生产环境和与施工作业有间接影响关系的自然环境。管理因素指的是安全管理规程、施工流程等文件和程序的合理性及执行力度。二级、三级因素是以《企业职工伤亡事故分类》和"2-4"模型为基础，通过大量的文献查阅和对 628 起事故进行案例分析，以及对事故致因的识别来完成的，并最终通过专家访谈意见进行修改和完善，事故致因因素见表 8-1。

（2）事故致因模型框架初构

1）模型框架分析。在上述致因因素分析和"2-4"模型的基础上，借鉴事故引发者致因链中的不同层级影响链，以及对于直接原因和间接原因的分类，充分考虑公路工程建设单位、施工单位以及相关方等因素，以施工单位为研究主体，其他单位为影响因素，构建模型框架，如图 8-1。公路工程施工安全事故的发生是受施工单位内外部原因所影响的，外部原因来源于施工相关的建设单位、勘察设计单位和监理单位，外部单位通过对施工单位进行管理和监督并提供支撑性文件来影响施工单位内部的安全管理。而内部原因又可分为根源原因、根本原因、间接原因和直接原因。决策层和管理层的安全素质及能力决定其对安全管理的重视程度和把控能力，影响着整个施工项目的安全绩效，因此为根源原因；施工程序和技术方案受决策层和管理层影响，当其出现缺陷时，会使基层作业人员暴露于危险的工作状态，为根本原因；对作业层的安全素质及能力培训教育不到位、安全监管的缺失使作业区域出现较多的不安全行为和不安全状态而得不到及时发现和管理，为间接原因；作业区域的不安全行为和不安全状态直接导致了事故的发生，为直接原因。各层级原因相互影响导致了事故的发生。

表 8-1　公路工程施工安全事故致因因素表

一级致因因素	二级致因因素	三级致因因素
R 人的因素	R_1 决策层的安全素质及能力	R_{11} 安全意识不强；R_{12} 安全素质不高；R_{13} 安全责任感不强；R_{14} 安全决策能力较差；R_{15} 安全心理不佳
	R_2 管理层的安全素质及能力	R_{21} 安全意识不强；R_{22} 安全素质不高；R_{23} 安全责任感不强；R_{24} 安全管理方法不当；R_{25} 安全管理能力不足；R_{26} 安全心理不佳
	R_3 作业层的安全素质及能力	R_{31} 安全意识不强；R_{32} 安全知识欠缺；R_{33} 安全生理不佳；R_{34} 安全心理不佳；R_{35} 安全习惯不佳
W 物的因素	W_1 设备的质检、安装与拆卸	W_{11} 设备的质量不合格；W_{12} 设备的安装不合理；W_{13} 设备的拆卸不合理
	W_2 设备的检查、维修与保养	W_{21} 设备未按期检查；W_{22} 设备维修不彻底便投入使用；W_{23} 设备保养不合格
	W_3 安全防护设施的配置	W_{31} 安全防护设施缺乏或有缺陷；W_{32} 个人防护用品缺少或有缺陷
	W_4 施工材料的质量	W_{41} 钢材质量不合格；W_{42} 木材质量不合格；W_{43} 混凝土质量不合格；W_{44} 其他施工材料的质量不合格
	W_5 物品的堆放	W_{51} 工具、制品、材料等堆放不安全
H 环境因素	H_1 生产环境	H_{11} 施工现场不合理；H_{12} 噪声等有害因素
	H_2 自然环境	H_{21} 气候条件；H_{22} 水文地质

一级致因因素	二级致因因素	三级致因因素
G 管理因素	G_1 技术方案	G_{11} 工程勘察有缺陷；G_{12} 设计方案有缺陷；G_{13} 施工方案有缺陷
	G_2 安全监管	G_{21} 监管机构和人员配置不合理；G_{22} 安全技术管理不合理；G_{23} 安全检查和培训不合格；G_{24} 安全技术交底不充分或者根本没有；G_{25} 应急处理不当；G_{26} 监理单位对现场安全监管不到位
	G_3 施工程序	G_{31} 施工作业任务安排不当；G_{32} 施工作业人员安排不当；G_{33} 相关法律法规和制度规章的执行不到位

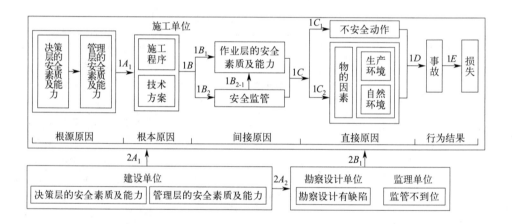

图 8-1　公路工程施工安全事故致因模型框架

2）影响路径分析。施工单位的决策层和管理层作为组织层面，在整个施工过程中处于支配地位，影响路径由 $1A_1$ 标注；施工程序中的作业任务安排不当、规章制度执行不到位等因素以及施工方案的缺陷容易使基层员工处于危险工作状态，从而影响基层员工的生理和心理状态（$1B_1$）；相关规章制度执行不到位更多地表现在安全监管的不到位、技术管理不合理、技术交底不充分、应急救援处置不当（$1B_2$）；安全监管对于塑造作业层员工的安全习惯有良好的促进作用，并且可提高其面对危险情况时的心理素质及应对能力（$1B_{2-1}$）；作业层的安全素质和能力加上安全监管的不到位对于不安全动作的发生有直接的影响关系（$1C_1$）；作业层的安全素质及能力的高低影响对于机械设备的不安全状态、施工材料的安全性、环境的恶劣程度等的判断，并且对于物和环境的管理不到位同样容易使其处于不安全的状态（$1C_2$）；人的不安全动作和物的不安全状态两者耦合，导致事故（$1D$），进而造成损失（$1E$）。此外，公路建设单位的决策层和管理层决定施工单位的选择，影响整个项目的施工安全性（$2A_1$）；建设单位对于勘察设计单位和监理单位的选择影响着勘察设计和监理效果（$2A_2$）；勘察设计单位和监理单位作为主要的相关方对于施工单位的整个施工过程的安全性提供服务，因此对于公路工程事故的发生存在影响（$2B_1$）。

（3）事故致因因素相关性分析

1）关联规则挖掘。关联规则挖掘是阿格拉瓦尔（Agrawal）等人提出的一种数据分析方法，已经广泛应用于教育、医学、城市规划等领域。引入关联规则挖掘中经典的 Apriori 算法进行事故致因分析，可直观地展现事故致因之间的逻辑关系。

所涉及关联规则挖掘过程包括 4 个步骤：数据获取，本文以某研究院提供的 628 起公路施工安全事故为主要数据来源，构建初始数据库；数据预处理，对缺失或统计不详细数据进行剔除后获得最终包含 426 起事故的数据库，依据事故案例及专家经验对事故进行致因分析后进行规范化编码并录入 SPSS 22.0，在某一事故中出现某致因因素时，取值为"1"，反之则取"0"，从而构建包含 426 起事故的布尔矩阵；阈值设定，在关联规则挖掘中对阈值的选择极为重要，阈值设置过高，则不会产生规则，过低则产生无效规则，因此在阈值选择时应进行折中考虑；软件分析，将所构建数据库导入 SPSS Modeler 18.0 软件，根据设定阈值，按照表 8-2 所示的逻辑维度进行关联规则挖掘，将得出公路施工项目中人、机、环、管各因素间的关联规则关系网络和强关联规则。

表 8-2　关联规则分析维度

序号	关联分析维度	关联分析阐释	关联细则分析
1	$R_1 \leftrightarrow R_2$	施工单位决策层的安全素质及能力对管理层的影响	施工单位决策层的各子因素对管理层各子因素的作用
2	$R_1, R_2 \leftrightarrow G_1, G_3$	施工单位决策层和管理层安全素质及能力对技术方案和施工程序的影响	施工单位决策层和管理层对于技术方案和施工程序安全性的重视程度
3	$R_1, R_2 \leftrightarrow G_2, W, H$	施工单位决策层和管理层安全素质及能力对于安全监管、物的因素和环境的影响	施工单位决策层和管理层安全素质及能力对于安全监管、物的不安全状态和环境的重视程度

序号	关联分析维度	关联分析阐释	关联细则分析
4	$G_1, G_3 \leftrightarrow R_3, G_2$	技术方案和施工程序对作业层以及安全监管的影响	技术方案和施工程序对于作业层和安全监管各子因素的影响
5	$R_3, G_2 \leftrightarrow W, H$	作业层的安全素质及能力和安全监管对于物的因素和环境的影响	作业层的安全素质及能力和安全监管对物的不安全状态和环境的影响
6	$G_2 \leftrightarrow R_3$	安全监管对作业层的安全素质及能力的影响	安全监管部门的监管对作业层各子因素的影响

2）结果呈现。由于维度过多，故此处仅呈现部分结果，以决策层安全素质及能力与管理层安全素质及能力为例，经关联规则挖掘后得出关联规则关系网络，如图8-2。图8-2中不同形状代表不同的致因因素，每一个致因因素有两种状态，分别为"1""0"，即存在或不存在。线的粗细代表两个因素不同状态同时出现的频次，其中两个因素之间的连线越粗，则说明两者同时出现的频次越高，反之越细。

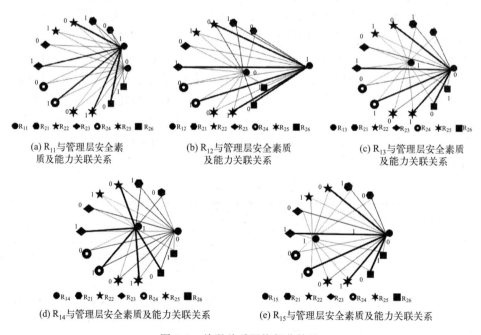

(a) R_{11}与管理层安全素质及能力关联关系

(b) R_{12}与管理层安全素质及能力关联关系

(c) R_{13}与管理层安全素质及能力关联关系

(d) R_{14}与管理层安全素质及能力关联关系

(e) R_{15}与管理层安全素质及能力关联关系

图 8-2　关联关系网络部分结果

（4）事故致因模型构建

1）因素重要度分析。公路施工项目中存在着复杂的影响路径和影响关系，某些根源性因素通过影响其他因素从而对整个系统的安全性进行影响，因此需对致因因素进行重要度分析，确定事故致因链中的各致因因素的重要性。其中，施工单位致因因素重要性程度是根据关联规则挖掘结果来确定的，先导因素与其他因素共同存在数目情况决定先导因素的重要程度，后项所挖掘规则的强弱情况决定后继项的重要程度。根据重要程度对图 8-1 所示的事故致因框架进行补充，对框架中施工单位的重要的事故致因因素用深灰色标注，次重要的用浅灰色标注。

而针对施工相关方的致因因素，建设单位作为项目的所有者，在项目初期决定所建公路的规模和建设内容等，所以建设单位的决策层和管理层对事故发生影响较大，故标注为深灰色，勘察设计单位在勘察设计过程中应充分考虑安全因素，提高施工项目的安全性，对潜在的危险因素提出预防措施，并给出相关建议，因此其对事故发生有一定影响，但相对于建设单位处于次重要，故标注为浅灰色，监理单位在为建设单位提供相关咨询服务时，还要在施工单位进行施工过程中完成有关监督管理职责，但监理单位作为服务机构，相对于建设单位属于次重要，因此标注为浅灰色，为了区别施工单位与非施工单位，在相关方影响因素上加入阴影以进行区分。

2）致因模型呈现。模型中，实线与虚线分别代表施工组织内外部影响路径，并通过标识进行区分，图 8-3 是对图 8-1 的补充与完善，施工单位的决策层和管理层的安全素质及能力对于安全监管致因因素（$1A_{21}$）、物的因素和环境因素有显著影响（$1A_{22}$）；建设单位决策层和管理层的安全素质及能力影响到施工单位的相关决策层和管理层的素质及能力（$2A_{11}$）；建设单位的决策层和管理层也是公路建设工程的组织者，必须参与到公路项目施工程序和技术方案的设计中去，履行相关职责（$2A_{12}$）；建设单位的核心地位决定其必须积极参与到施工现场的安全管理中去，在公路施工现场做到不违章指挥，按规章制度办事，积极参与安全检查、教育培训等工作，因此，其对于安全监管和物的因素以及环境因素有显著影响（$2A_{12}$）；勘察、设计工作在公路工程施工的前期完成，勘察设计单位是否按照要求对所在地区水文地质等进行精确勘测，是否提出相关防护措施保护周边环境，是否提出相关的安全建议等都对施工程序和技术方案的设计有重大影响（$2B_{11}$）；监理单位需从公路项目的可行性分析、招投标、施工等方面的项目全生命周期提供咨询和监管等服务，因此对于施工程序和技术方案同样有重大影响（$2B_{11}$）；监理单位是否建立健全安全管理制度、是否对公路工程施工现场进行有效监管都关系到安全监管的程度和相关不安全状态的存在情况（$2B_{12}$）。

225

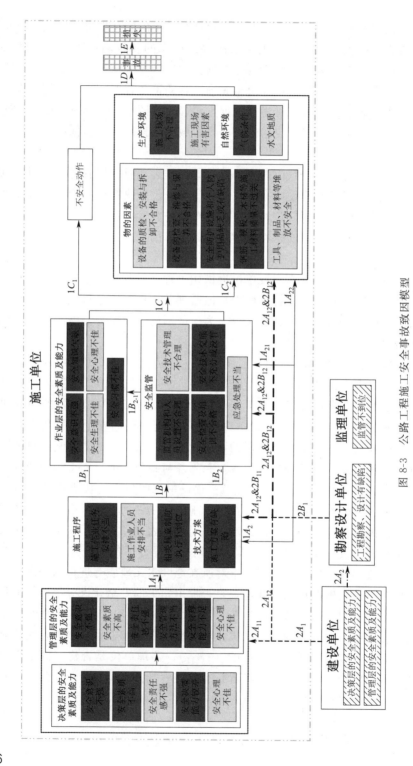

图 8-3 公路工程施工安全事故致因模型

所构建出的模型可以直观地展示出公路施工项目安全绩效的关键影响因素和各因素间的影响关系。对因素重要度的分析可以为管理者提供管控重点，以使得安全投入发挥最大效益。另外影响路径显示出决策层与管理层的安全素质及能力作为根源原因，通过决策、指导和管理对施工程序和施工技术方案进行影响，施工作业任务和人员安排不当、相关制度执行不到位、施工方案有缺陷等直接影响施工企业内部的安全氛围，导致作业人员和安全监管人员的安全素质及能力降低，建筑施工过程中存在着多种危险源，施工相关人员的某些不安全行为得不到纠正，最终将会触发事故。此外，事故的发生不仅仅受内部因素影响，施工勘察设计、安全监管和施工全周期的管理指导都会对项目安全性产生影响。因此模型可以帮助项目管理者厘清事故发生路径，科学而系统地进行事故分析，找出事故发生中的关键因素，及时提出有效应对预防措施，提高施工项目整体安全性。

2. 矿山透水事故致因模型构建

根据矿山透水事故发生机理及系统分析结果，结合事故致因理论，构建一个以预防为目的的描述性的事故致因模型，旨在描述透水事故发生的机理和过程，为预防与控制透水事故提供理论依据。

模型构建主要以系统性、针对性和简单实用性为原则。矿山透水是一个大的事故系统。因此，在构建透水事故致因模型时，应充分考虑模型的系统性，不仅要分析模型的构成要素，还要分析各个构成要素之间的相互联系，使模型获得理想的系统效应。吸取以往透水事故的教训，结合透水事故的致因特点，针对矿山透水事故发生的实际情况来构建模型，使得构建出的模型对于矿山透水事故的防治具有切实的指导意义，帮助安全管理部门找出透水事故原因，探索预防与控制透水事故的对策措施。另外，遵循简洁易懂，方便实用的原则来构建模型，不论是安全管理人员还是作业人员都能准确应用构建的模型来分析解决实际问题。

（1）模型构建的理论依据

构建矿山透水事故致因模型需要借鉴事故致因理论，因为模型都是在理论的基础上建立起来的。主要借鉴的事故致因理论有系统安全理论（以两类危险源理论为代表）、能量转移理论和管理失误论等。

系统安全理论认为系统中存在的危险源是事故发生的根本原因，不同的危险源可能有不同的危险性。该理论的基本内容就是辨识系统中的危险源，采取有效措施消除和控制系统中的危险源，使系统安全，并且强调系统安全的目标不是事故为零，而是达到最佳的安全程度。

事故致因的两类危险源理论认为，一起伤亡事故的发生往往是两类危险源共同作用的结果。这里的两类危险源包括第一类危险源和第二类危险源。前者是伤亡事故发生的能量主体，主要决定事故后果的严重程度，同时也是后者出现的前提；后者是前者造成事故的必要条件，决定事故发生的可能性，二者相互关联、相互依存。

能量转移理论是在 1961 年由吉布森（Gibson）提出，并由美国的安全专家哈登（Haddon）引申的一种事故控制论，它是人们对伤亡事故发生的物理实质认识方面的一大飞跃。理论认为，事故是一种不正常的或不希望的能量释放，各种形式的能量构成了伤害的直接原因。用能量转移的观点分析事故致因的基本方法是：首先确认某个系统内的所有能量源，然后确定可能遭受该能量伤害的人员及伤害的可能严重程度，进而确定控制该类能量不正常或不期望转移的方法。该方法可用于各种类型的包含、利用、储存任何形式能量的系统，也可以与其他的分析方法综合使用，用来分析、控制系统中能量的利用、贮存或流动。根据能量转移理论可知，预防伤害事故应该通过控制能量或能量载体来实现，如可以利用各种屏蔽来防止意外的能量释放。

事故具有因果相关性和可预防的特性，即如果找到事故发生的"因"，就可采取措施控制"果"，因此，绝大多数事故都是可控的，即在人可预知的背景下，透水事故中的绝大部分是可控的，通过采取有效的、科学的管理可以预防和控制其发生；只有极少数事故是由于突发的、不可预知和不可控的因素所造成的。

（2）模型构建的研究过程

透水事故是违背人的意志而发生的意外事件，而且事故具有明显的因果性和规律性。因而，要想找出透水事故发生的根本原因，进而预防和控制透水事故，就必须在千变万化、各种各样的透水事故中发现共性的东西，将其抽象出来，即把感性的认识与积累的经验升华到理论的水平，反过来指导实践，并在此基础上，制定出透水事故控制的最有效的方案。因此，本案例应用事故统计分析方法，统计分析了我国 2001～2009 年透水事故资料，找出透水事故发生规律，并对 80 起典型透水事故进行了原因统计及系统分析，结合透水事故发生机理，尝试构建透水事故致因模型，为制定防治对策奠定基础，也为改进安全工作指明方向，从而做到"预防为主"，实现安全生产。

通过对 80 起透水事故案例进行原因统计及分析，得出透水事故具有的特点，即每起事故客观上都存在危险源，主观上都出现了人的不安全行为和物的不安全状态。危险源主要指矿井水，它是伴随着矿山生产而存在的，是不可消除的；人的不安全行为主要包括违章、非法生产、越界开采、破坏防水设施等；物的不安全状态包括防排水设备能力不足、无专用的探放水设备、防水设施规范不符合要求等。人的不安全行为和物的不安全状态可以通过有效的管理加以预防。换句话说，管理因素是影响人的不安全行为、物的不安全状态、环境的不良条件等产生的重要因素，具有举足轻重的作用，有效的管理可以调节人的不安全行为、物的不安全状态、环境的不良条件，中断事故的进程以避免事故的发生。

管理失误论强调管理失误是导致事故发生的主要原因。事故之所以发生，是因为客观上存在着生产过程中的不安全因素，矿山尤甚。此外，还有众多的社会因素和环境条件。事故的直接原因是人的不安全行为和物的不安全状态。但是，造成"人失误"和"物故障"的这一直接原因却常常是管理上的缺陷。后者虽是间接原因，但它却是背景因素，而又常是发生事故的本质原因。通过借鉴吉布森、哈登等人提出的能量转移理论和两类危险源理论，拟认为危险源是导致透水事故的根源并贯穿事故发生的始末，同时还强调了管理的作用，管理贯穿事故系统的整个过程中。以透水事故致因探索为基础，借鉴了事故致因理论中的系统安全理论、能量转移理论和管理失误论的思想，从预防与控制事故的角度构建出描述事故发生机理的透水事故致因模型。模型如图8-4所示。

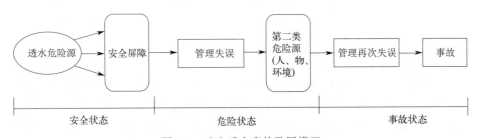

图8-4 矿山透水事故致因模型

透水事故致因模型描述了透水事故发生的机理，认为在透水事故的发展过程中，系统经历了安全状态、危险状态和事故状态三个阶段。安全状态由危险源与安全屏障共同构成，模型将危险源视作透水事故发生的根源而处于模型之首，构建安全屏障是为了防止危险源中的能量非正常逸出，故安全屏障与危险源是不可分离的。但是矿山透水事故系统并不是静止的，而是时刻都在变化的。在矿山生产的过程中，人、物和环境都在发生着变化，如果此时管理上有缺欠或失误，就会出现人的不安全行为、物的不安全状态和环境的不良条件以及其相互作用，系统状态就会由安全状态转变为危险状态。此时危险源中的能量会冲破安全屏障，若及时采取措施，仍可能避免事故发生；若采取措施不力或未采取措施，即管理上再次出现失误，就会导致透水事故的发生。此时，系统就进入了事故状态。

3. 基于"2-4"模型的液化石油气爆炸事故致因模型构建

石化行业因其特殊性存在较高的安全风险。2017 年 6 月 5 日，临沂市某公司储运部装卸区的一辆液化石油气运输罐车在卸车作业过程中发生液化气泄漏，引起重大爆炸着火事故，造成 10 人死亡，9 人受伤。为预防类似事故发生，应用系统事故分析方法"2-4"模型对事故进行了回顾性分析，并构建了针对此液化石油气爆炸事故的事故致因模型。

（1）事故概况

2017 年 6 月 5 日 0 时 58 分，某物流有限公司驾驶员驾驶液化气运输罐车经过长途奔波、连续作业后，驾车驶入某石化公司并停在 10 号卸车位准备卸车。

驾驶员下车后先后将 10 号装卸臂气相、液相快接管口与车辆卸车口连接，并打开气相阀门对罐体进行加压，车辆罐体压力从 0.6MPa 上升至 0.8MPa 以上。0 时 59 分 10 秒，司机打开罐体液相阀门一半时，液相连接管口突然脱开，大量液化气喷出并急剧气化扩散。正在值班的石化公司现场作业人员未能有效处置，致使液化气泄漏长达 2 分 10 秒钟，很快与空气形成爆炸性混合气体，遇到点火源发生爆炸，造成事故车及其他车辆罐体相继爆炸，罐体残骸、飞火等飞溅物接连导致 1000 立方米液化气球罐区、异辛烷罐区、废弃槽罐车、厂内管廊、控制室、值班室、化验室等区域先后起火燃烧。现场 10 名人员撤离不及当场遇难，9 名人员受伤。

据调查事故车辆行驶的 GPS 记录，肇事罐车驾驶员驾驶车辆，从 6 月 3 日 17 时到 6 月 4 日 23 时 37 分，近 32 小时只休息 4 小时，期间等候装卸车 2 小时 50 分钟，其余 24 小时均在驾车行驶和装卸车作业。同行押运员没有驾驶证，行驶过程都是罐车司机一人驾驶车辆。6 月 5 日凌晨 0 时 57 分，车辆抵达石化公司后，驾驶员安排押运员回家休息，自己实施卸车作业。在极度疲惫状态下，操作出现严重失误，装卸臂快接口两个定位锁止扳把没有闭合，致使快接接口与罐车液相卸料管未能可靠连接。

液化气装卸主要的装卸系统由罐车、压缩机、储罐、管道、阀门等组成。卸车过程中压缩机作为动力源，抽取储罐里的气相向罐车中加压形成压力差，罐车里的液化石油气在压力的作用下走液相线，气化的液化石油气走气相线，罐车里的液化气就被送进了储罐中。阀门符号由双三角形表示，液化气泄漏处为罐车到储罐的阀门。据分析，引发第一次爆炸可能的点火源是石化公司生产值班室内在用的非防爆电器产生的电火花。

除此之外，许多潜在的因素被认为导致了这起事故。例如：流体装卸臂快装接口定位锁止部件经常性损坏，更换维护不及时；连续 24 小时组织作业，10 余辆罐车同时进入装卸现场，超负荷进行装卸作业，装卸区安全风险偏高，且未采取有效的管控措施；设计单位未严格按照石油化工控制室房屋建筑结构设计相关规范对控制室进行设计，建设单位聘用的非法施工队伍又未严格按照设计进行施工，导致控制室墙体在爆炸事故中倒塌，造成控制室内一名员工死亡等。

（2）事故分析与模型构建

调查报告显示，驾驶员"未将液相连接关口可靠连接，装卸臂快接口两个定位锁止扳把没有闭合"是导致液相连接口突然脱开的直接原因，从中可以分别得到对应"2-4"模型动作和物态模块的两个原因。

首先，在动作模块，"2-4"模型认为，人的动作是能力层面的展现。从官方调查来看，驾驶员的不安全动作是两个能力层面原因导致的：一方面是司机长期疲劳驾驶导致的不安全生理"身体疲倦，注意力不集中"；另一方面则是司机的安全知识存在不足导致其关于装卸液化气的操作熟练度不足，未能胜任装卸工作。除此之外，事故调查报告中还提到，在本次卸车前，司机先安排同行人员回家休息，由自己单独实施卸车作业。司机的初衷或许是好的，不幸的是司机并未意识到自己精神疲惫的生理状况已经不能可靠地完成接下来的工作，由此可以推测导致这种行为的心理动机，如存在"麻痹侥幸心理"或"自我表现的好胜心态"等，这些可能存在的不安全心理同样是引发后续人为失误的重要因素。

《汽车运输、装卸危险货物作业规程》中规定，作业前应接好安全地线，管道和管接头连接应牢固，并排尽空气。从已分析得到的罐车司机个人层面原因可以发现物流公司的管理体系存在的相关缺欠，对于员工的专业技能的培训既没有使员工熟练掌握装卸操作规程，也未让员工明白违规操作可能带来的后果。此外，员工协作的相关培训和约束的不足导致形成了松散的员工合作关系是司机单独进行卸车作业的体系原因。体系层面的缺陷及成员个体的行为进一步反映出组织安全文化的不足，如安全的重要度、安全取决于安全意识、安全培训需求等。

"2-4"模型可以把任意一个模块作为底事件进行分析。针对司机发出的不安全动作"未对快接接口与罐车液相卸料管进行可靠连接"，事故调查报告还指出，现场装卸过程中道路危险货物运输装卸管理人员仅在罐车前放置了三角桩便离开了现场，未对装卸作业进行指挥和监督。人员连锁制度是纵深防御的重要环节，《道路危险货物运输管理规定》第39条规定："危险货物的装卸作业应在装卸管理人员的现场指挥或者监控下进行。危险货物运输托运人和承运人应当按照合同约定指派装卸管理人员；若合同未予约定，则由负责装卸作业的一方指派装卸管理人员"。因此，以不安全动作"未对快接接口与罐车液相卸料管进行可靠连接"作为底事件，得到了第二轮分析的第一个动作原因"管理人员没有对装卸现场进行指挥或者监控"。需要注意的是，此时模型关注的焦点从司机转移到了现场管理人员，而组织也从物流公司迁移到了化工公司。在这条脉络中，同样能从事故信息中挖掘出导致监管人员发出的不安全动作的能力原因。监管人员可能存在"麻痹侥幸心理"，认为罐车司机能独立完成卸车作业，也有极大可能存在习惯性行为，日常生产就疏于监管，事发当天属于行为惯性的延伸。体系方面，上述监管人员的个人行为反映出组织管理体系中培训模块存在的问题，具体表现可能是培训制度运行不到位，也可能是体系文件中关于现场监管人员培训内容的缺失。与此同时，现场监管人员的习惯性行为还反映出了组织的监管制度出现了问题，一方面其自身的不安全行为是监管人员对第三方物流人员的监管不力的表现，另一方面也反映出了监管制度对现场监管人员的约束存在不足。

其次，在物态模块，《特种设备安全法》将液化石油气库站中的储罐、压力管道、安全阀等列为特种设备，并规定必须有与特种设备相适应的巡检维护的作业人员及检修维护程序。与事故相关的另一个重要事件在事故报告中提及："××石化有限公司对特种设备安全管理混乱，对快装接口与罐车液相卸料管连接可靠性检查不到位，对流体装卸臂快装接口定位锁止部件经常性损坏更换维护不及时。"检修维护人员"未对流体装卸臂快装接口定位锁止把进行定期维护更换"显然是导致"装卸臂快接口两个定位锁止扳把没有闭合"的另一个不安全动作。检修维护人员存在的"麻痹侥幸心理"和"日常疏于检修维护"可能是导致其发出不安全动作的关键，继而反映出组织体系中监管制度和设备检修制度的执行不力，当然这也有可能是体系文件中缺少关于锁止部件维修更换的相关规定造成的。

《道路运输车辆动态监督管理办法》规定，道路危险货物运输企业应对所属道路运输车辆和驾驶员运行过程进行实时监控和管理，而调查报告显示，驾驶员近 32 小时只休息 4 小时，其间等候装卸车 2 小时 50 分钟，其余时间均在驾车行驶和装卸车作业，远超过办法中建议的 24 小时内 8 小时的累计驾驶时间。显而易见，罐车司机"长时间疲劳驾驶"是导致其不安全生理"身体疲倦，注意力不集中"的动作原因。司机选择疲劳驾驶以完成运输任务表明其除了存在前面分析到的"麻痹侥幸心理"外，还可能存在意识方面的问题，如"未能意识到精神疲惫可能会带来的后果"。而这些个人层面的因素，反映出物流公司管理体系中对组织内部道路运输车辆监管的漏洞，未建立监控平台对其进行动态监控，尤其是在脱离原公司管理后、被纳入实际管理的第三方车辆。这也说明物流公司对于子公司及第三方的合同管理制度存在一定的问题，导致事发的罐车处于安全管理的真空区域。与此同时，物流公司的任务安排可能也存在不合理的地方，使得司机不得不选择连夜驾驶作业的方式以完成过重的任务量，但事故调查报告中并未给出详细信息，因此仅限于推测。

通过最初提取出的不安全动作和不安全物态作为线索，经过"基本单位""2-4"模型的扩展分析，对于液化石油气的泄漏原因已有较为全面的认识。但液化石油气泄漏实际上只是构成伤亡事故一系列事件的前置事件之一，泄漏并逸散的液化石油气遭遇石化公司生产值班室内在用的非防爆电器产生的火花而引发的爆炸才是真正引发大规模伤亡的关键事件。

事实上，从液化石油气泄漏到发生爆炸历时约 2 分钟，理论上现场人员有足够的时间去应对紧急的情况，然而事故结果表明现场人员并没有对危险进行有效的处置。液化石油气具有一定的毒性，有窒息及麻醉作用，除此之外，液化石油气泄漏后，会从周围吸收大量热量气化，使温度急剧降低，致人冻伤。事故现场视频监控显示，罐车司机在石油气泄漏后不知所措，随后因吸入过量石油气而晕倒，同时有员工在慌乱逃离现场过程中也存在窒息现象，其他员工在石油气弥漫的情况下原地实施救援，加之石化公司连续 24 小时"超负荷进行装卸作业"，10 余辆罐车同时进入装卸现场，人员密集且现场混乱，有甚者在慌乱中直接躲进旁边的罐车驾驶室。这些应急不力的动作如"未及时关闭储罐泄漏阀门""未及时撤离危险区域"均显示出现场人员对于液化石油气的性质及应对危险情况的安全知识存在严重不足，安全知识的不足则进一步反映出现场物流公司及石化公司两个组织体系中安全培训的缺欠，关于危险物泄漏的应急演练尤为薄弱。

另外，对于物态"值班室使用非防爆电器"同样可以产生一条脉络，为什么化工罐区的值班室会使用非防爆电器。这或许和石化公司的采购部门有关，也有可能与值班人员的擅自行为有关。然而，尽管"2-4"模型试图定位所有与事故有关的行为人动作和能力的原因，但由于事故信息本身的限制，本条物态对应的具体行为人能力或动作已很难追踪。但正如前文所言，"2-4"模型为行为所主导，组织行为是个人行为的涌现，即使不能具体到个人，但仍能从观测到的动作和物态上合理推测组织行为的缺欠，所以在缺少具体行为人信息的情况下，"2-4"模型约定将其抽象为组织行为以此增强模型的适用性，缺失的行为人信息用灰色虚线框表示。因此，本条不安全物态在留置了灰色的行为人模块后可以直接追溯到组织行为缺欠。现场使用非防爆电器是多个组织行为耦合的结果，在组织对于员工关于电器安全的培训不到位的前提下，组织的采购部门在采购电器时未按照相关规定购买防爆电器或员工擅自将非防爆电器带入值班室，同时安全部门及生产部门在进行隐患排查和日常监管时也并未发现这个问题，三个体系模块共同作用，导致了最终的结果。

最后，将上述中所有基本单位在多组织交互的框架中汇总，如图 8-5 所示，得到最终的事故致因模型如下图 8-6 所示。

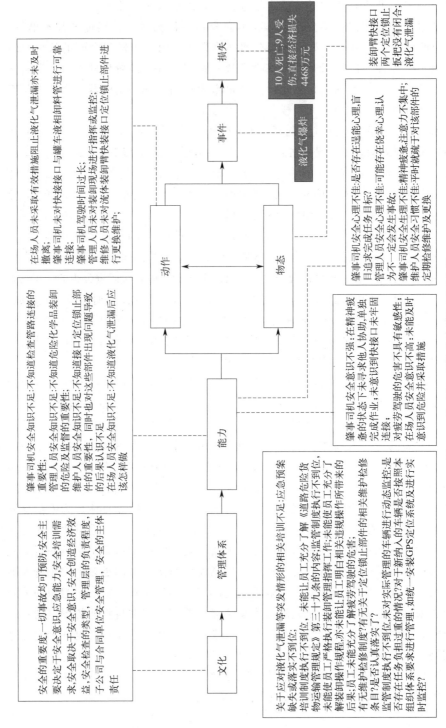

图8-5 基于"2-4"模型的事故原因分析

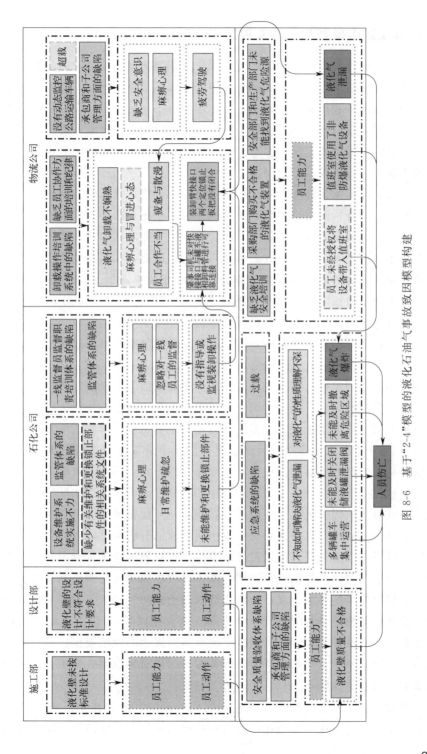

图 8-6　基于"2-4"模型的液化石油气事故致因模型构建

235

三、事故致因模型构建的发展趋势

事故建模方法发展至今，已经形成较为成熟的理论体系，其基本概念和基本方法也已经被学者们接受。从不同角度开展事故模型研究，能为理解事故发生机理以及预防和控制事故发挥重要作用。可不同的生产力发展阶段出现的安全问题不同，现有模型都是在特定的时代和特定的应用背景下提出来的，因此也就有其特定的适用范围。事故模型应该提供一种更广阔的研究视角，由研究导致事故的邻近事件（如意外冲击和人的失误）拓展到社会技术系统的更深层次。同时，在初始事件和事故分析的全过程中，应加强基础数据采集和推断环节，减少事故分析的主观成分。随着社会技术系统复杂性的提高，尤其是进入信息时代、大数据时代、工业 4.0 时代、人工智能时代以后，传统的事故致因模型将不能满足复杂系统事故的调查与分析。因此，如何抓住科技和社会变革时机，扭转传统的事故致因建模理论、方法与技术滞后于科学技术发展的局势，提前对事故致因建模所受到的冲击和变革进行研究将会对人类的安全发展，以及安全科学学科发展带来巨大影响。

伴随着大数据技术的不断发展，大数据思维与方法对事故调查与分析、事故致因建模产生了一些深远的变革性影响：由于数据统计和分析方法的限制，传统的事故致因建模可能忽视或简化了一些致因因素，大数据将改变安全数据的采集、挖掘和分析方法，实现安全数据的全样本采集与分析，更加科学地揭示事故致因；传统事故致因模型注重因果关系分析和对事故的解释（事故致因模型），基于大数据的事故致因建模更加注重事故现象和安全数据之间关联关系的分析；传统的事故致因模型基本都是定性分析，基于大数据的事故模型可发现事故发生的潜在规律，如事故发生的周期性、关联性、地域性、时间性等规律，使事故致因分析从定性向定量转变，从而使得事故分析更加的量化与具体；传统的事故模型都是在对已经发生的事故的分析的基础上构建的，尽管对预防事故具有重要意义，但通过经历事故来获取预防措施具有滞后性。大数据的核心理念是利用大数据进行预测，基于大数据的事故模型有助于提前、快速地识别将要发生的事故，真正做到事故的超前预防。基于大数据的事故致因模型可构建全新的安全科学分支学科（即安全大数据学），进而拓展安全科学的内涵和外延。从动态和变化的观点来分析事故致因的模型很少，不利于系统分析事故致因，基于大数据的事故致因模型可给出对事故调查分析、预测预防更为普遍和有效的方法。

伴随着人工智能时代和工业 4.0 时代的来临，社会技术系统越来越数字化、网络化、复杂化与智能化，这将对传统的事故致因建模产生深远影响：复杂巨系统事故的多米诺骨牌效应越来越大，而这些变化都是以信息驱动为基础的，系统对信息的依赖性更强，系统信息流（信息损失、不正确信息和信息流异常流动）或信息不对称在事故致因中将越来越突出，基于"安全信息"的事故致因建模可能成为新一代的主流事故模型；传统的事故致因理论和系统安全各自发展，从不同的视角提供事故预防的手段，但二者之间缺少联系，新形势下人类的安全认识观和安全价值观将发生变化，向事故学习的观念也将发生变化；虽然系统思维已经成为社会技术系统事故分析的主导范式，认为事故是一种复杂的系统现象，但对事故的认识仍然是不完全的，社会技术系统重特大事故依然时有发生。此外，基于传统事故模型的事故调查与分析还可导致处于系统"尖底"的人或设备被不正确指责，事故性质的变化，数码技术、信息技术、互联网技术、大数据技术给大多数行业带来一场革命，带来新的系统故障模式，进而改变事故性质。例如一些应用于电器元件的传统方法（冗余），在面对使用数字技术和软件技术而导致的事故时是不充分的。冗余在某种程度增加系统的复杂性，进而增加系统风险。安全科学的研究对象和研究手段也将发生变化，事故调查与分析、事故致因建模需要跨学科、跨领域、跨部门的新研究模式。

随着科学技术水平和人们认知水平的提高，传统的事故建模方法遇到一些挑战。一些相关领域的理念和方法已经开始不断地渗透到传统的事故建模方法中，如何积极解决新理念下事故建模中出现的问题，从而不断完善事故建模理论体系将是事故建模领域的机遇和难点。尽管事故建模研究在社会技术发展中遇到一些问题，但是通过进一步拓宽事故建模的范围，不断完善广义事故数据库以及吸收其他学科领域的先进研究理念和分析技术，事故建模方法将会进一步得到完善，从而形成更为全面的事故建模理论体系和研究方法。

第二节　安全管理体系建设

一、安全管理体系建设方法

安全管理体系对事故预防的促进作用已经得到了广泛认可，人们希望通过完善安全管理体系建设来增强事故预防的效果，抑或证明其对危险状态的有效控制。我国企业纷纷开展多种形式的安全管理体系建设，其建设方法也十分重要。下面对安全管理体系建设中常涉及的文献综述法、现场调研法以及案例研究法开展介绍。

1. 文献综述法

通过查阅相关文献，对当前国内外学术界的工程建设安全管理状况进行综合分析，并加以总结和归纳，力求分析得全面和客观，总体把握工程建设和运营期间的安全管理思想和方法，以便借鉴到实际工程建设和运营的安全管理中。如利用知网、万方等平台查阅收集相关文献资料，归纳总结学术界关于安全管理体系建设的优秀研究成果以及不足之处，从而找到管理体系建设的侧重点与难点，以此为安全管理体系的研究提供较为丰富的理论依据。

2. 现场调研法

现场调研就是亲临现场进行调查研究的一种办法，在信息泛滥的今天，现场调研显得尤其珍贵，它是获取一手资料的重要渠道，可以对企业有一个直观的体验，对管理人有一个面对面的交流，正所谓没有调查没有发言权，百闻不如一见，可见现场调研的重要性。采用现场调研的方法，可从企业采集基础数据，了解员工基本工作情况后，可了解安全管理建设的基本需求与作用，为后续的安全管理体系建设打下良好的基础。现场调研方法通常包括面对面的访谈和问卷调查两种形式。

访谈法是指通过访员和受访人面对面地交谈来了解受访人的心理和行为的心理学基本研究方法。因研究问题的性质、目的或对象的不同，访谈法具有不同的形式。根据访谈进程的标准化程度，可将它分为结构型访谈和非结构型访谈。访谈法应用面广，能够简单地收集多方面的工作分析资料，因而深受人们的青睐。为了保障安全管理体系建设的科学性与实际操作功效，在安全管理体系的建设过程中，需要采用访谈法对安全管理具体需求开展调研。如为保障指标选取的科学性与合理性，在预调研的基础上，通过与行业专家进行深入研讨，进而对预调研问卷进行修正，以保证调研的信效度。

还有一种调查方法也就是调查问卷法，是用明确的语句提出问题，要求受访者给出明确的答案和相关的评议。问卷调查法分成两类，一类是被调查者对两种截然不同的态度、状态或者事物做出明确的回答，这样的问卷被称为"两极表"。另一类调查问卷要求受访者在一个级别做出选择性回答。问卷被收回后，可以采取标准化的打分，从而便于统计处理分析。但是调查问卷也存在着不足，就是不能获取问卷之外的相关信息，获取内容比较单一，同时受访者的态度和想法也难以掌控。如果受访者不愿意正面回答问卷，或者回答的不是他真实的想法，那这样就会影响我们对事情的了解程度，所以调查问卷不如访谈那样可以面对面地让受访者表达自己的意见。但是调查法的优点是可以大范围地获取信息，短时间内可以获得大量的受访者信息，统计处理也比较方便。

3. 案例研究法

通过对相似行业背景的安全管理体系的特点进行分析，得出安全管理体系建设和运营过程中的安全管理方法和思路，并对其进行整理，对安全管理的经验进行总结。通过对安全管理体系进行完善和细化，在相似背景下的安全管理体系建设时可以进行借鉴和运用先前的构建经验与成果。

二、安全管理体系建设案例

安全管理体系对事故预防的促进作用已经得到了广泛认可，人们希望通过安全管理体系的建设与完善来达到事故预防的效果。当前国际上普遍认可的系列标准、标准等对安全管理体系的描述采用了持续改进的戴明循环模式，即PDCA循环。该模式包括了五个基本模块：方针、策划、实施与运行、检查与纠正、管理评审。其基本思想是实现组织安全管理体系的持续改进，运行过程从对组织的初始状态进行评审开始，通过周而复始地进行策划、实施、检查、评审活动，使体系得以不断完善，最终达到控制和预防职业安全事故损失和健康危害的目的。下文以某房地产公司为例，应用持续改进的 PDCA 管理理念以及过程控制的方法，开展安全管理体系建设介绍。

借鉴 OHSAS 18001 职业健康安全管理体系的基础理论和运行流程要求，应用持续改进的 PDCA 管理理念以及过程控制的方法，立足于建设单位的安全责任与管理，建立了"方针制定→体系策划→体系运行→体系检查→体系优化"共五部分 17 项管理要素，并在"公司→下级单位→项目部"三个层面进行安全管理责任分配，形成该公司安全管理体系 PDCA 流程框架，其具体构成如下图 8-7 所示。

由于篇幅所限，本书中暂且只对安全方针文件以及安全管理目标和计划体系的构建结果开展详细介绍。

1. 安全方针文件

（1）编制目的

为提高中国××房地产集团××有限公司（以下简称"××公司"）的安全管理理念，不断改善公司的安全业绩，特制定本规定。

（2）编制依据

本规定依据《安全生产法》《中国××房地产集团有限公司安全生产监督管理办法》等相关制度、文件，结合公司实际制定。

（3）适用范围

本规定适用于××公司管辖范围内安全管理理念和方针建立。

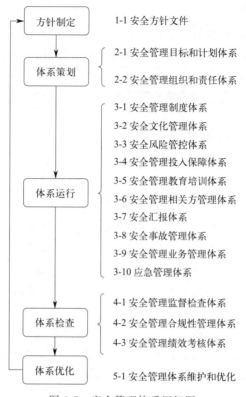

图 8-7 安全管理体系框架图

（4）职责分工

××公司党组织书记/总经理作为安全管理的第一责任人，代表公司向集团公司做出安全承诺。公司党组织书记/总经理任职后，经集团公司授权，代表公司向员工和社会提出公开、正确的承诺。公司管理层换届或公司负责人发生变更时，负责人要根据安全管理现状评审情况确定以往承诺的有效性和适宜性，并确定沿用或修改。公司安全生产工作领导小组负责督促和指导安全监督部制定公司安全方针和工作计划。公司安全监督部负责制定公司安全方针和工作计划，并监督执行。公司安全总监负责落实公司安全方针和安全承诺。下级单位应对内（上级）做出安全承诺。当其独立对外组织项目时，经公司党组织书记/总经理授权可对外（社会）做出安全承诺。项目部应对内（上级）做出安全承诺。经上级单位总经理授权可对外（社会）做出安全承诺。

（5）管理内容和规定

××公司应明确提出公司安全承诺，向公司内外部表明公司的安全理念，并应由公司党组织书记/总经理签署颁布。党组织书记/总经理通过审核目标、提供资源和组织考核，落实有关部门和人员的安全管理责任，不断改善公司的安全业绩。

（6）规定制定与解释

本规定由××公司安全监督部负责制定、解释、修订。

（7）规定实施

本规定自发布之日起实施，所属各单位根据规定要求制定相应执行方案。

其安全方针框架图如 8-8 所示。

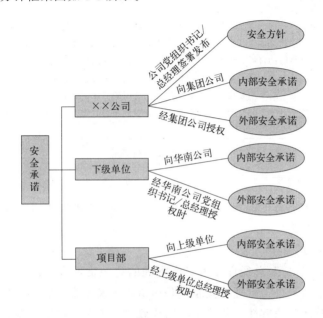

注：××公司管理层换届或党组织书记/总经理变更时，评审其有效性和适宜性，确定沿用或修改。

图 8-8　安全方针框架图

针对安全方针承诺的介绍如图 8-9 所示。

2. 安全管理目标和计划体系

（1）编制目的

为推行××公司的安全生产目标管理，落实安全管理责任制，保障公司的生产安全，特制定本体系。

（2）编制依据

本体系依据《中国××房地产集团有限公司安全生产监督管理办法》《中国××房地产集团有限公司安全生产责任制规定》等相关制度、文件，结合公司实际制定。

××公司安全方针承诺

我们的方针

安全第一、预防为主、综合治理。

我们的目标

安全控制目标：零事故。

文明施工目标：确保获得地市级以上安全文明工地称号，争创省优及以上安全文明工地。

我们的承诺

我们保证：

严格执行安全生产各项法律法规和标准规范，严格落实安全生产责任制度，自觉接受政府部门依法检查和社会监督；因违法违规行为导致生产安全事故发生的，承担相应法律责任，接受政府部门依法实施的处罚；提供足够的资源，组织监督总包、分包单位建立高标准的安全工作环境，保障公司的所有员工、总包单位、分包单位、监理单位等作业人员以及受工程施工影响的公众人士的安全；将安全作为我们开发、运营的一个主要目标；不断提高我们公司的总体安全绩效，并定期向内部和外部公布安全生产业绩，接受员工和公众的监督；分享安全管理的经验与知识，积极推动当地城市的建筑安全水平。

图 8-9　安全方针承诺

（3）适用范围

本体系适用于××公司管辖范围内安全生产目标及计划管理。各下级单位、项目部参照执行。

（4）职责分工

公司党组织书记/总经理作为安全管理的第一责任人，代表公司向集团公司做出安全承诺。公司管理层换届或公司负责人发生变更时，负责人要确定以往承诺的有效性和适宜性，并确定沿用或修改。安全生产工作领导小组负责督促和指导安全监督部制定公司安全方针和工作计划。监督部负责制定公司安全方针和工作计划，并监督执行。下级单位应对内（上级）做出安全承诺。当其独立对外组织项目时，项目部应对内（上级）做出安全承诺。经上级单位总经理授权可对外（社会）做出安全承诺。

（5）管理内容和规定

1）安全目标制定。××公司安全目标：零事故。

下级单位安全目标：下级单位应根据安全生产目标和项目安全生产实际，制定建设工程项目总体和年度安全生产目标。项目安全生产目标不能低于公司安全生产目标，并且应更加具体详细。

下级单位按照建设项目特点和项目部的工作内容，依据相关标准和规定，制定安全生产指标和考核办法。

下级单位应将安全生产目标分解到关键岗位和每一个员工，关键岗位和员工安全生产目标由本公司和部门负责人与该员工签订。

项目部安全目标：项目部根据上级单位安全生产目标和本项目部安全生产实际，制定本项目总体和年度安全生产目标，标准不得低于上级单位的要求。

项目部应将安全生产目标分解到关键岗位和每一个员工，关键岗位和员工安全生产目标由本公司和部门负责人与该员工签订。

2）安全目标要求。安全管理目标应分为年度目标和中长期目标，中长期目标应纳入公司生产经营中长期发展规划中。年度安全目标要求事故控制目标可采用一些能更全面地反映现场安全情况的指标，例如百万平方米伤亡率、百万工时伤亡指标等。年度安全目标要求体系与制度建设目标应包括文化建设、教育培训、监督检查等方面，并尽量量化。安全生产目标制定应遵循分级控制的原则，制定保证安全生产目标实现的控制措施，措施应明确、具体，具有可操作性。安全生产目标应经主要负责人确认之后，以文件形式下达。

3）安全计划。年度安全计划应明确年度安全工作重点，进行安全状态特点分析。针对年度目标设定阶段任务，应有阶段性考核计划。计划应有明确具体的实施要点、责任部门、时间节点、资金计划及考核指标，负责人应根据阶段性考核计划进行考核。

4）安全目标内容。安全目标内容应包括但不局限于以下方面：死亡事故起数和人数、重伤事故起数和人数、轻伤事故起数和人数、火灾事故起数、重大设备事故起数、中毒事故起数和人数、安全计划措施达标率、安全培训教育达标率、安全隐患整改达标率、安全设施达标率等。

5）安全目标分解。下级单位安全生产目标需经公司审定，且应将分解落实情况报公司备案。下级单位要将经公司审定的安全生产目标逐级量化分解到项目部、各岗位，明确责任人员、责任内容和考核奖惩要求。安全生产目标按照纵向分解原则，分解到下级单位、项目部和个人；按照时序分解原则，分解为年度目标、季度目标和月度目标。安全目标每年都必须建立并进行分解，并签订安全包保责任书。公司与下级单位签订安全包保责任书，下级单位与项目部签订安全包保责任书，项目部与个人签订安全包保责任书。

6）安全目标考核。各级单位安全目标实施情况的考核和评估应按安全管理绩效考核有关规定进行，考核结果应公布于全公司，将其作为安全生产奖惩的依据。

安全目标考核遵循公平公正、成效为主、简化优化、逐级考评的原则，依据有关制度进行，以安全包保责任书和实际完成效果对比为主要内容，采取年终考核的方式进行，作为安全奖金发放、个人职务晋升、个人安全绩效考核的主要依据。对考评成绩优秀的集体和个人进行奖励和表彰，对考评成绩不佳的集体和个人予以警告，对考评不及格的个人强化培训教育。

下级单位应在次月初、次季初、次年初对安全目标完成情况进行统计，并及时上报公司。

每年 2 月份，由××公司安全生产工作领导小组组织有关人员，依照政府监管部门的检查意见，结合公司安全生产大检查、安全性评价结果、安全生产信息对下级单位上年度安全目标进行评审、考核。

下级单位应及时对本单位的安全目标完成情况进行自我评定，××公司对其自评结果进行评审和考核。考核结果是对下级单位安全生产工作状况评价的重要依据，对考核成绩不佳的公司要督促其加强安全管理工作，依据签订的安全包保责任书追究责任。

下级单位应根据评估和考核情况，及时调整安全生产目标和指标的实施计划。评估报告和实施计划的调整、修改记录应形成文件并加以保存。

7）安全目标保障措施。把安全生产纳入公司中长期发展规划，安全生产规划是公司发展规划的重要组成部分，公司在编制公司发展规划的同时，编制安全生产规划。加强风险识别和分析，加强重大危险源的监控和事故隐患治理；强化安全宣传教育和培训，落实安全生产责任制；严格安全监管和考核，建立安全工作激励机制；确保安全生产投入，加强安全文化建设。

（6）业务/管理流程

××公司安全管理目标和计划体系框架如图 8-10 所示。

（7）记录

安全管理目标和计划体系相关记录如表 8-3 所示。

表 8-3　安全管理目标和计划体系相关记录

序号	记录名称	保存责任者	保存场所	归档时间	保存期限	到期处理方式	备注
1	公司中长期安全目标	公司安全监督部负责人	公司安全监督部	文件发出后	永久	—	
2	公司××年度安全目标	公司安全监督部负责人	公司安全监督部	文件发出后	永久	—	
3	公司××年度安全工作计划	公司安全监督部负责人	公司安全监督部	文件发出后	3 年	销毁	
4	公司××年度安全工作计划实施记录表	公司安全监督部负责人	公司安全监督部	文件完成后一周	3 年	销毁	
5	安全目标完成情况汇总表	公司安全监督部负责人	公司安全监督部	文件完成后一周	3 年	销毁	

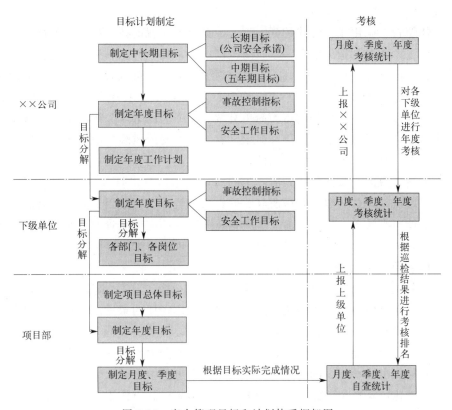

图 8-10　安全管理目标和计划体系框架图

（8）体系制定与解释

本体系由公司安全监督部负责制定、解释、修订。

（9）体系实施

本体系自发布之日起实施，所属各单位根据体系要求制定相应执行方案。

三、安全管理体系建设的发展趋势

安全管理在日常生产活动中的地位日渐加强，对新形势下的安全管理体系的发展趋势进行分析和研究，有助于更好地开展安全管理工作。

首先我们需要明确的是，安全管理工作不是一成不变的，也并非一劳永逸，安全管理是一个动态的、持续化的过程，要形成管理工作上的闭合。安全管理涵盖了人员、设备、工序等方方面面，人员、设备的补充、进出场，施工工序的持续推进，危险源的消除产生等，要求安全管理工作的动态管理是必须的。因此，为实现安全管理工作的动态化，安全管理体系建设也必须与时俱进。

伴随着工业化4.0时代的到来，大数据等人工智能技术得到了各行业的广泛应用。大数据是指无法在一定时间范围内用常规软件工具进行捕捉、管理和处理的数据集合。在顶层设计上，大数据平台的设立可以有效地提高安全管理水平。如美国联邦政府设立的"统计中心"，在大数据技术的支持下，数据的收集、储存、分析都比先前更为简单有效，而强大的数学分析模型更能够在一定程度上预测风险的发生范围和概率，有效提高安全风险的防控效率。运用大数据技术，有利于更好地对员工的行为开展监测和引导。例如，利用大数据技术对网站、微信、微博等平台所产生的海量数据信息进行收集、整理、分析、挖掘，可以掌握这些数据背后所隐藏的舆情价值，从而增强企业思想政治工作的针对性与有效性。因此，面对大数据技术广阔的应用前景，企业要积极转变管理理念，提高对大数据技术的重视，通过引进新技术，升级改造原有的安全管理体系，更好地为安全保驾护航。

国务院常务会议通过《中华人民共和国安全生产法》，提出把保护人民生命安全摆在首位，进一步强化生产经营单位主体责任的意见。在修正草案中指出，生产经营单位应当关注从业人员的生理、心理状况和行为习惯，加强对从业人员的心理疏导、精神慰藉，严格落实岗位安全生产责任，防范从业人员行为异常导致事故发生。因此，在实际安全生产过程中，需从生理与心理两视角出发，强化风险意识，深入分析行为安全的影响机制与作用机理，才能更好地遏制安全事故的发生，切实提高安全生产水平。这也意味着在安全管理体系建设中，要着重关注员工的心理与生理健康情况。

从业者的行为受生理健康状况的支配，研究作业人员的生理健康状况对安全生产至关重要。相关研究表明，生理状况的变化与人的疲劳状态具有明显的关系。当从业者身体处于"不适"的状态下，其感知、思维和反应机能下降将会促使不安全行为的产生。例如：持续高水平的工作负荷导致身体疲劳，进而导致施工作业工人产生倦怠与低工作投入等各种负面效应，从而影响其安全绩效；长期处于高温的工作环境中会对矿工的生理状况产生影响，而其不安全行为指数与其生理疲劳、生理机能特性有关；一些学者对建筑工人的不安全行为影响因素进行分析，发现生理因素与环境因素对其不安全行为影响程度较高，且生理疲劳极大程度上导致了不安全行为的发生。在安全生理监测研究方面，脑电、心电、皮肤电、体温、呼吸、血压、血氧饱和度等生理参数得到了相关学者的较多关注。伴随着工业化4.0时代的到来，越来越多的新兴技术可以运用到生理-行为安全管控的研究中去。通过测量生理状况建立其与不安全行为之间的联系，研究结果可与施工现场的生产作业相结合，为现场工人的不安全行为预防和安全管理体系建设提供新的思路，以降低施工现场的事故发生概率，减少安全事故带来的损失。

伴随着职业健康心理学的发展，越来越多的学者关注于不同行业员工的心理状况，并探究其与行为安全管理的关联，其中煤矿、建筑与化工等高危行业研究较多。运用心理学的理论原则和研究方法，结合心理学相关分支领域，利用职业健康心理学与公共卫生、职业医学、社会学、管理学、法律学与人类工效学等学科产生的密切的联系，有助于创造一个安全健康的职业环境和提升从业者的生产安全水平。例如：通过汲取职业健康心理学的理论方法，将行为安全解构为损耗与激励过程，提炼共性和特性的预测与过程因子，构建双路径模型以指导安全生产管理工作；修正和开发因子的测评量表，建立行为安全双路径样本信息数据库，运用多种统计方法及线性与非线性、确定性与概率性分析技术，解析行为安全损耗与激励过程的演化路径和作用强度；选取样本煤矿并招募典型工人，重现作业场景验证双路径机制有效性，采用行动式方法实测行为干预可行性，并研制行为安全管理工具等。在安全管理体系建设中，应注意引鉴一些先进的干预应对方法，以期最大限度地保障员工的生理、心理健康。

安全生产事关人民福祉，事关经济社会发展大局。牢固树立安全发展理念，决不能只重发展不顾安全，更不能将其视作无关痛痒的事，搞形式主义、官僚主义。在实际安全管理体系建设过程中，要以人为本，不断完善建成的安全管理体系，有效预防人的不安全行为的发生，以进一步提高实践过程中的安全生产水平。

第三节　安全管理行为实施

一、安全管理行为实施方法

安全管理是生产过程中的重要工作，直接关系到工程项目的正常有序运行。而安全管理行为的实施方法，可以从人、机、环境三个方面展开阐述。

首先，针对人的安全管理行为，其主要关注点在于个体不安全行为的预防与控制。在安全管理过程中，安全监督、安全检查、安全培训与安全教育等行为发挥着十分重要的作用。例如：在煤矿行业，通过定期开展安全监督与检查，考评其安全生产规章制度落实情况，对其检查监督的时间、地点、内容以及发生的问题和整改情况须做好记录；开展安全知识教育，使矿工掌握、了解生产作业过程中的危险因素、防范措施以及有关事故预防的安全知识；进行安全技能培训，使受教育者掌握岗位生产的基本安全技能；进行安全意识教育，使受教育者理解"安全第一""以人为本"的本质，实现从"要我安全"到"我要安全""我会安全"的转变；开展典型事故案例教育，使受教育者对事故危害印象深刻、牢记不忘等。

其次，安全设施的正常运行是保障安全生产工作的基本条件。在机器设备安全管理方面，做好设备设施的安全管理要对设备的运行、检修、维护与保养开展相关工作。如在设备使用前，相关部门应编制强调该设备的操作规程和安全注意事项，并对操作人员开展培训工作，考核合格后方可允许进行现场操作。同时，安全员应识别并评价该设备设施的安全风险以开展相关的安全防范工作；在设备使用过程中，操作人员要经常巡回检查设备运转情况，包括声音、振动等，发现异常和故障要及时排查原因并处理，严禁设备带"病"运转；在维护和保养层面，要遵循"专人负责，共同管理"的原则，定期检查维修，在早期发现隐患并处理是预防设备故障的要诀。

最后，良好的工作环境对安全生产工作的开展有着不可忽视的作用。具体来说，此处的环境包含两个方面。一方面，空间上整齐有序的工作环境会使员工心情更加旷达，在工作时也更易遵守相关的安全秩序与规则，从而在一定程度上保障安全生产工作的实施。相反，若环境杂乱无序，这种状态下也会导致其不自觉地降低对自身的工作要求。因此，在实际工作情况下，管理人员应尽可能地营造一个舒适整齐的工作环境，如定期开展工作环境整查等，保障环境协调有序。另一方面，企业管理者也应注意安全文化环境的营造。建设良好的安全文化、营造良好的安全氛围在安全管理实施中也发挥着重要的作用，给予员工温馨的人文关怀有利于更好地开展安全生产工作。如对情绪不稳定、易冲动的矿工，作业不安心或正办理工作调动期间的员工给予人文关怀，可采取个别谈心、意见征询会以及意见箱等方式，向上述员工提供舒缓情绪的机会与场所，班组加强对其的心理疏通和引导。

二、安全管理行为实施案例

安全管理行为实施过程众多，而安全文化建设是创造安全生产环境和建立有效安全事故预防机制的客观要求，是完善安全管理体制、提高作业人员行为素质、建设现代化安全管理模式的基础。

下文以某公司开展安全文化建设为例，简要介绍一些关于安全文化建设的安全管理行为实施过程。

为推进公司的安全文化建设，逐步将安全文化理念渗透到每位员工思想中，用安全文化的影响力潜移默化地转变员工的思想观念，规范员工的操作行为，提升员工的个人素养，达到人、机、环境的和谐统一，为打造安全高效型企业奠定基础，从而有力推进公司安全发展、和谐发展、规范发展、高效发展，公司决定在全公司范围内推进安全文化建设。为此，特制定推进安全文化建设实施方案。

1. 安全文化建设指导思想

坚持"以人为本、安全第一、预防为主、综合治理"方针，以提高员工综合素质为核心，以转变员工思想观念为主线，以亲情教育和素质教育为依托，以创建安全文化体系为手段，以规范员工操作行为为抓手，以构建人、机、环境的和谐统一为基础，以打造安全高效型企业为目标，以实现企业安全发展、和谐发展、规范发展、高效发展为目的，大力推进安全文化建设。

通过安全文化建设，形成富有我公司特点的安全文化理念；通过广泛开展安全文化进项目、进部室、进分厂、进班组、进岗位、进家庭创新安全文化建设模式；树立安全文化建设典型，使全员的安全知识、安全意识、安全能力、安全素质得到普遍提高；创建本质安全型部门、本质安全型分厂、本质安全型班组、本质安全型员工；通过学习和借鉴国际国内先进的安全管理思想和安全文化理论，结合我公司安全管理实际，经过提炼总结，逐步形成安全文化的价值体系，做到内涵丰富、系统完善、个性鲜明，逐步形成上下齐心、知行合一的安全文化，推动企业安全、健康、和谐发展。

2. 安全文化建设目标

① 提高全员的安全意识和安全技能，让人人都能"懂安全、要安全、会安全、能安全、确保安全"。

② 总结提炼形成公司的安全文化理念，得到广大员工普遍认同并自觉执行。

③ 通过宣传、教育、奖惩、形象、标识、文化活动与安全管理理念的有机结合，创建群体氛围，形成适应于本企业的安全文化属性，规范改进员工安全行为，弥补安全管理手段的不足，促进安全理念文化、安全制度文化、安全行为文化、安全评价体系的完善和提高。

④ 使职工从不得不服从管理制度的被动执行状态，转变成主动自觉地按安全要求采取行动，实现由"他律"到"自律"的自动管理。

⑤ 实现"以遵章守纪为荣，以违章违纪为耻"的安全文化环境，为实现本质安全提供精神动力和文化支撑，确保企业的长治久安。

⑥ 协调好人、机、环境三者之间的关系，实现"规范行为＋和谐环境＋精细管理＝安全高效型企业"。

围绕以上指导思想和总体目标，公司安全文化建设要找准切入点，把握着力点，在开展创建活动过程中需遵循五项原则。

3. 安全文化建设原则

（1）坚持以人为本的原则

安全文化建设要正确把握人的本质特征，遵循安全管理的基本规律，推行人性化理念，做到尊重职工、理解职工、关心职工、爱护职工，最大限度地调动职工参与安全管理、履行安全职责、排查安全隐患、维护安全大局的积极性和创造性，形成人人讲安全、全员保安全的良性局面。

（2）坚持预防为主的原则

掌握安全生产主动权的关键，就是要千方百计搞好预防工作。安全文化建设的根本出发点，就是为了提高员工的安全意识，增强员工的安全素质，促使每个员工都能积极主动、坚决果断地排查安全隐患、抵制"三违"行为，从而把隐患和事故消除在萌芽状态，做到防患于未然。

（3）坚持齐抓共管的原则

安全文化建设是一项牵涉面广、影响深远的系统工程，需要公司从上到下、方方面面共同发挥作用，才能够迅速开展、持续推进、取得实效。要建立党委、董事会统一领导、班子成员各负其责、基层单位全面实施、职能部室协调配合、全体职工广泛参与的安全文化建设工作体系，齐抓共管，形成合力。

（4）坚持管教结合的原则

安全文化建设的执行者和参与者都是职工群众这一主体，必须按照人的本质特征和精神需求，既要通过监督检查、激励制约手段，加强安全基础管理；又要通过灌输、引导、警示等手段，做好思想教育工作。倡导安全文化理念，就是要管理、教育双管齐下，坚决克服以罚代管、以罚代教等简单粗放的工作模式，形成依法科学管理、以德感化教育的良好机制。

（5）坚持与时俱进的原则

随着煤炭行业形势和企业安全生产实际的不断发展和变化，安全文化建设的指导思想、总体目标也要随之不断更新和充实，要在继承优良传统、借鉴先进经验的基础上，逐步总结和提炼富有本公司特色的安全文化建设工作理念，不断创新安全文化建设的工作方法，实现共性与个性、形式与内容的协调统一、完美结合。

4. 安全文化建设职责

为了加强对安全文化建设的组织领导，公司需成立安全文化建设工作小组并明确安全文化建设领导组职责。

法人代表是企业的"一把手"，是企业安全生产的第一责任人，对企业的安全生产负全面的责任。因此，企业安全文化的建设，其主要的对象之一就是法人代表。法人代表的安全文化主要表现在对"安全第一"观点的认识和理解，对安全与生产的关系的认识和理解，对职工生命与健康的情感和态度，以及在安全管理与决策方面的素养等方面。

由于企业安全管理是全面管理，企业的各个部门都有各自的安全生产责任。要使各职能部门对安全生产负起真正的责任，就有一个企业各级领导的安全文化的建设问题。企业各级领导安全文化的建设，主要是通过法治建设和培训的手段来实现。

安全专职人员是企业安全生产管理和技术实现的具体承担者，是企业安全生产的"正规军"，因此，也是企业实现安全生产的主要决定性因素。具有一定的专业学历，掌握安全的专业知识科学技术，有生产的经验，懂得生产的技术，是一个安全专职人员的基本素质。要建设好安全专职人员的安全文化，需要企业领导的重视和支持，也需要专职人员本身的努力。

企业任何安全活动和工作，最根本的目的是使生产职工在工作的班组和岗位上安全地生产。职工是安全生产的直接操作者和实现者，因此，职工的安全文化是企业安全文化最基本和最重要的部分。科学的管理、及时有效的培训和教育、正确的引导和宣传，以及合理、及时的班组安全活动等，是职工安全文化建设的基本动力。

家庭生活是每一天都离不开的内容，企业职工也是一样，其劳动或工作的状况与家庭生活有着密切的联系，因此企业安全文化的建设一定要渗透到职工的家属层面。职工家属的安全文化建设主要是使家庭为职工的安全生产创造一个良好的生活环境和心理环境，为此需要家属了解职工的工作性质、工作规律和相关的安全生产常识等。

5. 构建安全文化建设体系

（1）构建安全文化理念体系，提高职工安全文化素质

安全文化理念是人们关于企业安全以及安全管理的思想、认识、观念、意识，是企业安全文化的核心和灵魂，是建设企业安全文化的基础。它主要包括安全的价值观、经营观、管理观、责任观、标准观、投入观、分配观、环境观、方法观等内容。故要提高职工安全文化素质，须采取如下措施。

要提炼好企业安全文化理念。要结合行业特点、实际、岗位状况以及企业的文化传统，提炼出富有特色、内涵深刻、易于记忆、便于理解的，为职工所认同的安全文化理念并形成体系。

要宣传贯彻好安全文化理念。开展多种形式的安全文化活动，通过企业板

报、电视、刊物、网络等多种传媒以及举办培训班、研讨会等多种方法，将企业安全文化理念灌输并根植于全体员工心中。

要固化好安全文化理念。要将安全文化理念让职工处处能看见，时时有提醒，外化于行，固化于心，寓于各项工作之中，成为企业职工的自觉行动。

（2）构建安全文化制度体系，把安全文化融入企业管理全过程

安全制度文化是企业安全生产的运作保障机制的重要组成部分，是企业安全理念文化的物化体现。它是企业为了安全生产及其经营活动，长期执行较为完善的保障人和物安全而形成的各种安全规章制度、操作规程、防范措施、安全教育培训制度、安全管理责任制度以及遵章守纪的自律安全的厂规、厂纪等，也包括安全生产法律、法规、条例及有关的安全卫生技术标准等。

（3）建设安全制度文化体系，打造安全文化建设硬性指标

采取以下五个方面的措施。

① 要按照"一岗双责"的要求，制定岗位安全职责，做到全员、全过程、全方位安全责任化，建立和完善横向到边、纵向到底的安全责任体系，各司其职、合力监管的安全监管体系，反应及时、保障有力的安全预防体系，以人为本、保障安全和健康的管理体系。

② 抓好国家劳动安全卫生法律法规的贯彻、执行。

③ 要根据法律法规的要求，结合企业实际，制定好各类安全制度。

④ 要抓好安全标准化体系的建设，按照各行业标准化要求，开展标准化达标活动。

⑤ 抓好制度的执行，不断强化制度的执行力。

（4）构建安全文化行为体系，培养良好的安全行为规范

安全行为文化指在安全观念文化指导下，人们在生产过程中的安全行为准则、思维方式、行为模式的表现。

安全行为体系建设包括决策层、管理层和操作层的安全行为建设。

企业决策层要制定安全行为规范和准则，形成强有力的安全文化的约束机制。

管理层要按照决策层制定的安全行为规范和准则，进行管理和监督，形成管理层的安全文化。

操作层要自觉遵章守纪，自律安全的行为和规范促进形成班组员工的安全文化。

要从实际出发，从提高教育效果入手，不断探索员工喜闻乐见的安全教育新模式，使安全教育工作落实到全员。

通过决策层和管理层的行为教育，引导全休员工树立"安全问题人人有

责"的思想。

不断提高员工在生产过程中的安全文化素质和技术素质，增强对隐患的判断技能和分析能力。

（5）构建安全文化物质体系，创造良好的工作环境

企业安全物质文化是指整个生产经营活动中所使用的保护员工身心安全与健康的安全器物和员工在生产过程中的良好环境氛围，采取如下措施加强安全文化建设的物质基础。

加大安全投入，坚持科技兴安，解决安全技术难题，加强现场管理，积极改善工作环境和条件。

建立科学的预警和救援体系，努力追求人、机、环境的和谐统一，实现系统无缺陷、管理无漏洞、设备无障碍。

要依托企业文化建设系统，建立安全文化的理念识别系统、视觉识别系统和行为识别系统，营造良好的工作环境和氛围，为安全生产工作提供有力支撑。

三、安全管理行为实施的发展趋势

只靠老经验、老办法、老思路，很难适应新时代安全管理工作的需要。对于企业安全管理行为实施也是如此。企业在不断发展，面临的问题也在不断更新，为避免管理者陷入"新办法不会用，老办法不管用，硬办法不敢用，软办法不顶用"的本领恐慌，安全管理规范与方法应该与时俱进，与企业实际问题充分结合。而制度的生命力在于执行，执行的关键在于执行力。再好的制度，如果没有执行力，也往往流于形式，成为摆设。只有下决心、下力气狠抓执行力，才能发挥制度的效用。"子帅以正，孰敢不正。"领导干部重视制度、带头执行制度是安全管理制度得以落实、安全管理行为得以有效实施的关键因素。

与此同时，要提高安全管理行为实施水平，必须加大安全科技投入，运用先进的科技手段来监控安全生产全过程。例如，可将企业安全管理行为实施与大数据技术相结合。大数据技术可应用之处甚广。在人员管理方面，大数据在安全管理培训考核、不安全行为管控和隐患排查等方面的作用越来越大。利用大数据技术可以对人员进行更准确的管理；同时，APP和小程序的出现也让安全培训多种多样，随着互联网的不断发展，其外延在不断拓宽；将安全教育与VR（虚拟现实）技术相结合，虚拟现实技术已经成为促进教育发展的一种新型教育手段。传统的教育往往是一味地灌输知识，而现在利用虚拟现实技术可以帮助人们打造生动、逼真的学习环境，通过真实感受来增强记忆，相比于被动性灌输，利用虚拟现实技术来进行自主学习更容易让人接受，这种方式更

容易激发人们的学习兴趣。现代科学技术的快速发展，为安全管理信息化建设提供了更为丰富的技术手段。如积极引进现代计算机技术、网络技术、智能化技术，搭建生产安全管理信息化平台，全面搜集安全生产信息，整合安全监测与监控系统，将生产的各个过程置于高效稳定的信息化监测环境之下，隐患问题早识别、早发现、早处理，防止局部性的安全隐患问题扩散蔓延，保证安全管理信息和指令的传递与下达。

另外，伴随着安全生产要求的不断提高，企业应开展精准化安全管理，打造精准安全。安全管理是生产经营管理的根本与基础，是企业实现可持续发展的保障。摒弃传统保守陈旧的安全管理思维理念与行为，牢固树立安全管理的精细化管理理念，运用新方法与新技能，解决生产中遇到的新难题。要建立健全安全管理各项规章制度体系，从生产过程的宏观角度着手，进行全局把控，为安全管理责任的落实提供可靠的制度性保障，将安全生产理念融入实际生产过程中的每个环节，推动精细化安全管理成为工作习惯。开展精准安全管理行为的目标需要将安全意识和安全观念变成人人共有的工作标准和生活习惯，使其作为职工的一种本能，在思考任何问题、从事任何工作之前，都要想到安全，都要做到安全。安全管理的研究范畴将涉及安全工程、组织行为学、管理学、心理学、社会学、危机与风险管理等众多学科领域。精准安全管理建设需要解决企业深层次的安全问题，即人的安全价值观念、意识形态和行为规范。它通过将"安全第一，生命至上"的理念根植于人们的意识、观念之中，并潜移默化地影响人的行为表现，来解决法制、管理、技术、经济手段等所无法解决的"人因错误"问题，就此才能长期而稳固地发挥安全管理的作用。

第四节　安全管理状态分析

一、安全管理状态分析方法

安全管理状态的好坏直接影响着安全管理的效果。在对安全管理状态开展分析的过程中，现场调研法、文献综述法、案例研究法发挥着十分重要的作用，具体介绍如下。

1. 现场调研法

现场调研方法通常包括面对面地访谈和问卷调查两种形式。

在访谈过程中，主要是与相关人员交谈，听取他们的意见，同时观察他们的态度和表情等，从而获取相关的信息。一般来说，访谈法所获取的资料会十分详细，同时可以给予明确的教导，但是缺点是工作量太大，烦琐，谈话内容不容易整理成册，统计分析也比较麻烦。还有一种调查方法也就是问卷调查法，是用明确的语句提出问题，要求受访者给出明确的答案和相关的评议。通过访谈与调查，可以获得最新的安全管理状态，进而为安全管理状态的分析打下良好的基础。

2. 文献综述法

在研究社会现象时，研究者利用人们已积累起来的文献资料，即通过查找文献、摘录有关资料，进而对之整理分析，得出结论的研究方法称为文献研究法。文献研究法利用的是文献。狭义地说，文献是以文字、符号形式记载和反映现象状态的资料，主要是书面文字资料。广而言之，文献是以符号、语言形式载有信息的任何资料，除包括文字资料外，还包括影像资料、录音磁带等。通过查阅相关文献，可了解安全管理状态的共性和特性，以便更好地综合把握工程建设中安全管理状态的好坏。

3. 案例研究法

案例研究法是根据某些普遍原理，对社会生活中的典型事件或社会实践的典型范例进行研究和剖析，以寻求解决有关领域同类问题的思路、方法和模式，提出新的问题，探索一般的规律，检验某些结论的一种社会科学研究方法。通过收集与分析对象相关的各种安全事件，寻找有代表性的事故，分析这些事故，找出事故原因，寻找其中的共性问题，总结归纳。针对这些问题，提出改进的思路和方案。案例分析法可以为我们提供一手的研究资料，这些资料可以作为我们研究安全管理状态分析的基础资料。在对安全状态进行分析的过程中，通过对以往事故案例进行分析，可找寻出在此安全状态下存在的安全隐患与不足，从而对安全状态开展相关分析工作。

二、安全管理状态分析案例

安全管理状态分析是一个需要关注动态变化的过程，状态分析结果反映的是某一阶段的安全管理水平，其发现的安全管理问题需要管理人员不断地关注。下面分别介绍房地产企业某大区安全管理状态分析以及某运营项目消防安全管理状态分析。

1. 安全管理状态分析

以某大区的安全巡检为切入点，对其安全管理状态分析进行相关内容介绍。

（1）巡检概况

某大区安全巡检对大区内所有在建项目进行安全检查工作。巡检内容主要为安全管理状态检查，通过关注现场安全管理状态，查找现场安全隐患，同时收集各单位在安全管理及现场状态中好的经验和做法，进行归纳总结形成最佳案例或安全样本，以供各单位共同交流学习，提升大区项目整体安全管理水平。安全管理状态分为十个维度来进行检查，包括安全文明、消防管理、脚手架、基坑开挖、模板支架、"三宝四口"（安全帽、安全带、安全网；建工程预留洞口、电梯井口、通道口、楼梯口）、施工用电、起重吊装、提升设施以及施工机具，对在现场项目中不适用的方面在计算得分时做缺项处理。当天检查，当天反馈检查，根据反馈意见进行梳理形成最终安全管理状态分析结果。

（2）整体安全管理状态分析

经分析表明，在建项目安全管理整体受控，安全生产形势平稳，未发生任何安全生产责任事故。工程项目各项安全措施得到充分落实，安全隐患得到快速有效整改，文明施工水平显著提高，现场安全状态持续进步。

通过检查项目平均得分可以看出，项目部、总包、监理单位安全管控水平均呈上升态势，隐患整改率不断提高。安全巡检发现安全隐患共计 2046 项，其中重大安全隐患 5 项，较大安全隐患 146 项，一般安全隐患 1895 项，全年隐患综合整改率达 91.91%。从安全管理专项综合得分上分析，大区在脚手架、施工用电及"三宝四口"管理方面存在较多问题，需要重点加强；而在提升设施、施工机具及基坑开挖等方面安全管控比较到位，应该持续保持。

针对脚手架、施工用电以及"三宝四口"存在的问题开展原因分析，具体如下。

① 脚手架：架子工持证上岗不到位；技术交底落实不严格，方案落实不到位；过程中的检查及验收未执行到位；后期的维护管理不到位。

② 施工用电：现场供用电未执行持证电工负责制度；分包用电安全管理缺位；临时用电设施投入不到位；现场巡视检查过于形式化。

③ "三宝四口"：安全防护用品、设施投入不足；安全防护设施未与主体工程同步，过于滞后；现场人员安全教育不足，安全意识不够高。

同时，对管控到位的维度也开展了原因分析。

① 提升设施：严格执行设施进场验收制度；运行过程中的维护保养比较到位；人员持证上岗情况比较理想；日常管控严格，关注度高。

② 施工机具：严格履行进场验收制度；大部分施工机具日常使用较为规范；日常维护保养比较到位。

③ 基坑开挖：方案编制及落实严格；日常检查、监测及报备按要求执行；

开挖放坡、排水及支护等安全技术措施落实到位。

（3）安全管理建议

通过开展安全管理状态分析，提出以下几点管理建议。

1）运用新科技安全管理手段，提升项目安全管理效率。如可将安全隐患生成二维码，明确隐患照片、出现地点、责任人、整改时限、整改要求、整改照片等要素，录入工程管理系统，实时追踪。要求整改责任人完成整改后将整改完成后的信息上传。二维码具有文件小，存储信息大，信息存储及追踪方便的特点。

2）应用新科技、新工艺、新技术，全面提升安全管理水平。如群塔作业设置智能化防碰撞系统，从本质上防治塔吊碰撞事故。通过应用塔吊群智能防碰撞系统和塔吊群远程监控系统，从技术上杜绝群塔作业碰撞事故的发生。目前，多数发达国家已立法，要求群塔作业必须采用，我国正逐步推广应用。

3）强化管理手段，对隐患集中且突出的问题进行创新管理。如要求所有脚手架悬挑锚固预埋、卸料平台悬挑锚固预埋实行隐蔽验收制度，从源头控制锚固不规范问题；不定期对宿舍生活区进行全面逐一排查，每个房间不留死角，彻底消除宿舍火灾安全隐患等。

2. 消防安全管理状态分析

本次消防安全管理状态分析针对 11 个运营项目的消防安全管理状态开展专项检查，检查内容包括消防系统、电气系统、燃气系统。

（1）项目检查概况

检查表明，某商业项目安全管理高风险问题较多，占比 18.69％。主要问题有消火栓系统未设置流量开关；整个消防水炮系统处于改造中未启用；联动测试时部分设备不能动作；多台风机不能远程多线启动；整个智能疏散系统及地下车库局部区域疏散指示系统处于改造中；整个防火门监控系统处于改造中；餐饮租户用电设备未安装漏电保护装置；租户漏电保护开关型号不合要求等。

某商业项目安全管理高风险问题较多，占比 11.03％。主要问题有室外消火栓管道无水，CRT 图形显示装置未施工调试完成，部分室内消火栓无水，报警阀测试时，压力开关未动作，消防控制室无法远程直接启动风机，部分探测器测试不报警等。

某酒店项目高风险问题较多，占比 12.31％。主要问题有流量开关不能连锁启泵，联动设备不能启动，部分风机不能启动和低高速转换，280℃排烟防火阀不能连锁风机停止，部分防护区气体灭火系统设备不能启动，电气火灾监控系统未调试完成且漏电值较大，多个用电回路未安装漏电保护装置、多套燃气探测器故障等。

某项目高风险问题较多,占比 8.54%。主要问题有流量开关动作后不能连锁消防泵启动,消防联动高风险问题较多,如门禁未释放,广播未动作,电梯未迫降,排烟风机未启动等。电气系统整体情况较差,如配电柜未安装防护挡板,设备房插座未安装漏电保护装置,租户存在厨房设备未安装漏电保护开关,漏电保护器粘贴胶布限位等现象。燃气系统整体较差,如燃气系统联动测试时,部分事故排风机未启动或未安装,紧急切断阀未动作;燃气系统的紧急切断阀被遮挡、围挡,无法操作。

某项目安全管理高风险问题较多,占比 9.92%。主要问题有消火栓系统低压压力开关无法连锁启泵,消防水炮不能自动定位,智能疏散系统手动、自动无法启动,280℃排烟防火阀不能连锁风机停止,配电箱电缆破损导致短路跳闸,厨房设备未安装漏电保护装置,燃气灶具漏气严重等。

(2)安全管理状态分析

各项目消防安全管理状态总体较好,但在消防系统、电气系统、燃气系统方面的安全管理仍存在一些问题,针对各安全管理状态及原因分析如下。

状态分析:

首先,针对消防系统,消防各子系统中,火灾自动报警系统的高风险管理问题最多,共有 28 项,占比 32.18%,主要问题为消防联动逻辑关系错误。如联动测试时,非消防电源、智能疏散指示、消防广播、门禁、排烟风机等未动作,其中排烟风机及消防广播联动功能缺失的问题出现的频次最高。高风险问题较多的还有防排烟系统,共有 20 项,占比 22.99%,主要问题为消防风机不能远程或手动启动、280℃排烟防火阀不能连锁排烟风机停止、排烟阀不能联动排烟风机启动等,其中 280℃排烟防火阀不能连锁排烟风机停止问题出现频次最高。

其次,电气系统中公共区域的电气设施产生的高风险管理状态最多,主要问题为公区用电设备插座未安装漏电保护装置、控制柜裸露母排未安装防护挡板、电气火灾监控系统未调试完成且泄漏值较大、封闭母线上方有给水管通过等。其中公共区域用电设备未安装漏电保护装置问题出现频次最高。其次是租户用电方面,主要问题为餐饮租户电器设备用电回路未安装漏电保护装置或安装规格型号不合要求、租户配电箱漏电保护装置限位被粘住、租户配电柜上方有给水管通过等,其中餐饮租户电器设备用电回路未安装漏电保护装置或安装规格型号不合要求问题出现频次最高。

燃气系统中租户用气方面高风险管理问题最多,主要问题为租户用气设备漏气严重、燃气报警测试紧急切断阀未动作、事故风机未安装等。其中事故风机未安装问题出现频次最高。其次是公区燃气设施方面，主要问题为锅炉房燃气报警测试事故风机未启动、燃气探测器故障等。

原因分析：

施工遗留问题较多，整改力度较弱，项目开发提供资源有限，介入程度不深。

物业管理单位主动承担意识薄弱，普遍存在不移交、不管理情况，在检查中发现的施工遗留问题一直等待项目开发单位主动去整改，日常巡查中对设备房未进行必要的检查。新开业项目物业管理单位工程人员技术能力欠缺，日常巡查中不能及时发现问题隐患，也不能监督维保单位履行其职责。维保单位或施工质保单位服务质量不高，服务意愿不强，存在驻场人员较少、技术力量薄弱的情况，日常的维保检测力度不够、测试内容偏少，导致设备问题频发。商业管理单位对租户管控力度较弱，租户装修阶段审图验收机制缺失，尤其是招租较困难的项目，租户话语权较强，在装修及整改事项上不愿配合。

（3）安全管理建议

通过安全管理状态分析，提出几点安全管理建议，具体如下。

1）总部应继续加强对各项目、各大区、各事业部的考核力度，继续从总部层面去推动整改困难的项目持续整改，降低运营项目的消防安全风险。

2）物业管理单位应在项目开业前尽早介入，并对各物业工程人员进行专业培训。通过近几年的检查来看，新开业项目的工程技术人员的力量普遍薄弱，部分隐患问题不能及时发现并整改。因此，项目应加强对工程技术人员的培训，使其尽快了解各设备安装位置、性能及调试流程，在项目开业后及时接管各设备房，保障各系统设备能正常运转，并能及时维护保养。

3）针对维保单位，商业管理单位应推行对相关方的检查。通过专项检查，评价相关方的工作质量，提升维保单位服务质量。

4）商业管理单位需加强对租户的管控，对开始的招租、租户装修、租户审图及验收、后期运营等阶段层层监管。

5）商业管理单位、物业管理单位内部机制要完善并应正常运转。检查只是一个手段，更多的还是需要受检项目内部能自我诊断、自我整改，形成良好的循环，不断发现问题、不断整改问题，持续修复制度漏洞。

三、安全管理状态分析的发展趋势

安全管理状态的分析在检验与提高安全管理水平方面发挥着十分重要的作用，针对其发展趋势，可以从以下三个方面开展相关分析。

1. 安全管理状态分析常态化

安全管理状态分析应该放在日常，而不是等待重大事故后再去强调安全的重要性。企业应该在各种场合经常对员工培养他们对安全的重视，不要等到出现了安全问题再去强调。其实，安全管理状态分析没有统一的标准和形式，在员工工作及生活的各个方面都可以进行安全管理状态分析，一定要在平时强调好安全的重要性，防患于未然。针对一些高危产业链，企业应根据其特定情况展开事故预防和培训，定期开展安全管理状态分析。目前，企业经常谈及安全管理，但对安全管理状态分析仍较少，因此必然会影响相关人员对安全管理状态的重视程度。如果想要使安全管理状态分析普遍化，必须将安全管理水平分析考核作为一门企业的基本课程，并且必须是必修课。通过这种方式，可以将安全管理状态分析进一步推广，提高整体安全性能。

2. 安全管理状态分析多样化

安全管理状态分析的因素与方法越来越多，其状态分析也日渐多元。伴随着互联网时代的来临，新兴技术的应用在安全管理状态分析中发挥着日渐重要的作用。如利用一些 APP 即时采集工人的一线信息，采用可穿戴式传感器观测员工的生理、心理状态等。通过这些新兴技术与管理手段的充分融合，安全管理状态将会更加全面地被掌控，为安全管理提供强有力的反馈与支撑。企业需要将安全管理状态分析过程重视起来，没有考核就会缺乏改进提升的动力。在实际工作过程中要从精神层面与物质层面给予对安全管理状态分析工作的支持。因此，企业应强调安全管理状态分析的重要性，可建立一些相关的奖惩制度，保证安全管理状态分析的过程实施。一定要在安全教育中提升安全管理状态分析的比重，不能仅仅限于讲一些枯燥的规章制度，应该通过更形象的一些形式，让企业管理人员增加对安全管理状态的认识。

3. 安全管理状态分析真正实践化

制度的关键在于执行，执行的关键在于执行力。安全管理状态分析不能囿于制度，要在实践中充分发挥其作用，落到实处。就好比说对企业消防安全管理状态的分析，消防系统、电气系统、燃气系统的安全管理状态都应涉及，不能因为一些面子问题、关系问题而在实际分析过程中影响分析的结果，要保证分析的客观、公正，这需要相关人员的共同付出与坚守。安全管理状态分析需要真正实践化，而不是走流程、演形式，因此可在分析过程中引入第三方来进行安全管理状态分析，进而充分发挥安全管理状态分析的作用，保障企业的安全生产水平。纸上得来终觉浅，绝知此事要躬行。在实践中难免会遇到一些难以平衡与解决的问题，要想最大限度发挥安全管理状态分析的作用，维护其结果的客观，需要制度与法律的保障，这样才能为安全生产提供强有力的支撑。

复习思考题

1. 请结合一种事故案例场景，构建其事故致因模型。
2. 请结合某企业实际情况，建设一套安全管理体系。
3. 请结合一种新兴技术，设计一份安全管理行为的实施计划。
4. 请针对某企业安全管理现状开展安全管理状态分析。
5. 请针对安全管理综合应用现状，谈谈自己的想法。

参考文献

[1] 傅贵.安全管理学:事故预防的行为控制方法[M].科学出版社,2013.

[2] 刘潜.安全科学[J].劳动安全与健康,1994(6):14-17.

[3] 傅贵.傅贵教授解析"安全基本术语"[J].安全,2018,39(6):1-4.

[4] 罗云.安全科学导论[M].中国标准出版社,2013.

[5] 吴超,杨冕,王秉,等.科学层面的安全定义及其内涵、外延与推论[J].郑州大学学报:工学版,2018,39(3):1-4.

[6] Leveson,N. A new accident model for engineering safer systems[J]. Safety Science,2004,42(4):237-270.

[7] Lowrance,W. W. Of acceptable risk: Science and the determination of safety[J]. Journal of American Statistical Association,1976,123(11):192.

[8] Aven,T. Safety is the antonym of risk for some perspectives of risk[J]. Safety Science,2009,47(7):925-930.

[9] 贾楠,吴超.安全科学原理研究的方法论[J].中国安全科学学报,2015,25(2):3-8.

[10] 杜春宇,陈东科.浅析事故经济损失[J].中国安全生产科学技术,2005(4):74-77.

[11] 张谨.日本福岛核事故的社会心理影响及启示[J].理论观察,2017(3):86-89.

[12] 彭新武.管理哲学导论[M].北京:中国人民大学,2006.

[13] 张德.管理学[M].北京:清华大学,2007.

[14] 傅贵,安宇,邱海滨,等.安全管理学及其具体教学内容的构建[J].中国安全科学学报,2007(12):66-69+197.

[15] 余潇枫,章雅荻.广义安全论视域下国家安全学"再定位"[J].国际安全研究,2022,40(4):3-31+157.

[16] 佟瑞鹏,王露露,李虹玮,等.安全管理、风险管理与应急管理的关系探讨:基于大安全理念视角[J].中国安全科学学报,2021,31(5):36-44.

[17] 卞耀武.中华人民共和国安全生产法释义[M].北京:法律出版社,2002.

[18] 杜春宇,陈东科.浅析事故经济损失[J].中国安全生产科学技术,2005(4):74-77.

[19] Greenwood,M. & Woods,H. M. The incidence of industrial accidents upon individuals: With special reference to multiple accidents[M]. London: HM Stationery Office,1919.

[20] Farmer,E. & Chambers,E. G. A Study of personal qualities in accident proneness and proficiency[J]. A Study of Personal Qualities in Accident Proneness and Proficiency,1929(55):312-326.

[21] Heinrich,H. W. ,Perersen,D. C. & Roos,N. R. Industrial accident prevention. A scientific approach[M]. New York: Mcgraw-Hill Companies,1941.

[22] Leveson,N. System safety and computers[M]. Boston: Addison Wesley,1995.

[23] Bird,F. E. ,Cecchi,F. ,Tilche,A. ,et al. Management guide to loss control[M]. Atlanta: Institute

Press,1974.

[24] Gordon,J. E. The epidemiology of accidents[J]. American Journal of Public Health and the Nations Health,1949,39（4）：504-515.

[25] Reason,J. Human Error[M]. New York Cambridge: University Press,1990.

[26] Garrett,J. W. & Teizer,J. Human factors analysis classification system relating to human error awareness taxonomy in construction safety[J]. Journal of Construction Engineering and Management,2009,135（8）：754-763.

[27] Gibson,J. J. Behavioral approaches to accident research[M]. London: Association for the Aid of Crippled Children,1961.

[28] Surry,J. Industrial accident research: A human engineering appraisal[M]. Toronto: Ontario Ministry of Labor,1969.

[29] Benner,L. Accident investigations: Multilinear events sequencing methods[J]. Journal of Safety Research,1975,7（2）：67-73.

[30] 隋鹏程. 伤亡事故分析与预防原理[J]. 冶金安全,1982,（5）：1-8.

[31] Ramussen,J. Risk management in a dynamic society: A modelling problem[J]. Safety Science,1997,27（3）：183-213.

[32] Hollnagel,E. & Woods,D. D. Joint cognitive systems: Foundations of cognitive systems engineering[M]. Boca Raton: Chemical Rubber Company Press,2005.

[33] Svedung,I. & Rasmussen,J. Graphic representation of accident scenarios: Mapping system structure and the causation of accidents[J]. Safety Science,2002,40（5）：397-417.

[34] Shappell,S. A. & Wiegmann,D. A. A human error approach to aviation accident analysis: The human factors analysis and classification system[M]. New York: Routledge,2017.

[35] 傅贵,杨春,殷文韬,等. 安全科学基本理论规律研究[J]. 煤炭学报,2014,39（6）：994-999.

[36] Hollnagel,E. FRAM: The functional resonance analysis method: Modelling complex socio-technical systems[M]. Boca Raton: Chemical Rubber Company Press,2017.

[37] 田水承,景国勋. 安全管理学[M]. 机械工业出版社,2009.

[38] 李乃文,季大奖. 行为安全管理在煤矿行为管理中的应用研究[J]. 中国安全科学学报,2011（12）：115-121.

[39] 孙淑涵,劳动安全卫生[M]. 北京: 中国劳动出版社,1994.

[40] Robens,A. Safety and health at work: Report of the Committee,1970-72[M]. HM Stationery office,1972.

[41] HSE,HSG 65. Successful health and safety management[M]. 2th ed. Health and Safety Executive: Sudbury,1997.

[42] GB/T 45001—2020,职业健康安全管理体系: 要求及使用指南[S].

[43] Sgourou,E. ,Katsakiori,P. ,Goutsos,S. ,et al. Assessment of selected safety performance evaluation methods in regards to their conceptual,methodological and practical characteristics[J]. Safety Science,2010,48（8）：1019-1025.

[44] 李永健. 半导体企业的 EHSMS 评价体系研究[D]. 上海交通大学,2006.

[45] Beltracchi L. Plant and safety system model[J]. Reliability Engineering & System Safety,1999,64

（2）：317-324.

[46] Costella,M. F. ,Saurin,T. A. & De Macedo Guimarães,L. B. A method for assessing health and safety management systems from the resilience engineering perspective[J]. Safety Science,2009,47（8）,1056-1067.

[47] Saurin,T. A. & Carim Júnior,G. C. Evaluation and improvement of a method for assessing HSMS from the resilience engineering perspective: A case study of an electricity distributor[J]. Safety Science,2011,49（2）,355-368.

[48] Uttal,B. The corporate culture vultures[J]. Fortune Magazine,1983,10: 17.

[49] Cox,S. & Cox,T. The structure of employee attitudes to safety: An European example[J]. Work and Stress,1991,5（2）: 93-106.

[50] CBI. Developing a safety culture[M]. Confederation of British Industry,London. 1991.

[51] Pidgeon, N. F. Safety culture and risk management in organizations[J]. Journal of Cross-Cultural Psychology,1991,22（1）: 129-140.

[52] 王祥尧. 安全文化定量测量的理论与实证研究[D]. 中国矿业大学（北京）,2011.

[53] Cooper,M. D. & Philips,R. A. Validation of a safety climate measure[J]. Occupational Psychology Conference of the British Psychological Society,1994,3（5）: 104-116.

[54] Cooper,M. D. Towards a model of safety culture[J]. Safety Science,2000,36: 111-136.

[55] Ostrom,L. ,Wilhelmsen,C. & KaPlan,B. Assessing safety culture[J]. Nuclear Safety,1993,34（2）: 163-172.

[56] Coleman,M. The female secondary headteacher in England and Wales: Leadership and management styles[J]. Educational Research,2000,42,13-27.

[57] Geller E. S. Ten principles for achieving a total safety culture[J]. Professional Safety,1994,39（9）: 18.

[58] Wiegmann,D. A. ,Zhang,H. ,Von Thaden,T. L. ,et al. Safety culture: An integrative review[J]. The International Journal of Aviation Psychology,2004,14（2）: 117-134.

[59] 于广涛,王二平,李永娟. 安全文化在复杂社会技术系统安全控制中的作用[J]. 中国安全科学学报,2003,10（19）: 4-7.

[60] 徐德蜀,邱成. 安全文化通论[M]. 北京：化学工业出版社,2004.

[61] 方东平,陈扬. 建筑业安全文化的内涵、表现、评价与建设[J]. 建筑经济,2005（2）: 41-45.

[62] 罗云. 企业安全文化建设：实操、创新、优化[M]. 北京：煤炭工业出版社,2007.

[63] 李勇. 建筑施工企业安全文化的建设[J]. 建筑经济,2007,（6）: 12-14.

[64] 傅贵,李长修,邢国军,等. 企业安全文化的作用及其定量测量探讨[J],中国安全科学学报,2009,19（1）: 86-92.

[65] 傅贵,何冬云,张苏. 再论安全文化的定义及建设水平评估指标[J],中国安全科学学报,2013,23（4）: 140-145.

[66] 曹琦. 论安全文化场及其在企业的实现方法[J]. 中国安全生产科学技术,2009,5（1）: 198-201.

[67] 王秉,吴超. 安全文化的定义理论与方法研究[J]. 灾害学,2018,33（1）: 200-205＋224.

[68] 金磊,徐德蜀. 中国安全文化研究与现代应用探讨[J],软科学,1995（4）: 10-14.

[69] 曹琦. 关于安全文化范畴的讨论[J],劳动保护,1995（12）: 26-28.

［70］ Stewart,J. M. Managing for word class safety［M］. New York: A Wiley-interscience Publication,
2002: 1-31.

［71］ Davies,F. ,Spencer,R. &. Dooley,K. Summary guide to safety climate tools［M］. Norwich: HSE
Books,2001.

［72］ Habibi,E. &. Fereidan,M. Safety cultural assessment among management,supervisory and worker
groups in a Tar Refinery Plant［J］,Journal of Research in Health Sciences,2009,9（1）: 30-36.